工厂供电（第2版）

关大陆　周璐　主　编

王　巍　孙娜　副主编

清华大学出版社

北京

内 容 简 介

本书包括 8 章,分别为概论、工厂供电系统的常用设备、工厂的电力负荷计算及短路计算、工厂供电系统及变配电所、电力变压器、电气设备及导线截面的选择及校验、工厂供电系统的过电流保护、供电系统的二次回路和自动装置。

本书内容注重工厂供电技术与工程实践相结合,基本原理与方法阐述透彻,结构层次分明。每章前有本章知识点,章末有本章小结和习题。

本书可以作为高等院校的电气工程、自动化和电气技术等专业的学生用书,也可以作为相关工程技术人员的参考用书。

图书在版编目(CIP)数据

工厂供电/关大陆,周璐主编. —2 版. —北京:清华大学出版社,2021.7(2024.7 重印)
ISBN 978-7-302-56800-1

Ⅰ. ①工… Ⅱ. ①关… ②周… Ⅲ. ①工厂—供电 Ⅳ. ①TM727.3

中国版本图书馆 CIP 数据核字(2020)第 217356 号

责任编辑:颜廷芳
封面设计:傅瑞学
责任校对:刘 静
责任印制:丛怀宇

出版发行:清华大学出版社
   网 址:https://www.tup.com.cn,https://www.wqxuetang.com
   地 址:北京清华大学学研大厦 A 座   邮 编:100084
   社 总 机:010-83470000   邮 购:010-62786544
   投稿与读者服务:010-62776969,c-service@tup.tsinghua.edu.cn
   质量反馈:010-62772015,zhiliang@tup.tsinghua.edu.cn
   课件下载:https://www.tup.com.cn,010-83470236
印 装 者:三河市少明印务有限公司
经 销:全国新华书店
开 本:185mm×260mm 印 张:14   字 数:318 千字
版 次:2006 年 3 月第 1 版 2021 年 7 月第 2 版 印 次:2024 年 7 月第 3 次印刷
定 价:42.00 元

产品编号:087228-01

工厂供电是普通高等院校电气自动化、电力工程、自动化等专业的专业课,是电气工程及自动化、自动化专业一门重要的专业课。它是电路等基础课的后续课,和电气专业"发电厂电气部分"课程有着很大的"耦合度",也是该课程的后续课。

面对以应用为主的应用型办学特点,在教材的设计方面先有该章的知识点进行相应的知识铺垫,通过正文对知识进行逐步引申,每章的总结是对本章知识点进行归纳,最后是本章的习题。本书内容简单清楚,适合应用型新建本科院校、高职院校和技术人员自学使用。

在本书的编写过程中,对第1版中实用性不强的内容进行了删减,对复杂的计算及推导过程进行了简化,增加了具有实用价值的内容,从而拓展了读者的视野。本书由辽宁科技学院关大陆、周璐担任主编,沈阳普尔电力科技有限公司王巍、辽宁科技学院孙娜担任副主编。本书的第1章、第2章由辽宁科技学院关大陆编写;第3章、第5章由辽宁科技学院周璐编写;第7章、第8章由辽宁科技学院孙娜编写,第4章和第6章由沈阳普尔电力科技有限公司王巍编写;全书由周璐统稿。

由于编者写作经验不足,编写水平和业务水平有限,书中难免有不当之处,恳请各院校师生和广大读者批评、指正。

编　者
2021 年 3 月

目 录

CONTENTS ◀

第1章

概　　论

1. 电力系统的基本概念及基本要求。
2. 电力系统的电压和电能的质量。
3. 电力系统的中性点运行方式和低压配电系统的接地方式。

1.1　电力系统的基本概念

电能是当今人们生产和生活的重要能源,很容易由其他形式的能源转换而来。电能的输送和分配既简单经济,又便于控制、调节和测量,有利于实现生产过程的自动化。因此,电能在工业、农业、国防、军事、科技、交通以及人们生活等领域被广泛应用。

电能的生产、输送、分配和使用的全过程,是在同一瞬间实现的,为了保障企业供电的安全与可靠,首先要了解发电厂和电力系统的一些基本概念。

1.1.1　发电厂简介

发电厂是将自然界蕴藏的各种一次能源转换为电能(二次能源)的工厂,常见的有水力发电厂、火力发电厂、核能发电厂、风力发电厂、地热发电厂和太阳能发电厂等。其中,兼供热能的火力发电厂,通常也被称为热电厂,表 1-1 所示为几种常见的发电厂类型及主要特征。

水力发电厂,简称水电厂或水电站,它是利用水流的位能来生产电能,如图 1-1 所示。当控制水流的闸门打开时,水流沿进水管进入水轮机蜗壳室,冲动水轮机,从而带动发电机发电。其能量转换过程是:水流位能→机械能→电能。由于水电厂的发电容量与水电厂所在地点的上、下游水位差(即落差,又称水头)及流过水轮机的水量(流量)的乘积成正比,所以建造水电厂时,必须用人工的办法来提高水位。最常用的办法是在河流的上游建一个很高的堤坝,形成水库,提高上游水位,使堤坝的上、下游间形成尽可能大的落差,

表 1-1　几种常见的发电厂类型及主要特征

主要特征 类型	能量来源	工作原理	能量转换过程	优点	缺点
水力发电厂	水流的上下水位差（落差），即水流的位能	当控制水流的闸门打开时，水流沿进水管进入水轮机蜗壳室，冲动水轮机，带动发电机发电	水流位能→机械能→电能	清洁，环保，发电效率高，成本低，综合价值高	建设初期投资大，建设周期长
火力发电厂	燃料燃烧产生的化学能	将锅炉内的水烧成高温、高压的蒸汽，推动汽轮机转动，使与它连轴的发电机旋转发电	燃料的化学能→热能→机械能→电能	建设周期短，工程造价低，投资回收快	发电成本高，污染环境
核能发电厂	原子核的裂变能	与火电厂基本相同，只是以核反应堆代替了燃煤锅炉，以少量的核燃料代替了大量的煤炭	核裂变能→热能→机械能→电能	安全，清洁，经济，燃料费用所占的比例较低	投资成本大，会产生放射性废料，不适宜做尖峰、离峰随载运转
风力发电厂	风力的动能	是利用风力带动风车叶片旋转，再透过增速机将旋转的速度提升，来促使发电机发电	风力的动能→机械能→电能	清洁，廉价，可再生，取之不尽	需有蓄电装置，造价高
地热发电厂	地球内部蕴藏的大量地热能	基本与火力发电的原理一样。不同的是利用的能源是地热能（天然蒸汽和热水）	地下热能→机械能→电能	无须消耗燃料，运行费用低	热效率不高，需要对所排热水环保处理
太阳能发电厂	太阳光能或太阳热能	通过太阳能电池板等，直接将太阳的辐射能转换为电能	太阳的辐射能→电能	安全，经济，环保，取之不尽	效率低，成本高，稳定性差

而电厂就建在堤坝的后面。这种类型的水电厂称为坝后式水电厂。我国一些大型水电厂包括建设中的三峡水电厂都属于这种类型。另一种提高水位的办法，是在具有相当坡度的弯曲河段上游，筑一堤坝，拦住河水，然后利用沟渠或隧道，将上游水流直接引至建在河段末端的水电厂。这种类型的水电厂称为引水式水电厂。还有一种类型的水电厂，是上述两种类型的综合，是由高坝和引水渠道分别提高一部分水位。这种类型的水电厂称为混合式水电厂。

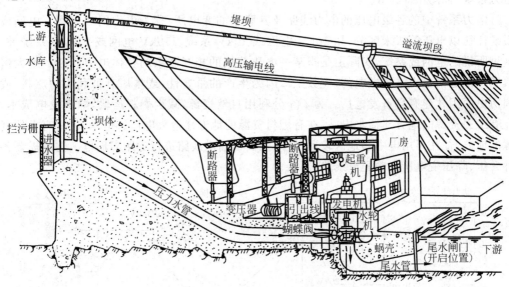

图 1-1 坝后式水电厂示意图

火力发电厂,简称火电厂或火电站,它是利用燃料的化学能来生产电能,如图 1-2 所示。

图 1-2 电力系统从发电厂到用户的发、输、变、配、用电过程

我国的火电厂以燃煤为主。为了提高燃料的使用效率,现代火电厂都将煤块粉碎成煤粉燃烧。煤粉在锅炉的炉膛内充分燃烧,将锅炉内的水烧成高温高压的蒸汽,推动汽轮机转动,使与汽轮机联轴的发电机旋转发电。其能量转换过程是:燃料的化学能→热能→机械能→电能。现代火电厂一般都考虑了"三废"(废水、废气、废渣)的综合利用,不仅发电,而且供热。这类兼供热能的火电厂称为热电厂或热电站。

核能发电厂通常称为核电站,曾称为原子能发电厂,主要是利用原子核的裂变能来生产电能。其生产过程与火电厂基本相同,只是用核反应堆(俗称原子锅炉)代替了燃煤锅炉,用少量的核燃料代替了大量的煤炭。其能量转换过程是:核裂变能→热能→机械能→电能。由于核能是巨大的能源,而且核电站的建设具有重要的经济和科研价值,所以世界上很多国家都很重视核电站建设,核电在整个发电网络中的发电量的比重逐年增长,我国在20 世纪 80 年代就确定要适当发展核电,并已兴建起几座大型核电站。

风力发电厂是利用风力的动能来生产电能,主要建在有丰富风力资源的地方。

地热发电厂是利用地球内部蕴藏的大量地热能来生产电能,主要建在有足够地热资源的地方。

1.1.2 电力系统简介

由发电厂、电力网和电能用户组成的一个发电、输电、变电、配电和用电的整体,称为电力系统,如图 1-2 所示。

电力系统中的各级电压的电力线路及其联系的变电所,称为电力网或电网。电网或系统往往以电压等级来区分,如 10kV 电网或 10kV 系统、110kV 电网或 110kV 系统等。这里所说的电网或系统,实际上是指某一电压等级的相互联系的整体电力线路。绝大多数工厂都是由电力系统供电的,少数工厂因为生产的重要性,或本厂有可利用的燃料,或因历史原因才建有自备发电厂。为了充分利用自然资源,减少燃料运输,降低发电成本,在有水力资源的地方建造水电站,在有燃料资源的地方建造火电厂。但是,这些有自然资源的地方,往往离用电中心地区较远,必须用高压输电线路进行远距离输电。这就需要各种升压、降压变电所和输配电线路(图 1-3)。

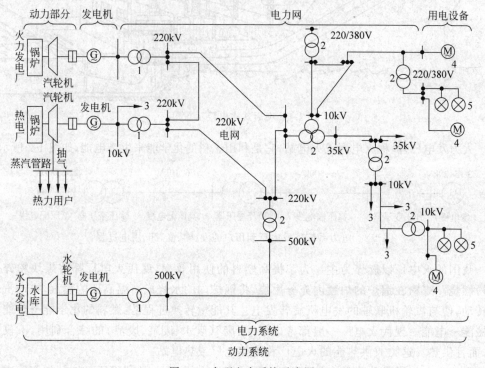

图 1-3 大型电力系统示意图

电力系统加上发电厂的动力部分及其热能系统的热能用户称为动力系统。

现在各国建立的电力系统越来越大,甚至建立跨国的电力系统或联合电网。我国规划,到 2020 年,要在水电、火电、核电和新能源合理利用和开发的基础上,加强风能和太阳能的开发与建设,并形成全国联合电网,实现电力资源在全国范围内的合理配置和可持续发展。

1.1.3 供配电系统概况

企业内部供电系统由高压和低压配电线路、变电所(或配电所)以及用电设备构成,通常是由电力系统或企业自备发电厂供电的。

一般中型企业的电源进线电压为 6～10kV。电能先经高压配电所集中,再由高压配电线路将电能分送到各车间变电所,或由高压配电线路直接供给高压用电设备。车间变电所内装设有配电变压器,将 6～10kV 的电压降为低压用电设备所需的电压(如 220/380V),然后由低压配电线路将电能分送给各用电设备使用。图 1-4 所示为典型的中型企业的供电系统图。

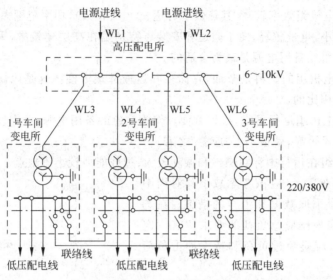

图 1-4 中型企业的供电系统图

这个高压配电所由四条高压配电线(WL3～WL6)供电给三个车间变电所。车间变电所设有变压器将 6～10kV 的电压变为低压,低压侧设有低压母线,低压母线间设有联络线,由低压母线引出低压配电线,然后送至各低压用电设备。对于小型工厂而言,一般只设一个简单的降压变电所,相当于图 1-4 中的一个车间变电所。用电量在 100kW 以下的小型工厂,还可采用低电压供电,工厂只需一个低压配电室即可。

1.1.4 对电力系统的基本要求

为了能够很好地为企业生产服务,切实保证企业生产和人民群众生活用电的需要,并做好节能工作,电力系统需要具备以下基本要求。

(1)安全:在电能的供应、分配和使用中,不应发生人身事故和设备事故。

(2)可靠:应满足电能用户对供电可靠性的要求。

(3)优质:应满足电能用户对电压和频率等质量的要求。

(4)经济:供电系统的投资要少,运行费用要低,并尽可能地节约电能和减少有色金属消耗量。

1.1.5 工厂的自备电源简介

对于工厂的重要负荷,一般要求在正常供电电源之外设置应急自备电源。最常用的自备电源是柴油发电机组。对于重要的计算机系统等,则还需另设不停电电源(又称不间断电源,uninterrupted power supply,UPS)。

1. 采用柴油发电机组的自备电源

采用柴油发电机组作应急自备电源具有以下优点。

（1）柴油发电机组操作简便，启动迅速。当公共电网供电中断时，一般能在 10～15s 的短时间内启动并接上负荷，这是汽轮发电机组无法做到的。

（2）柴油发电机组效率较高（其热效率可达 30%～40%），功率范围大（从几千瓦至几千千瓦），体积较小，重量较轻，便于搬运和安装。特别是在高层建筑中，采用体型紧凑的高效柴油发电机组作备用电源是最为合适的。

（3）柴油发电机组的燃料是柴油，它储存和运输都很方便。这是以煤为燃料的汽轮发电机组所无法相比的。

（4）柴油发电机组运行可靠，维护方便。作为应急的备用电源，可靠性是非常重要的指标。运行如果不可靠，就谈不上"应急"之需。

柴油发电机组在运行中存在噪声和振动较大、过载能力较小等缺点。因此，在柴油发电机房的选址和布置上，应该考虑减小其对周围环境的影响，尽量采取减振和消声的措施。在选择机组容量时，应根据应急负荷的要求留有一定的余量；投运时，应避免过负荷和特大冲击负荷的影响。

柴油发电机组按启动控制方式分为普通型、自启动型和全自动化型等。作为应急电源，应选自启动型或全自动化型。自启动型柴油发电机组在公共电网停电时，能够自行启动；全自动化型柴油发电机组不仅能够在公共电网停电时自行启动，而且在公共电网恢复供电时能够使柴油发电机组自动退出运行。

图 1-5 所示为采用快速自启动型柴油发电机组作备用电源的主接线图，正常供电电源为 10kV 公共电网。

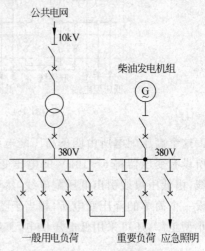

图 1-5　采用快速自启动型柴油发电机组作备用电源的主接线图

2. 采用交流不停电电源的自备电源

交流不停电电源（UPS）主要由整流器（UR）、逆变器（UV）和蓄电池组（GB）三部分组成，其示意图如图 1-6 所示。

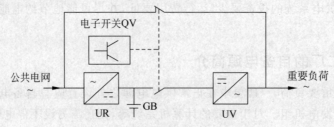

图 1-6　不停电电源（UPS）组成示意图

当公共电网正常供电时,交流电源经晶闸管整流器 UR 转换为直流电源,对蓄电池组 GB 充电。当公共电网突然停电时,电子开关 QV 在保护装置的作用下进行切换,使 UPS 投入工作,蓄电池组 GB 放电,直流电源经逆变器 UV 转换为交流电源,恢复对重要负荷的供电。

不停电电源(UPS)与柴油发电机组相比,具有体积小、效率高、无噪声、无振动、维护费用低、可靠性高等优点,但其容量相对较小,故主要用于电子计算机中心、工业自动控制中心等重要场所。

对于要求频率和电压质量较高的场合,宜采用高精度的稳频、稳压式不停电电源作为备用电源。其稳频、稳压系统主要是通过逆变器来实现的,其中,稳频工作由逆变器中触发电路的稳频触发系统来实现。当采用晶体振荡器为振荡源组成分频式触发电路时,可使逆变器具有相当稳定的输出频率。而交流输出电压的稳定工作则多从对逆变器进行调制性控制来实现。单脉冲脉宽调制法最为简便实用,因而被广泛应用。稳频、稳压式不停电电源的工作原理电路简图,如图 1-7 所示。

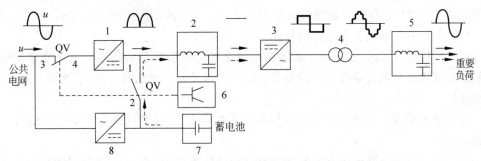

图 1-7　稳频、稳压式不停电电源的工作原理电路简图
1、8—整流器;2—直流滤波器;3—逆变器;4—级联变压器;
5—交流滤波器;6—电子开关;7—蓄电池组

正常情况下,重要负荷由公共电网供电,交流电经整流器 1 整流为直流电,并向逆变器 3 供电。为了保证供电质量,在逆变器 3 之前装有直流滤波器 2,使整流后的脉动电压转换为无脉动的直流电压。在逆变器 3 将直流电逆变为交流电的过程中,可通过反馈控制环节实现交流电的稳频和稳压。逆变器 3 的输出端又连接有级联变压器 4,采取级联方式,既可改变电压,又可吸收谐波,使逆变器 3 的方波输出变换为阶梯波输出。为了使输出的交流电波形改善,又在级联变压器 4 之后装设了交流滤波器 5,从而使交流滤波器 5 输出的交流电变为纯正弦波。通过以上几个环节的处理,可使电源的输出变为稳频、稳压且为纯正弦波的高质量电压。

在公共电网正常供电的情况下,蓄电池组 7 通过整流器 8 将电网的交流电整流为直流电而得到充电。

当公共电网停电时,保护装置使电子开关(符号 QV)6 动作,其触点 QV1-2 闭合,使蓄电池组 7 对逆变器 3 的回路放电,从而使其交流输出端可不间断地对重要负荷供电。与此同时,电子开关触点 QV3-4 断开。在公共电网恢复供电时,保护装置又使电子开关

6 的触点切换，QV1-2 断开，切断蓄电池组放电回路，而 QV3-4 闭合，接通电网的供电回路。

这种稳频、稳压式不停电电源系统通常还配备足够容量的快速自启动的柴油发电机组作备用电源，以弥补蓄电池组容量之不足。

1.2　电力系统的电压与电能质量

1.2.1　电力系统的电压与电能质量概述

电力系统中的所有设备，都是在一定的电压和频率下工作的。电压和频率是衡量电能质量的两个基本参数。

我国一般交流电力设备的额定频率为 50Hz，此频率通常称为工频（工业频率）。按电力工业部 1996 年发布施行的《供电营业规则》规定：在电力系统正常的情况下，工频的频率偏差一般不得超过 ±0.5Hz。如果电力系统容量达到 3×10^6 kW 或以上时，频率偏差不得超过 ±0.2Hz。在电力系统非正常的情况下，频率偏差不应超过 ±1Hz。频率的调整主要依靠发电厂来调整发电机的转速。

对工厂供电系统来说，提高电能质量主要是提高电压质量的问题。电压质量是按照国家标准或规范对电力系统电压的偏差、波动、波形及其三相的对称性（平衡性）等的一种质量评估。

电压偏差是指电气设备的端电压与其额定电压之差，通常以其对额定电压的百分值来表示。

电压波动是指电网电压有效值（方均根值）的快速变动。电压波动值以用户公共供电点在时间上相邻的最大与最小电压方均根值之差对电网额定电压的百分值来表示。电压波动的频率用单位时间内电压波动（变动）的次数来表示。

电压波形的好坏，以其对正弦波形畸变的程度来衡量。

三相电压的平衡情况，以其不平衡度来衡量。

1.2.2　三相交流电网和电力设备的额定电压

按 GB/T 156—2017《标准电压》规定，我国三相交流电网和电力设备的额定电压见表 1-2。表中的变压器一、二次绕组额定电压，是依据我国电力变压器标准产品规格确定的。

表 1-2　我国三相交流电网和电力设备的额定电压　　　　　　　单位：kV

分类	电网和用电设备额定电压	发电机额定电压	电力变压器额定电压	
			一次绕组	二次绕组
低压	0.38	0.40	0.38	0.40
	0.66	0.69	0.66	0.69

续表

分类	电网和用电设备额定电压	发电机额定电压	电力变压器额定电压	
			一次绕组	二次绕组
高压	3	3.15	3,3.15	3.15,3.3
	6	6.3	6,6.3	6.3,6.6
	10	10.5	10,10.5	10.5,11
	—	13.8,15.75,18,20,22,24,26	13.8,15.75,18,20,22,24,26	—
	35	—	35	38.5
	66	—	66	72.5
	110	—	110	121
	220	—	220	242
	330	—	330	363
	500	—	500	550
	750	—	750	825
	1000	—	1000	1100

1. 电网(电力线路)的额定电压

电网(电力线路)的额定电压(标称电压)等级,是国家根据国民经济发展的需要和电力工业发展的水平,经全面的技术经济分析后确定的。它是确定各类电力设备额定电压的基本依据。

2. 用电设备的额定电压

由于电力线路运行时(有电流通过时)要产生电压降,所以线路上各点的电压略有不同,如图 1-8 所示中的虚线所示。但是批量生产的用电设备,其额定电压不可能按使用处线路的实际电压来制造,而只能按线路首端与末端的平均电压即电网的额定电压 U_N(N 为 nominal 的缩写)来制造。因此,用电设备的额定电压规定与同级电网的额定电压相同。

但是在此必须指出:按 GB/T 11022—2011《高压开关设备和控制设备标准的共同技术要求》规定,高压开关设备和控制设备的额定电压按其允许的最高工作电压来标注,即其额定电压不得小于它所在系统可能出现的最高电压,见表 1-3。我国现在生产的高压设备大多已按此规定标注。

表 1-3 系统的额定电压、最高电压和部分高压设备的额定电压　　　　单位:kV

系统额定电压	系统最高电压	高压开关、互感器及支柱绝缘子的额定电压	穿墙套管额定电压	熔断器额定电压
3	3.5	3.6	—	3.5
6	6.9	7.2	6.9	6.9
10	11.5	12	11.5	12
35	40.5	40.5	40.5	40.5

3. 发电机的额定电压

电力线路允许的电压偏差一般为±5%，即整个线路允许有10%的电压损耗，因此，为了维持线路的平均电压在额定电压值，线路首端（电源端）的电压应较线路额定电压高5%，而线路末端电压则较线路额定电压低5%，如图1-8所示。所以发电机额定电压按规定应高于同级电网（线路）额定电压5%。

4. 电力变压器的额定电压

1）电力变压器一次绕组的额定电压

电力变压器一次绕组的额定电压主要分为以下两种情况。

（1）当变压器直接与发电机相连时，如图1-9中的变压器 T_1 所示，其一次绕组额定电压应与发电机额定电压相同，即高于同级电网额定电压5%。

（2）当变压器不与发电机相连而是连接在线路上时，如图1-9中的变压器 T_2，则可将它看作是线路的用电设备，因此其一次绕组额定电压应与电网额定电压相同。

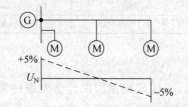

图 1-8　用电设备和发电机的额定电压说明　　　图 1-9　电力变压器的额定电压说明

2）电力变压器二次绕组的额定电压

电力变压器二次绕组的额定电压主要分为以下两种情况。

（1）变压器二次侧供电线路较长，如为较大的高压电网时，如图1-9中的变压器 T_1，其二次绕组额定电压应比相连电网额定电压高10%，其中有5%是用于补偿变压器满负荷运行时绕组内部的约5%的电压降，因为变压器二次绕组的额定电压是指变压器一次绕组加上额定电压时二次绕组开路的电压；此外，变压器满负荷时输出的二次电压还要高于电网额定电压5%，以补偿线路上的电压损耗。

（2）变压器二次侧供电线路不长，如为低压电网或直接供电给高低压用电设备时，如图1-9中的变压器 T_2，其二次绕组额定电压只需高于电网额定电压5%，仅考虑补偿变压器满负荷时绕组内部5%的电压降。

5. 电压高低的划分

我国现在统一以1000V（或略高，如 GB 1497—1985《低压电器基本标准》规定：交流电频率50Hz、额定电压1200V及以下或直流电额定电压1500V及以下的电器，属于其标准所指的低压电器）为界线来划分电压的高低，如表1-1所示。

• 低压是指额定电压在1000V及以下的电压。

• 高压是指额定电压在1000V以上的电压。

此外，也可以细分为低压、中压、高压、超高压和特高压：1000V及以下为低压；1000V至10kV或35kV为中压；35kV或以上至110kV或220kV为高压；220kV或

330kV 及以上为超高压；800kV 及以上为特高压。不过这种电压高低的划分，尚无统一标准，因此划分的界线并不十分明确。

1.2.3 电压偏差与电压调整

1. 电压偏差的有关概念

1）电压偏差的含义

电压偏差又称为电压偏移，是指给定瞬间设备的端电压 U 与设备额定电压 U_N 之差对额定电压 U_N 的百分值，即

$$\Delta U\% = \frac{U - U_N}{U_N} \times 100\% \tag{1-1}$$

2）电压对设备运行的影响

（1）对感应电动机的影响。当感应电动机端电压较其额定电压低 10% 时，由于转矩 M 与端电压 U 的平方成正比（$M \propto U^2$），因此其实际转矩将只有额定转矩的 81%，而负荷电流将增大 5%～10% 以上，温升将增高 10%～15% 以上，绝缘老化程度将比规定增加一倍以上，从而明显地缩短电动机的使用寿命。而且由于转矩减小，转速下降，不仅会降低生产效率，减少产量，而且还会影响产品质量，增加废、次品。当其端电压较其额定电压偏高时，负荷电流和温升也将增加，绝缘相应受损，对电动机同样不利，也会缩短其使用寿命。

（2）对同步电动机的影响。当同步电动机的端电压偏高或偏低时，由于转矩也要按电压平方成正比变化，因此同步电动机的电压偏差，除了不会影响其转速外，其他如对转矩、电流和温升等的影响，均与感应电动机相同。

（3）对电光源的影响。电压偏差对白炽灯的影响最为显著。当白炽灯的端电压降低 10% 时，灯泡的使用寿命将延长 2～3 倍，但发光效率将下降 30% 以上，灯光明显变暗，照度降低，严重影响人的视力健康，降低人的工作效率，还可能增加事故。当其端电压升高 10% 时，发光效率将提高 1/3，但其使用寿命将大大缩短，只有原来的 1/3 左右。电压偏差对荧光灯及其他气体放电灯的影响不像对白炽灯那样明显，但也有一定的影响。当其端电压偏低时，灯管不易启燃。如果多次反复启燃，则灯管寿命将大受影响；而且电压降低时，照度下降，影响视力工作。当其电压偏高时，灯管寿命就会缩短。

3）允许的电压偏差

GB 50052—1995《供配电系统设计规范》规定，在系统正常运行的情况下，用电设备端子处的电压偏差允许值（以额定电压的百分数表示）宜符合下列要求。

（1）电动机为 ±5%。

（2）电气照明：在一般工作场所为 ±5%；对于远离变电所的小面积一般工作场所，难以满足上述要求时，可为 +5%～10%；应急照明、道路照明和警卫照明等为 +5%～10%。

（3）其他用电设备，当无特殊规定时为 ±5%。

2. 电压调整的措施

为了满足用电设备对电压偏差的要求，供电系统必须采取相应的电压调整措施。

1）正确选择无载调压型变压器的电压分接头或采用有载调压变压器

我国工厂供电系统中应用的 6～10kV 电力变压器，一般为无载调压型，其高压绕组（一次绕组）有 $U_N\pm5\%$ 的电压分接头，并装设有无载调压分接开关，如图 1-10 所示。如果设备端电压偏高，则应将分接开关换接到 $+5\%$ 的分接头，以降低设备端电压。如果设备端电压偏低，则应将分接开关换接到 -5% 的分接头，以升高设备端电压。但是这只能在变压器无载条件下进行调节，使设备端电压较近于设备额定电压，而不能按负荷的变动实时地自动调节电压。如果用电负荷中有的设备对电压偏差要求严格，采用无载调压型变压器满足不了要求，而这些设备单独装设调压装置在技术经济上又不合理时，可以采用有载调压型变压器，使之在负荷情况下自动调节电压，保证设备端电压的稳定。

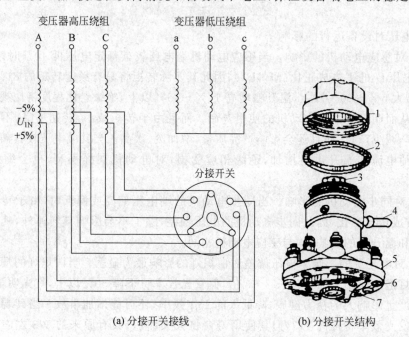

(a) 分接开关接线　　　　(b) 分接开关结构

图 1-10　电力变压器的分接开关

1—帽；2—密封垫圈；3—操动螺母；4—定位钉；5—绝缘盘；6—静触头；7—动触头

2）合理减小系统的阻抗

由于供电系统中的电压损耗与系统中各元件包括变压器和线路的阻抗成正比，因此可考虑减少系统的变压级数、适当增大导线电缆的截面或以电缆取代架空线等来减小系统阻抗，降低电压损耗，从而减小电压偏差，达到电压调整的目的。但是增大导线电缆的截面及以电缆取代架空线，要增加线路投资，因此应进行技术经济的分析比较，合理时才采用。

3）合理改变系统的运行方式

在一班制或两班制的工厂或车间中，作班的时间内，负荷重，往往电压偏低，因此需要将变压器高压绕组的分接头调在 -5% 的位置上。这样一来，到晚上负荷轻时，电压就会过高。如果这时能切除变压器，改用与相邻变电所相连的低压联络线供电，既可减少这台变压器的电能损耗，又可由于投入低压联络线而增加线路的电压损耗，从而降低所出现的高电压。对于两台变压器并列运行的变电所,在负荷轻时切除一台变压器,同样可起到降低过高电压的作用。

4) 尽量使系统的三相负荷均衡

在有中性线的低压配电系统中,如果三相负荷分布不均衡,则将使负荷端中性点电位偏移,造成有的相电压升高,从而增大线路的电压偏差。为此,应使三相负荷分布尽可能均衡,以降低电压偏差。

5) 采用无功功率补偿装置

电力系统中由于存在大量的感性负荷,如电力变压器、感应电动机、电焊机、高频炉、气体放电灯等,因此会出现相位滞后的无功功率,导致系统的功率因数降低及电压损耗和电能损耗增大。为了提高系统的功率因数,降低电压损耗和电能损耗,可采用并联电容器或同步补偿机,使之产生相位超前的无功功率,以补偿系统中相位滞后的无功功率。这些专门用于补偿无功功率的并联电容器和同步补偿机,统称为无功补偿设备。由于并联电容器无旋转部分,具有安装简便、运行维护方便、有功损耗小、组装灵活和便于扩充等优点,因此并联电容器在工厂供电系统中获得了广泛的应用。但必须指出,采用专门的无功补偿设备,虽然电压调整的效果显著,却增加了额外投资,因此在进行电压调整时,应优先考虑前面所述各项措施,以提高供电系统的经济效果。

1.2.4　电压波动及其抑制

1. 电压波动的有关概念

1) 电压波动的含义

电压波动是指电网电压有效值(方均根值)的连续快速变动。

电压波动值,以用户公共供电点在时间上相邻的最大与最小电压有效值 $U_{\max}$ 与 $U_{\min}$ 之差对电网额定电压 U_N 的百分值来表示,即

$$\delta_U\% = \frac{U_{\max} - U_{\min}}{U_N} \times 100\% \tag{1-2}$$

2) 电压波动的产生与危害

电压波动是由于负荷急剧变动的冲击性负荷所引起。负荷急剧变动,使电网的电压损耗相应变动,从而使用户公共供电点的电压出现波动现象。例如,电动机的启动、电焊机的工作、特别是大型电弧炉和大型轧钢机等冲击性负荷的投入运行,均会引起电网电压的波动。

电网电压波动可影响电动机的正常启动,甚至使电动机无法启动;会引起同步电动机的转子振动;可使电子设备和电子计算机无法正常工作;可使照明灯光发生明显的闪变,严重影响视觉,使人无法正常生产、工作和学习。因此 GB 12326—2000《电能质量·电压波动和闪变》规定了电力系统连接点的电压波动和闪变的限值。

2. 电压波动的抑制措施

抑制电压波动可采取下列措施。

(1) 对负荷变动剧烈的大型电气设备,采用专用线路或专用变压器单独供电。这是

最简便有效的办法。

（2）设法增大供电容量，减小系统阻抗。例如，将单回路线路改为双回路线路，或将架空线路改为电缆线路等，使系统的电压损耗减小，从而减小负荷变动时引起的电压波动。

（3）在系统出现严重的电压波动时，减少或切除引起电压波动的负荷。

（4）对大容量电弧炉的炉用变压器，宜由短路容量较大的电网供电，一般选用更高电压等级的电网供电。

（5）对大型冲击性负荷，如果采取上述措施仍达不到要求，可装设能"吸收"冲击性无功功率的静止型无功补偿装置（static var compensator，SVC）。SVC 是一种能吸收随机变化的冲击性无功功率和动态谐波电流的无功补偿装置，其类型很多，而以自饱和电抗器型（SR 型）的效能最好，其电子元件少，可靠性高，反应速度快，维护方便经济，且我国一般变压器厂均能制造，是最适于在我国推广应用的一种 SVC。

1.2.5 电网谐波及其抑制

1. 电网谐波的有关概念

1) 电网谐波的含义

谐波（harmonic）是指对周期性非正弦交流量进行傅里叶级数分解所得到的大于基波频率整数倍的各次分量，通常称为高次谐波；而基波是指其频率与工频（50Hz）相同的分量。

向公用电网注入谐波电流或在公用电网中产生谐波电压的电气设备，称为谐波源。

就电力系统中的三相交流发电机发出的电压来说，可认为其波形基本上是正弦量，即电压波形中基本上无直流和谐波分量。但是由于电力系统中存在着各种各样的谐波源，特别是大型变流设备和电弧炉等的日益广泛应用，使得谐波干扰成了当前电力系统中影响电能质量的一大"公害"，亟待采取对策。

2) 谐波的产生与危害

电网谐波的产生，主要在于电力系统中存在各种非线性元件。因此，即使电力系统中电源的电压波形为正弦波，也会由于非线性元件的存在，使得电网中总有谐波电流或电压存在。产生谐波的电气元件很多，例如荧光灯和高压钠灯等气体放电灯、感应电动机、电焊机、变压器和感应电炉等，都要产生谐波电流或电压。最为严重的是大型晶闸管变流设备和大型电弧炉，它们产生的谐波电流最为突出，是造成电网谐波的主要因素。

谐波对电气设备的危害很大。谐波电流通过变压器，可使变压器铁心损耗明显增加，从而使变压器过热，缩短其使用寿命。谐波电流通过交流电动机，不仅会使电动机的铁心损耗明显增加，而且会使电动机转子发生振动现象，严重影响机械加工的产品质量。谐波对电容器的影响更为突出，谐波电压加在电容器两端时，由于电容器对于谐波的阻抗很小，因此电容器很容易过负荷甚至烧毁。此外，谐波电流可使电力线路的电能损耗和电压损耗增加；可使计量电能的感应式电能表计量不准确；可使电力系统发生电压谐振，从而在线路上引起过电压，有可能击穿线路设备的绝缘；还可能造成系统的继电保护和自动装置发生误动作；并可对附近的通信设备和通信线路产生信号干扰。因此,GB/T 14549—2008《电能质量·公用电网谐波》对谐波电压限值和谐波电流允许值均做了规定。

2. 电网谐波的抑制

抑制电网谐波,可采取下列措施。

1) 三相整流变压器采用 Yd 或 Dy 联结

由于 3 次及 3 的整数倍次谐波在三角形联结的绕组内形成环流,而星形联结的绕组内不可能产生 3 次及 3 的整数倍次谐波电流,因此采用 Yd 或 Dy 联结的三相整流变压器,能使注入电网的谐波电流中消除 3 次及 3 的整数倍次的谐波电流。又由于电力系统中的非正弦交流电压或电流通常是正、负两半波对时间轴是对称的,不含直流分量和偶次谐波分量,因此采用 Yd 或 Dy 联结整流变压器后,注入电网的谐波电流只有 5、7、11 次谐波。这是抑制高次谐波最基本的方法。

2) 增加整流变压器二次侧的相数

整流变压器二次侧的相数越多,整流波形的脉波数越多,其次数低的谐波被消除的也就越多。例如,整流相数为 6 相时,出现的 5 次谐波电流为基波电流的 18.5%,7 次谐波电流为基波电流的 12%。如果整流相数增加到 12 相时,则出现的 5 次谐波电流降为基波电流的 4.5%,7 次谐波电流降为基波电流的 3%,都差不多减少了 75%。由此可见,增加整流相数对高次谐波抑制的效果尤为显著。

3) 使各台整流变压器二次侧互有相角差

多台相数相同的整流装置并列运行时,使其整流变压器的二次侧互有适当的相角差,这与增加二次侧的相数效果相类似,也能大大减少注入电网的高次谐波。

4) 装设分流滤波器

在大容量静止“谐波源”(如大型晶闸管整流器)与电网连接处,装设如图 1-11 所示的分流滤波器,使滤波器的各组 $R\text{-}L\text{-}C$ 回路分别对需要消除的 5、7、11 次谐波进行调谐,使之发生串联谐振。由于串联谐振回路的阻抗极小,从而使这些次数的谐波电流被它分流吸收而不致注入公用电网中。

5) 选用 Dyn11 联结组三相配电变压器

由于 Dyn11 联结的变压器高压绕组为三角形联结,使 3 次及 3 的整数倍次的高次谐波在绕组内形成环流而不致注入高压电网中,从而抑制了高次谐波。

6) 其他抑制谐波的措施

例如,限制电力系统中接入的变流设备和交流调压装置的容量,或提高对大容量非线性

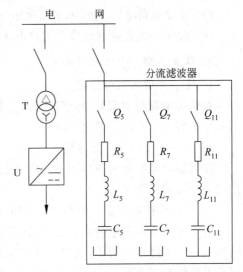

图 1-11　装设分流滤波器吸收高次谐波

注:└┘表示为星形联结。

设备的供电电压,或者将“谐波源”与不能受干扰的负荷电路从电网的接线上分开,都能有

助于谐波的抑制或消除。

1.2.6　三相不平衡及改善措施

1. 三相不平衡的产生及其危害

在三相供电系统中,如果三相的电压、电流幅值或有效值不等,或者三相的电压和电流相位差不为120°,则称此三相电压或电流不平衡。

三相供电系统在正常运行方式下出现三相不平衡的主要原因是三相负荷不平衡。

不平衡的三相电压或电流,按对称分量法,可分解为正序分量、负序分量和零序分量。由于负序分量的存在,使三相系统中的三相感应电动机在产生正向转矩的同时,还产生一个反向转矩,从而降低电动机的输出转矩,并使电动机绕组电流增大,温度升高,缩短电动机的使用寿命。对三相变压器来说,由于三相电流不平衡,当最大相电流达到变压器额定电流时,其他两相却低于额定值,从而使变压器容量不能得到充分利用。对多相整流装置来说,三相电压不对称,将严重影响多相触发脉冲的对称性,使整流装置产生较大的谐波,从而进一步影响电能质量。

2. 电压不平衡度及其允许值

电压不平衡度,用电压负序分量的方均根值 U_2 与电压正序分量的方均根值 U_1 的百分比值来表示,即

$$\varepsilon U\% = \frac{U_2}{U_1} \times 100\% \tag{1-3}$$

GB/T 15543—1995《电能质量·三相电压允许不平衡度》规定:

(1) 正常允许2%,电压不平衡度短时不超过4%;

(2) 接于公共连接点的每个用户电压不平衡度一般不得超过1.3%。

3. 改善三相不平衡的措施

1) 使三相负荷均衡分配

在供配电设计和安装中,应尽量使三相负荷均衡分配。三相系统中各相装设的单相用电设备容量之差应不超过15%。

2) 使不平衡负荷分散连接

尽可能将不平衡负荷接到不同的供电点,以减少其集中连接造成电压不平衡度可能超过允许值的问题。

3) 将不平衡负荷接入更高电压的电网

由于更高电压的电网具有更大的短路容量,因此,接入不平衡负荷时对三相不平衡度的影响可大大降低。例如,电网短路容量大于负荷容量的50倍时,就能保证连接点的电压不平衡度小于2%。

4) 采用三相平衡化装置

三相平衡化装置包括具有分相补偿功能的静止型无功补偿装置(SVC)和静止无功电源(static var generator,SVG)。SVG基本上不用储能元件,而是充分利用三相交流电的特点,使能量在三相之间及时转移来实现补偿。与SVC相比,SVG大大减小了平衡化装

置的体积和材料消耗,响应速度快,调节性能好;同时,它综合了无功补偿、谐波抑制和改善三相不平衡的优点,是值得推广应用的一种先进产品。

1.2.7 工厂供配电电压的选择

1. 工厂供电电压的选择

工厂供电的电压,主要取决于当地电网的供电电压等级,同时也要考虑工厂用电设备的电压、容量和供电距离等因素。由于在同一输送功率和输送距离条件下,供电电压越高,则线路电流越小,从而使线路导线或电缆截面越小,可减少线路的投资和有色金属的消耗量。各级电压电力线路合理的输送功率和输送距离,见表1-4。

表 1-4 各级电压线路合理的输送功率和输送距离

线路电压/kV	线路结构	输送功率/kW	输送距离/km
0.38	架空线	≤100	≤0.25
0.38	电缆	≤175	≤0.35
6	架空线	≤1000	≤10
6	电缆	≤3000	≤8
10	架空线	≤2000	6~20
10	电缆	≤5000	≤10
35	架空线	2000~10000	20~50
66	架空线	3500~30000	30~100
110	架空线	10000~50000	50~150
220	架空线	100000~500000	200~300

《供电营业规则》规定:供电企业(指供电电网)供电的额定电压,低压有单相220V,三相380V;高压有10kV、35(66)kV、110kV、220kV。并规定:除发电厂直配电压可采用3kV或6kV外,其他等级的电压应逐步过渡到上述额定电压。如果用户需要的电压等级不在上列范围时,应自行采用变压措施解决。用户需要的电压等级在110kV及以上时,其受电装置应作为终端变电所设计,其方案需经省电网经营企业审批。

2. 工厂高压配电电压的选择

工厂供电系统的高压配电电压,主要取决于工厂高压用电设备的电压、容量和数量等因素。

工厂采用的高压配电电压通常为10kV。如果工厂拥有相当数量的6kV用电设备,或者供电电源电压是从邻近发电厂取得的6.3kV直配电压,则可考虑采用6kV作为工厂的高压配电电压。如果不是上述情况,或者6kV用电设备不多时,则仍应用10kV作高压配电电压,而少数6kV用电设备则通过专用的10/6.3kV变压器单独供电。3kV不能作为高压配电电压。如果工厂有3kV用电设备,则应通过10/3.15kV变压器单独供电。

如果当地电网供电电压为35kV,而厂区环境条件又允许采用35kV架空线路和较经济的35kV电气设备时,则可考虑采用35kV作为高压配电电压深入工厂各车间负荷中心,并经车间变电所直接降为低压用电设备所需的电压。这种高压深入负荷中心的直配方式,可以省去一级中间变压,大大简化了供电系统接线,节约投资,降低有色金属损耗,降低电能损耗和电压损耗,提高供电质量,因此有一定的推广价值。但必须考虑厂区要有满足 35kV 架空线路深入各车间负荷中心的"安全走廊",以确保安全。

3. 工厂低压配电电压的选择

工厂的低压配电电压,一般采用 220/380V,其中线电压 380V 接三相动力设备及额定电压为 380V 的单相用电设备,相电压 220V 接额定电压为 220V 的照明灯具和其他单相用电设备。但某些场合宜采用 660V 或 1140V 作为低压配电电压,例如在矿井下,其负荷中心往往离变电所较远,因此为保证负荷端的电压水平而采用 660V 甚至 1140V 电压配电。采用 660V 或 1140V 配电,和采用 380V 配电相比,可以减少线路的电压损耗,提高负荷端的电压水平,而且能减少线路的电能损耗,降低线路的投资和有色金属的消耗量,增加供电半径,提高供电能力,减少变压点,简化配电系统。因此,提高低压配电电压有明显的经济效益,是节电的有效措施之一,这在世界各国已成为发展趋势。但是将 380V 升高为 660V,需电器制造部门乃至其他有关部门全面配合,我国目前尚难实现。目前 660V 电压只限于采矿、石油和化工等少数企业中采用,1140V 电压只限于井下采用。至于 220V 电压,现已不作为三相配电电压,只作为单相配电电压和单相用电设备的额定电压。

1.3 电力系统的中性点运行方式

在三相交流电力系统中,作为供电电源的发电机和变压器的中性点有三种运行方式:电源中性点不接地;中性点经阻抗接地;中性点直接接地。前两种合称为小接地电流系统,后一种称为大接地电流系统。

我国 3～66kV 系统,特别是 3～10kV 系统,一般采用中性点不接地的运行方式。如单相接地电流大于一定数值时(3～10kV 系统中接地电流大于 30A、20kV 及以上系统中接地电流大于 10A 时),则应采用中性点经消弧线圈接地的运行方式。我国 110kV 及以上的系统,都采用中性点直接接地的运行方式。

1.3.1 中性点不接地的电力系统

图 1-12 所示为电源中性点不接地的电力系统在正常运行时的电路图和相量图。为了讨论问题,简化起见,假设图 1-12(a)所示三相系统的电源电压和线路参数 R、L、C 都是对称的,而且将相与地之间存在的分布电容用一个集中电容 C 来表示;由于相间存在的电容对所讨论的问题无影响而略去。

系统正常运行时,三个相的相电压 $\dot{U}_A$、$\dot{U}_B$、$\dot{U}_C$ 是对称的,三个相的对地电容电流 $\dot{I}_{C0}$ 也是平衡的,因此三个相的电容电流的相量和为零,没有电流在地中流动。各相对地的电压等于各相的相电压。

系统发生单相接地时,例如 C 相接地,如图 1-13(a)所示。这时 C 相对地电压为零,

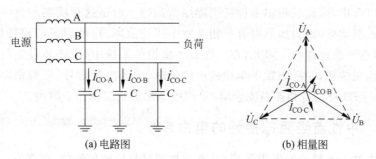

(a) 电路图 (b) 相量图

图 1-12 正常运行时的中性点不接地的电力系统

而 A 相对地电压 $\dot{U}'_A=\dot{U}_A+(-\dot{U}_C)=\dot{U}_{AC}$,B 相对地电压 $\dot{U}'_B=\dot{U}_B+(-\dot{U}_C)=\dot{U}_{BC}$,如图 1-13(b)所示。由相量图可见,C 相接地时,完好的 A、B 两相对地电压都由原来的相电压升高到线电压,即升高为原对地电压的 $\sqrt{3}$ 倍。

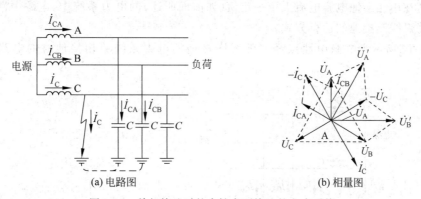

(a) 电路图 (b) 相量图

图 1-13 单相接地时的中性点不接地的电力系统

C 相接地时,系统的接地电流(电容电流)$\dot{I}_C$ 应为 A、B 两相对地电容电流之和。由于一般习惯将从电源到负荷的方向及从相线到大地的方向取为电流的正方向,因此

$$\dot{I}_C=-(\dot{I}_{CA}+\dot{I}_{CB}) \tag{1-4}$$

由图 1-13(b)的相量图可知,$\dot{I}_C$ 在相位上正好超前 $\dot{U}_C$ 90°;而在量值上,由于 $I_C=\sqrt{3}I_{CA}$,而 $I_{CA}=\dfrac{U'_A}{X_C}=\dfrac{\sqrt{3}U_A}{X_C}=\sqrt{3}I_{CO}$,因此

$$I_C=3I_{CO} \tag{1-5}$$

即一相接地的电容电流为正常运行时每相对地电容电流的 3 倍。

I_C 通常采用经验公式来确定,需要时可查阅有关资料,这里就不再赘述。

当系统发生不完全接地(即经过一些接触电阻接地)时,故障相的对地电压值将大于零而小于相电压,而其他完好相的对地电压值则大于相电压而小于线电压,接地电容电流 I_C 值也略小。

必须指出:当电源中性点不接地的电力系统中发生单相接地时,三相用电设备的正常工作并未受到影响,因为线路的线电压无论其相位和量值均未发生变化,这从图 1-13(b)

的相量图可以看出,因此三相用电设备仍能照常运行。但是这种线路不允许在单相接地故障情况下长期运行,因为如果再有一相又发生接地故障时,就形成两相接地短路,短路电流很大,这是不能允许的。因此,在中性点不接地的系统中,应该装设专门的单相接地保护或绝缘监视装置,在系统发生单相接地故障时,给予报警信号,提醒供电值班人员注意及时处理;当危及人身和设备安全时,单相接地保护则应动作于跳闸。

1.3.2 中性点经阻抗接地的电力系统

在上述中性点不接地的电力系统中,有一种情况是比较危险的,即在发生单相接地时如果接地电流较大,将会出现断续电弧,这就可能使线路发生电压谐振现象。由于电力线路,既有电阻和电感,又有电容,因此在线路发生单相弧光接地时,可形成一个 R-L-C 的串联谐振电路,从而使线路上出现危险的过电压(可达相电压的 2.5～3 倍),这可能导致线路上绝缘薄弱地点的绝缘击穿。为了防止单相接地时接地点出现断续电弧而引起过电压,因此,在单相接地电容电流大于一定值(如前面所述)的电力系统中,电源中性点必须采取经消弧线圈接地的运行方式。

图 1-14 所示为电源中性点经消弧线圈接地的电力系统单相接地时的电路图和相量图。

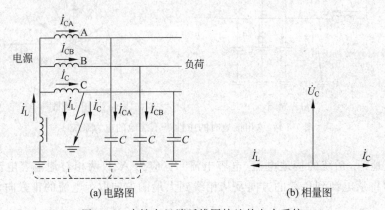

图 1-14　中性点经消弧线圈接地的电力系统

消弧线圈实际上就是铁心线圈,其电阻很小,感抗很大。当系统发生单相接地时,流过接地点的电流是接地电容电流 $\dot{I}_C$ 与流过消弧线圈的电感电流 $\dot{I}_L$ 之和。由于 $\dot{I}_C$ 超前 $\dot{U}_C$ 90°,而 $\dot{I}_L$ 滞后 $\dot{U}_C$ 90°,所以 $\dot{I}_L$ 与 $\dot{I}_C$ 在接地点互相补偿。当 $\dot{I}_L$ 与 $\dot{I}_C$ 的量值差小于发生电弧的最小电流(称为最小起弧电流)时,电弧就不会发生,也就不会出现谐振过电压现象。

在电源中性点经消弧线圈接地的三相系统中,与中性点不接地的系统一样,允许在发生单相接地故障时短时(一般规定为两小时)继续运行。在此时间内,应积极查找故障;在暂时无法消除故障时,应设法将负荷转移到备用线路上。如发生单相接地危及人身和设备安全时,则应动作于跳闸。

中性点经消弧线圈接地的电力系统,在单相接地时,其他两相对地电压也要升高到线电压,即升高为原对地电压的 $\sqrt{3}$ 倍。

1.3.3　中性点直接接地的电力系统

图 1-15 所示为电源中性点直接接地的电力系统发生单相接地的电路图。这种系统的单相接地,即通过接地中性点形成单相短路,用符号 $k^{(1)}$ 表示。单相短路电流 $\dot{I}_k^{(1)}$ 比线路的正常负荷电流大得多,因此,在系统发生单相短路时保护装置应自动跳闸,切除短路故障,使系统的其他部分恢复正常运行。

中性点直接接地的系统发生单相接地时,其他两完好相的对地电压不会升高,这与上述中性点不直接接地的系统不同。因此,凡中性点直接接地的系统中的供用电设备的绝缘只需按相电压考虑,而无须按线电压考虑。这对 110kV 及以上的超高压系统是很有经济技术价值的。因为高压电器特别是超高压电器,其绝缘问题是影响电器设计和制造的关键问题。电器绝缘要求的降低,直接降低了电器的造价,同时改善了电器的性能。因此,我国 110kV 及以上的高压、超高压系统的电源中性点通常都采取直接接地的运行方式。在低压配电系统中,均为中性点直接接地系统,在发生单相接地故障时,一般能使保护装置迅速动作,切除故障部分,比较安全。如加装漏电保护器,则对人身安全有更好的保障。

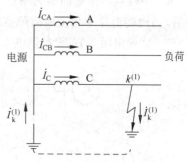

图 1-15　中性点直接接地的电力系统
在发生单相接地时的电路图

本 章 小 结

电力系统是由发电厂、电力网和电能用户组成的一个发电、输电、变电、配电和用电的整体。供电所研究的是电能的供给和分配问题。对电力系统的基本要求是:安全、可靠、优质和经济。

电能质量的主要指标是电压和频率。额定电压是指用电设备处于最佳运行状态的电压。我国规定了电力系统中电网和用电设备的额定电压,发电机的额定电压,电力变压器的额定电压。

电力系统中性点通常采用不接地、经消弧线圈接地和直接接地三种接地方式,前两种系统发生单相接地时,线电压不变,但会使未接地相对地电压升高,因此,规定运行时间不能超过 2h。中性点直接接地系统发生单相接地时,则构成单相对地短路,使相应的保护装置动作,切除接地故障。

思考题与习题

1-1　什么是发电厂?目前在我国应用最广泛的发电厂有哪几种?

1-2　什么是电力系统和电力网?什么是动力系统?

1-3 对电力系统的基本要求是什么？

1-4 电力变压器的额定一次电压为什么规定有的要高于相应的电网额定电压5％，有的又等于相应的电网额定电压？而其额定二次电压，为什么规定有的要高于相应的电网额定电压10％，有的又只高于相应的电网额定电压5％？

1-5 三相交流电力系统的电源中性点有哪些运行方式？中性点不直接接地的电力系统与中性点直接接地的电力系统在发生单相接地时各有什么不同特点？

1-6 中性点不接地的电力系统在发生一相接地时有什么危险？中性点经消弧线圈接地后，如何能消除单相接地故障点的电弧？

1-7 试确定图 1-16 所示供电系统中变压器 T_1 和线路 WL1、WL2 的额定电压。

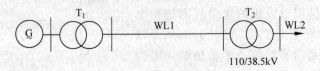

图 1-16 题 1-7 图

1-8 试确定图 1-17 所示供电系统中发电机和所有变压器的额定电压。

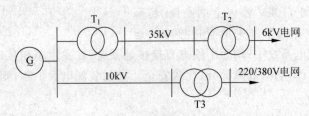

图 1-17 题 1-8 图

第2章

工厂供电系统的常用设备

知识点

1. 高压电器及工作特点。
2. 低压电器及工作特点。
3. 互感器及工作特点。

2.1 电气设备中的电弧问题及对触头的要求

2.1.1 电气设备中的电弧问题及对触头的要求概述

电弧对供电系统的危害性极大,开关设备的结构设计都要保证能迅速熄灭电弧,因此有必要先了解电弧产生和熄灭的原理,并知道对电气触头的基本要求。

2.1.2 电弧的产生

1. 产生电弧的根本原因

触头本身及触头周围介质中含有大量可被游离的电子,而分断触头之间存在足够大的外施电压,这些电子就有可能强烈电离而产生电弧。

2. 产生电弧的游离方式

1) 热电发射

当开关触头分断电流时,使触头表面分子中外层电子吸收足够热能而发射到触头的间隙中,从而形成自由电子。

2) 高电场发射

开关触头分断之初电场强度很大,在高电场的作用下触头表面的电子易被强拉出来,使之进入触头间隙,也会形成自由电子。

3）碰撞游离

当触头间隙存在足够大的电场强度时，其中自由电子以相当大的动能向阳极移动。在高速移动中碰撞到中性质点，就可能使中性质点中的电子游离出来，中性质点变为带电的正离子和自由电子。这些被碰撞游离出来的带电质点在电场力的作用下，继续参加碰撞游离，结果使触头间介质中的离子数越来越多，从而形成"雪崩"现象。当离子浓度足够大时，介质击穿而发生电弧。

4）高温游离

电弧的温度很高，表面温度达 3000～4000℃，弧心温度可高达 10000℃。在这样的高温下，电弧中的中性质点可游离为正离子和自由电子（据研究，一般气体在 9000～10000℃时发生游离，而金属蒸气在 4000℃左右即发生游离），进一步加强了电弧中的游离。触头越分开电弧越大，高温游离也越显著。

由于以上几种游离方式的综合作用，使得触头在带电开断时产生的电弧得以维持。

2.1.3　电弧的熄灭

1. 电弧熄灭的条件

要使电弧熄灭，必须使触头间电弧中的去游离率大于游离率，即其中离子消失的速率大于离子产生的速率。

2. 电弧熄灭的去游离方式

1）正负带电质点的"复合"

正负带电质点的"复合"就是正负带电质点重新结合为中性质点。这与电弧中的电场强度、电弧温度及电弧截面等因素有关。电弧中的电场强度越弱，电弧的温度越低，电弧的截面越小，则带电质点的复合越强。此外，复合与电弧所接触的介质性质也有关系。如果电弧接触的表面为固体介质，则由于较活泼的电子先使介质表面带一负电位，带负电位的介质表面就吸引电弧中的正离子而造成强烈的复合。

2）正负带电质点的"扩散"

正负带电质点的"扩散"就是电弧中的带电质点向周围介质中扩散，从而使电弧中的带电质点减少。扩散的原因有两个，一是由于电弧与周围介质的温差；二是由于电弧与周围介质的离子浓度差。扩散也与电弧截面有关。电弧截面越小，离子扩散越强。

上述带电质点的复合与扩散，都使电弧中的离子数减少，使去游离作用增强，从而有助于电弧的熄灭。

3. 交流电弧的熄灭

交流电弧的熄灭，可利用交流电流过零时电弧要暂时熄灭这一特性（图 2-1）来加速电弧的熄灭。低压开关的交流电弧显然是比较容易熄灭的。具有较完善灭弧结构的高压断路器，交流电弧的熄灭一般也只有几个周期；而真空断路器灭弧则只需半个周期，即电流第一次过零时就能使电弧熄灭。

4. 开关电器中常用的灭弧方法

1）速拉灭弧法

速拉灭弧法可迅速拉长电弧，使弧隙的电场强度骤降，正负离子的复合迅速增强，从

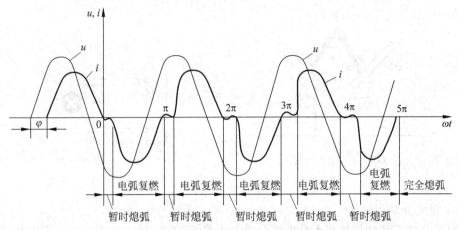

图 2-1 开关断开交流电流时电路电压和电流的变动曲线

而加快电弧的熄灭。这种灭弧方法是开关电器中普遍采用的最基本的一种灭弧法。高压开关中装设强有力的断路弹簧,目的就在于加快触头的分断速度,迅速拉长电弧。

2)冷却灭弧法

冷却灭弧法可降低电弧的温度,使电弧中的高温游离减弱,正负离子的复合增强,有助于加速电弧的熄灭。这种灭弧方法在开关电器中应用较为普遍,同样是一种基本的灭弧方法。

3)吹弧灭弧法

吹弧灭弧法可利用外力(如气流、油流或电磁力)吹动电弧,使电弧拉长并加快冷却,降低电弧中的电场强度,使离子的复合和扩散增强,从而加速电弧的熄灭。图 2-2~图 2-4所示为几种不同的吹弧方式。

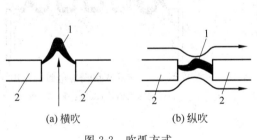

(a) 横吹 (b) 纵吹

图 2-2 吹弧方式

1—电弧;2—触头

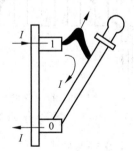

图 2-3 电动力吹弧(刀开关断开时)

4)长弧切短灭弧法

长弧切短灭弧法可利用若干金属片(栅片)将长弧切割成若干短弧,电弧的电压降相当于近似增大若干倍。当外施电压小于电弧上的电压降时,电弧就不能维持而迅速熄灭。图 2-6 所示为钢灭弧栅(又称去离子栅)将长弧切成若干短弧的情况,利用了图 2-6 所示的电动力吹弧,同时又利用了图 2-5 所示的铁磁吸弧,将电弧吸入钢灭弧栅。钢片对电弧还有一定的冷却降温作用。

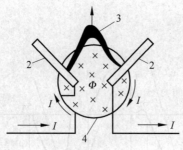

图 2-4 磁力吹弧

1—磁吹线圈；2—灭弧触头；3—电弧

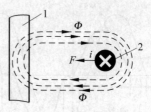

图 2-5 铁磁吸弧

1—钢片；2—电弧

5）粗弧分细灭弧法

粗弧分细灭弧法可将粗大的电弧分成若干平行的细小电弧，使电弧与周围介质的接触面增大，改善电弧的散热条件，降低电弧的温度，从而使电弧中正负离子的复合和扩散都得到加强，使电弧加速熄灭。

6）狭沟灭弧法

狭沟灭弧法可使电弧在固体介质所形成的狭沟中燃烧，改善了电弧的冷却条件，同时由于电弧与固体表面接触使其带电质点的复合大大增强，从而加速电弧的熄灭。例如，有的熔断器熔管内充填石英砂，使熔丝在石英砂中熔断，就是利用狭沟灭弧原理。又如，采用图 2-7 所示绝缘灭弧栅，先利用电动力吹弧使电弧进入绝缘灭弧栅内，然后利用狭沟灭弧原理来加速电弧的熄灭。

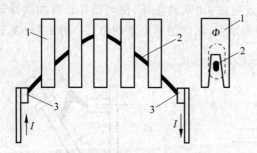

图 2-6 钢灭弧栅对电弧的作用

1—钢栅片；2—电弧；3—触头

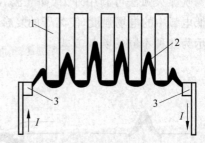

图 2-7 绝缘灭弧栅对电弧的作用

1—绝缘灭弧片；2—电弧；3—触头

7）真空灭弧法

真空具有较高的绝缘强度。如果将开关触头装在真空容器内，则在触头分断期间产生的电弧（称为真空电弧）一般较小，且在电流第一次过零时就能熄灭电弧。

8）六氟化硫（SF_6）灭弧法

SF_6 气体具有优良的绝缘性能和灭弧性能，其绝缘强度约为空气的 3 倍，其绝缘强度恢复的速度约比空气快 100 倍，因此采用 SF_6 来灭弧，可以大大提高开关的断路容量和缩短灭弧时间。

在现代的开关电器中，常根据具体情况综合地采用上述某几种灭弧法来达到迅速灭弧的目的。

2.1.4 对电气触头的基本要求

电气触头必须满足下列基本要求。

1. 满足正常负荷的发热要求

正常负荷电流(包括过负荷电流)长期通过触头时,触头的发热温度不应超过允许值。为此,触头必须接触紧密,尽量减小或消除触头表面的氧化层,降低接触电阻。

2. 具有足够的机械强度

触头要能经受规定的通断次数而不致发生机械故障或损坏。

3. 具有足够的动稳定度和热稳定度

在可能发生的最大短路冲击电流通过时,触头不会因电动力作用而损坏;并在可能最长的短路时间内通过短路电流时,触头不会被其产生的热量过度烧损或熔焊。

4. 具有足够的断流能力

在开断所规定的最大负荷电流或短路电流时,触头不应被电弧过度烧损,更不应发生熔焊现象。为了保证触头在闭合时尽量降低触头电阻,而在通断时又使触头能经受电弧高温的作用,因此有些开关触头分为工作触头和灭弧触头两部分。工作触头采用导电性好的铜或镀银铜触头,而灭弧触头采用耐高温的铜钨等合金触头。通路时,电流主要通过工作触头;而通断电流时,电弧在灭弧触头之间产生,不致使工作触头烧损。

2.2 高压一次设备及其选择

2.2.1 高压一次设备概述

一次电路(回路)是指变配电所中承担输送和分配电能任务的电路,也称为主电路。一次电路中所有的电气设备称为一次设备。

二次电路(回路)是指凡用来控制、指示、监测和保护一次设备运行的电路,也称为副电路。二次电路通常接在互感器二次侧。二次电路中的所有设备称为二次设备。

一次设备按其功能可分为以下几类。

(1) 变换设备。可按电力系统工作的要求改变电压或电流,如电力变压器、电流互感器和电压互感器等。

(2) 控制设备。可按电力系统工作的要求控制一次设备的投入和切除,如各种高低压开关等。

(3) 保护设备。用于电力系统的过电流和过电压等保护,如熔断器、避雷器等。

(4) 补偿设备。用于补偿电力系统的无功功率以提高其功率因数,如并联电容器。

(5) 成套设备。可按一次电路接线方案的要求,将有关的一次及二次设备组合为一体的电气装置。如高压开关柜、低压配电屏、动力和照明配电箱等。

2.2.2 高压熔断器

高压熔断器(文字符号 FU)的基本功能主要是对电路和设备进行短路保护,有的也具有过负荷保护的功能。

在工厂供电系统中,室内广泛采用 RN1、RN2 等型高压管式限流熔断器;室外广泛采用 RW4-10、RW10-10F 等型高压跌开式熔断器,也有采用 RW10-35 型高压限流熔断器等。

高压熔断器全型号的表示及含义如图 2-8 所示。

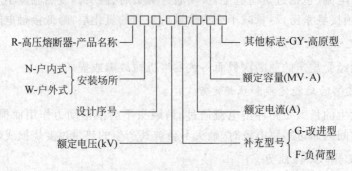

图 2-8　高压熔断器全型号表示及含义

1. RN1 和 RN2 型户内高压管式熔断器

RN1 和 RN2 型(图 2-9 和图 2-10)都是瓷质熔管内充填石英砂的密闭管式熔断器。RN1 型主要用于高压线路和设备的短路保护,也能起过负荷保护的作用,其熔体要通过主电路的电流,因此其结构尺寸较大,额定电流可达 100A。而 RN2 型只用作高压电压互感器一次侧的短路保护,其结构尺寸较小,熔体额定电流一般为 0.5A。

2. RW4 和 RW10-10F 型户外高压跌开式熔断器

跌开式熔断器(文字符号用 FD,负荷型文字符号用 FDL)又称为跌落式熔断器,广泛用于环境正常的室外场所。它既可作 6～10kV 线路和设备的短路保护,又可在一定条件下,直接用高压绝缘操作棒(俗称令克棒)来操作熔管的分合。

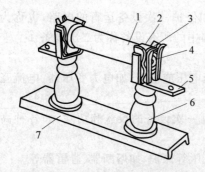

图 2-9　RN1、RN2 型高压熔断器

1—瓷质熔管;2—金属管帽;3—弹性触座;
4—熔断指示器;5—接线端子;6—瓷绝缘子;
7—底座

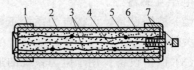

图 2-10　RN1、RN2 型高压熔断器的熔管剖面图

1—管帽;2—瓷;3—工作熔体;4—指示熔体;5—锡球;
6—石英砂填料;7—熔断指示器

注:虚线表示熔断指示器在熔体熔断时弹出。

图 2-11 所示为 RW4-10G 型一般的跌开式熔断器,它能兼顾隔离开关的作用,但不允许带负荷操作,其操作要求与高压隔离开关相同。

图 2-12 所示为 RW10-10F 负荷型跌开式熔断器,它在一般跌开式熔断器的上静触头上加装了简单的灭弧室,因而能带负荷操作,其操作要求与负荷开关相同。

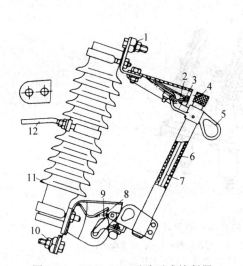
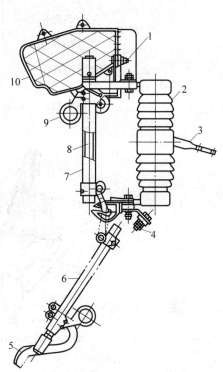

图 2-11　RW4-10G 型跌开式熔断器

1—上接线端子;2—上静触头;3—上动触头;4—管帽(带薄膜);5—操作环;6—熔管(外层为酚醛纸管或环氧玻璃布管,内套纤维质消弧管);7—铜熔丝;8—下动触头;9—下静触头;10—下接线端子;11—绝缘瓷瓶;12—固定安装板

图 2-12　RW10-10F 负荷型跌开式熔断器

1—上接线端子;2—绝缘瓷瓶;3—固定安装板;4—下接线端子;5—动触头;6、7—熔管(内消弧管);8—铜熔丝;9—操作扣环;10—灭弧罩(内有静触头)

2.2.3　高压隔离开关

高压隔离开关(文字符号 QS)的基本功能主要是隔离高压电源,以保证其他设备和线路的安全检修。其结构特点是断开后有明显可见的断开间隙,而且断开间隙的绝缘及相间绝缘都是足够可靠的,能充分保证设备和线路检修人员的人身安全。

高压隔离开关没有专门的灭弧装置,因此不允许带负荷操作。但它可用来通断一定的小电流,如励磁电流不超过 2A 的空载变压器、电容电流不超过 5A 的空载线路以及电压互感器和避雷器等。

按安装地点可将高压隔离开关分为户内式和户外式两大类。

高压隔离开关全型号的表示及含义如图 2-13 所示。

图 2-14 所示为 GN8-10 型户内式高压隔离开关的外形;图 2-15 所示为 GW2-35 型户外式高压隔离开关的外形。

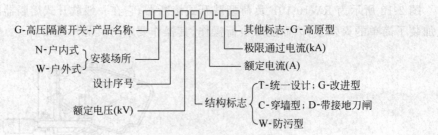

图 2-13　高压隔离开关全型号表示及含义

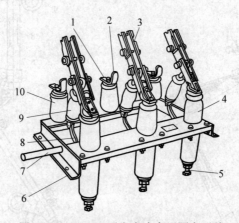

图 2-14　GN8-10 型户内式高压隔离开关

1—上接线端子；2—静触头；3—闸刀；4—套管瓷瓶；5—下接线端子；
6—框架；7—转轴；8—拐臂；9—升降瓷瓶；10—支柱瓷瓶

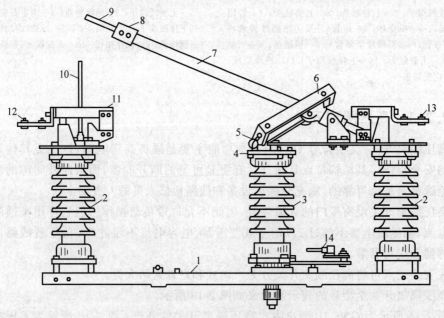

图 2-15　GW2-35 型户外式高压隔离开关

1—角钢架；2—支柱瓷瓶；3—旋转瓷瓶；4—曲柄；5—轴套；6—传动框架；7—管形闸刀；
8—工作动触头；9、10—灭弧角条；11—插座；12、13—接线端子；14—曲柄传动机构

户内式高压隔离开关通常采用 CS6 型（其中，C 为操作机构，S 为手动，6 为设计序号）手动操作机构进行操作，而户外式高压隔离开关则大多采用高压绝缘操作棒操作，也有的通过杠杆传动的手动操作机构进行操作。图 2-16 所示为 CS6 型手动操作机构与 GN8 型隔离开关配合的一种安装方式。

2.2.4 高压负荷开关

高压负荷开关（文字符号 QL）的基本功能是用于通断一定的负荷电流与过负荷电流，负荷开关断开后也具有隔离电源、保证安全检修的功能。其结构特点是具有简单的灭弧装置，负荷开关断开后与隔离开关一样，也具有明显可见的断开间隙。

高压负荷开关的使用要求是：不能断开短路电流，必须与高压熔断器串联使用，借助熔断器来切除短路故障。

高压负荷开关有多种类型，其中户内气压式高压负荷开关的应用最为广泛。

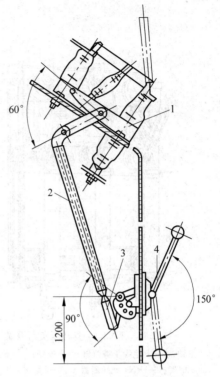

图 2-16 CS6 型手动操作机构与 GN8 型隔离开关配合的一种安装方式
1—GN8 型隔离开关；2—传动连杆；
3—调节杆；4—CS6 型手动操作机构

高压负荷开关全型号的表示及含义如图 2-17 所示。

图 2-18、图 2-19 分别为 FN3-10 型高压负荷开关的外形结构和灭弧装置示意图。

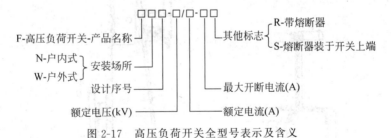

图 2-17 高压负荷开关全型号表示及含义

高压负荷开关一般配用如图 2-20 所示 CS2 等型手动操作机构进行操作。

2.2.5 高压断路器

高压断路器（文字符号 QF）的基本功能是能通断正常的负荷电流，而且能承受一定时间的短路电流，并能在保护装置作用下自动跳闸，切除短路故障。

按高压断路器的灭弧介质划分，可将其分为油断路器、六氟化硫（SF$_6$）断路器、真空断路器以及压缩空气断路器、磁吹断路器等。现已广泛采用真空断路器和六氟化硫（SF$_6$）断路器取代早期的油断路器。

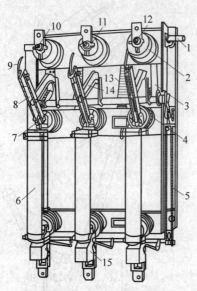

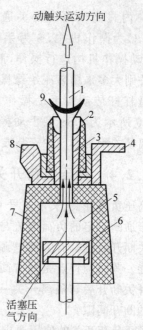

图 2-18　FN3-10 型高压负荷开关

1—主轴；2—上绝缘子兼汽缸；3—连杆；4—下绝缘子；
5—框架；6—RN1 型熔断器；7—下触座；8—闸刀；
9—弧动触头；10—绝缘喷嘴；11—主静触头；12—上触座；
13—断路弹簧；14—绝缘拉杆；15—热脱扣器

图 2-19　FN3-10 型高压负荷开关压气式
灭弧装置工作示意图

1—弧动触头；2—绝缘喷嘴；3—弧静触头；
4—接线端子；5—气缸；6—活塞；
7—上绝缘子；8—主静触头；9—电弧

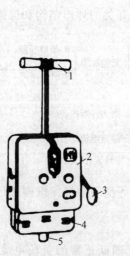

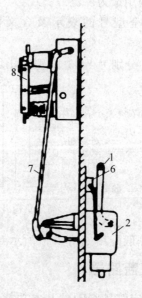

(a) CS2型操作机构外形　　(b) CS2型与负荷开关配合安装

图 2-20　CS2 型手动操作机构的外形及其与 FN3 型负荷开关配合的一种安装方式

1—操作手柄；2—操作机构外壳；3—分闸指示牌（掉牌）；4—脱扣器盒；
5—分闸铁心；6—辅助开关（联动触头）；7—传动连杆；8—负荷开关

油断路器又分多油式和少油式两大类。多油断路器油量多，同时作为灭弧和绝缘介质；少油断路器的油量很少(一般只有几千克)，只作为灭弧介质。断路器全型号的表示及含义如图 2-21 所示。

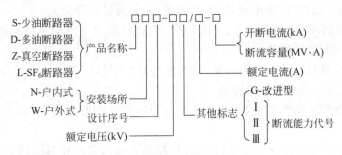

图 2-21　断路器全型号表示及含义

1. SN10-10 型高压少油断路器

SN10-10 型高压少油断路器是我国统一设计并曾推广应用的一种少油断路器。图 2-22 所示为 SN10-10 型高压少油断路器的外形结构，其中一相油箱的内部结构如图 2-23 所示。

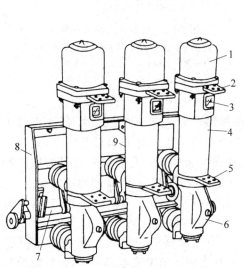

图 2-22　SN10-10 型高压少油断路器

1—铝帽；2—上接线端子；3—油标；4—绝缘筒；
5—下接线端子；6—基座；7—主轴；8—框架；
9—断路弹簧

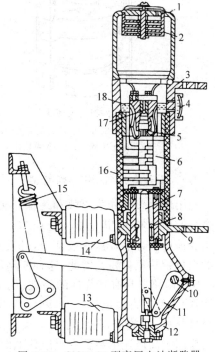

图 2-23　SN10-10 型高压少油断路器
其中一相油箱的内部结构

1—铝帽；2—油气分离器；3—上接线端子；4—油标；
5—插座式静触头；6—灭弧室；7—动触头(导电杆)；
8—中间滚动触头；9—下接线端子；10—转轴；
11—拐臂(曲柄)；12—基座；13—下支柱瓷瓶；
14—上支柱瓷瓶；15—断路弹簧；16—绝缘筒；
17—逆止阀；18—绝缘油

按断流容量（SOC）来看，SN10-10 型高压少油断路器可分为：SN10-10 I 型，SOC＝300MV·A；SN10-10 II 型，SOC＝500MV·A；SN10-10 III 型，SOC＝750MV·A。

SN10-10 等型少油断路器可配用 CD□型电磁操作机构或 CT□型弹簧储能操作机构（其中 C 为操作机构，D 为电磁式，T 为弹簧式，□为设计序号）。

SN10-10 型高压少油断路器的导电回路：上接线端子→静触头→动触头（导电杆）→中间滚动触头→下接线端子。

其断路器跳闸时动触点向下运动，电弧根部总与下面的新鲜冷油接触，可进一步改善灭弧条件，使其具有较大的断流容量。

灭弧过程中产生油气混合物，经油箱上方的油气分离器分离，气体由顶部排出，油滴流回灭弧室。

图 2-24、图 2-25 所示为 SN10-10 型高压断路器灭弧室的外形结构及工作示意图。

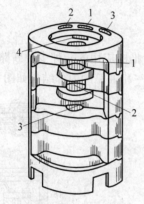

图 2-24　灭弧室
1—第一道灭弧沟；2—第二道灭弧沟；
3—第三道灭弧沟；4—吸弧铁片

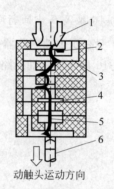

动触头运动方向

图 2-25　灭弧室工作示意图
1—静触头；2—吸弧铁片；3—横吹灭弧沟；
4—纵吹油囊；5—电弧；6—动触头

2. 高压六氟化硫（SF_6）断路器

利用 SF_6 气体作为灭弧和绝缘介质的一种断路器。SF_6 是一种无色、无味、无毒且不易燃烧的惰性气体，其化学性能在 150℃ 以下时相当稳定。但在电弧高温作用下，它要分解出腐蚀性和毒性较强的氟（F_2），且氟能与触头表面的金属离子化合为一种具有绝缘性能的白色粉状氟化物。因此，这种断路器的触头一般都设计成具有自动净化的功能。

SF_6 断路器具有其优良的物理、化学性能和电绝缘性能，与空气断路器相比，其触头的磨损小、使用寿命更长。SF_6 断路器与油断路器相比，具有断流能力强、灭弧速度快、电绝缘性能好、检修周期长、可用于频繁操作，而且没有燃烧爆炸的危险。SF_6 断路器现已广泛应用于高压配电装置中以取代油断路器，但是制造加工精度要求高，对密封性能的要求更严，价格也比较昂贵。

SF_6 断路器按灭弧方式分为双压式和单压式两种结构。双压式具有两个气压系统，低气压作为绝缘，高气压作为灭弧；单压式只有一个气压系统，灭弧时 SF_6 的气流靠压气活塞产生。单压式的结构简单，我国现在生产的 LN1、LN2 型 SF_6 断路器均为单压式。LN2-10 型高压 SF_6 断路器的外形结构如图 2-26 所示。

SF_6 断路器也配用 CD□型电磁操作机构或 CT□型弹簧储能操作机构，但主要是

CT□型。

图 2-27 所示为 SF_6 断路器灭弧室的工作示意图。断路器的静触头和灭弧室中的压气活塞是相对固定不动的。跳闸时,装有动触头和绝缘喷嘴的气缸由断路器操作机构通过连杆带动,离开静触头,造成气缸与活塞的相对运动而压缩 SF_6,使 SF_6 通过喷嘴吹弧,从而使电弧迅速熄灭。

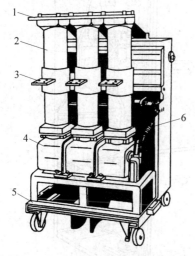

图 2-26　LN2-10 型高压 SF_6 断路器

1—上接线端子;2—绝缘筒(内为气缸及触头、灭弧系统);
3—下接线端子;4—操作机构箱;5—小车;6—断路弹簧

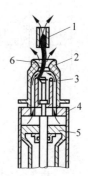

图 2-27　SF_6 断路器灭弧室工作示意图

1—静触头;2—绝缘喷嘴;3—动触头;4—气缸(连同动触头由操作机构传动);5—压气活塞(固定);6—电弧

2.2.6　高压开关柜

高压开关柜是按一定的线路方案,将有关一、二次设备组装成的一种高压成套配电装置。柜中安装有高压开关及保护设备、监测仪表、母线、绝缘子等。

高压开关柜有固定式和手车式(移开式)两大类型。中小型工厂普遍采用较为经济的固定式高压开关柜。我国现在大量生产和广泛应用的固定式高压开关柜主要为 GG-1A(F)型(如图 2-28 所示的 GG-1A(F)-07S 型)。这种防误型开关柜具有"五防"功能:①防止误分误合断路器;②防止带负荷误拉误合隔离开关;③防止带电误挂接地线;④防止带接地线误合隔离开关;⑤防止人员误入带电间隔。

手车式(又称移开式)高压开关柜(图 2-29)的高压断路器等主要电气设备安装在可拉出和推入的手车上。较之固定式开关柜具有检修安全、供电可靠性高等优点。

高压环网柜适用于环形电网供电,柜中内置"三位置开关",兼有负荷开关、隔离开关和接地开关的功能,而密封在一个充满 SF_6 气体的壳体内,既缩小了环网柜的占用空间,同时也提高了开关的绝缘和灭弧性能。

常见的高压开关柜类型有 KGN 型铠装式固定柜、XGN 型箱式固定柜、JYN 型间隔式手车柜、KYN 型铠装式手车柜以及 HXGN 型环网柜等。

当今智能电网中还推广应用一种气体全封闭组合电器(GIS),内充一定压力的 SF_6 气体,作为 GIS 的绝缘和灭弧介质。

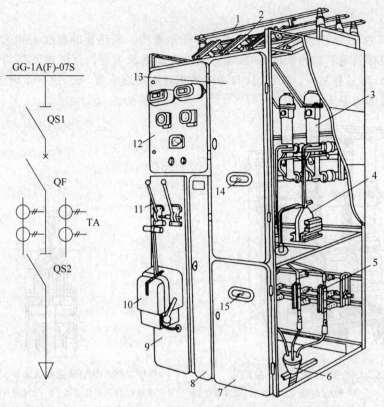

图 2-28　GG-1A(F)-07S 型固定式高压开关柜(断路器柜)

1—母线；2—母线隔离开关(QS1,GN8-10 型)；3—少油断路器(QF,SN10-10 型)；4—电流互感器(TA,LQJ-10 型)；5—线路隔离开关(QS2,GN6-10 型)；6—电缆头；7—下检修门；8—端子箱门；9—操作板；10—断路器手动操作机构(CS2 型)；11—隔离开关操作机构(CS6 型)手柄；12—仪表继电器屏；13—上检修门；14、15—观察窗口

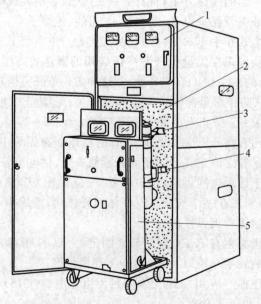

图 2-29　GC-10(F)型手车式高压开关柜(断路器手车柜未推入)

1—仪表屏；2—手车室；3—上触头(兼有隔离开关功能)；4—下触头(兼有隔离开关功能)；5—SN10-10 型断路器手车

2.3 低压一次设备

低压一次设备是指供电系统中 1000V（或略高）及以下的电气设备。本节只介绍常用的低压熔断器、低压开关和低压配电屏等。

2.3.1 低压熔断器

低压熔断器的类型很多，如插入式（RC□型）、螺旋式（RL□型）、无填料密封管式（RM□型）、有填料密封管式（RT□型）以及引进技术生产的有填料管式 gF、aM 系列和高分断能力的 NT 型等。下面主要介绍供电系统中用得较多的 RM10 和 RT0 型两种熔断器。低压熔断器全型号的表示及含义如图 2-30 所示。

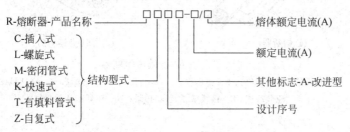

图 2-30 低压熔断器全型号表示及含义

RM10 型低压密闭管式熔断器的灭弧断流能力较差，属于非限流熔断器。因其结构简单、价格低廉及更换熔片方便，普遍应用在低压配电装置中。RM10 型低压密闭管式熔断器由纤维熔管、变截面锌熔片和触头底座等几部分组成。其熔管和熔片的结构如图 2-31 所示。

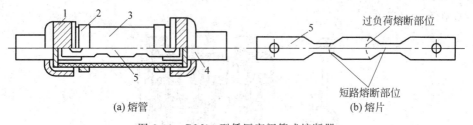

(a) 熔管　　　　　　　　　　　　　(b) 熔片

图 2-31 RM10 型低压密闭管式熔断器

1—铜帽；2—管夹；3—纤维熔管；4—变截面熔片；5—触刀

RM10 型低压密闭管式熔断器的熔片冲制成宽窄不一的变截面，通过短路电流时首先使熔片窄部加热熔化，通过过负荷电流时在宽窄之间的斜部熔断。根据熔片熔断部位，可大致判断使之熔断的故障电流性质。保护特性曲线又称为安秒特性曲线，是指熔断器熔体的熔断时间（包括灭弧时间）与熔体电流之间的关系曲线，通常绘在对数坐标平面上。

RT0 型低压熔断器如图 2-32 所示。

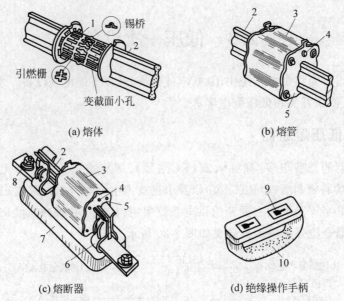

图 2-32　RT0 型低压熔断器

1—栅状铜熔体；2—触刀；3—瓷熔管；4—熔断指示器；5—盖板；6—弹性触座；
7—瓷质底座；8—接线端子；9—扣眼；10—绝缘拉手手柄

2.3.2　低压刀开关和负荷开关

1. 低压刀开关（QK）

低压刀开关主要用于不频繁操作的场合，按操作方式分为单投和双投；按极数分为单极、双极和三极；按有无灭弧结构分为不带灭弧罩和带灭弧罩。不带灭弧罩的刀开关只能在无负荷下操作，带灭弧罩的刀开关可通断一定的负荷电流，如图 2-33 所示为HD13 型低压力开关。

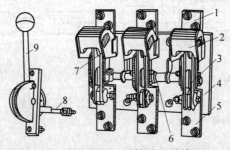

图 2-33　HD13 型低压刀开关

1—上接线端子；2—钢栅片灭弧罩；3—闸刀；4—底座；5—下接线端子；
6—主轴；7—静触头；8—连杆；9—操作手柄

低压刀开关全型号的表示与含义如图 2-34 所示。

2. 熔断器式刀开关（QKF 或 FU-QK）

熔断器式刀开关又称为刀熔开关，是具有刀开关和熔断器双重功能的组合型电器，在

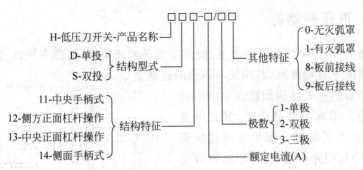

图 2-34　低压刀开关全型号表示与含义

低压配电屏中广泛使用,主要用于不频繁操作的场合。

图 2-35 所示为最常见的 HR3 型刀熔开关示意图,就是将 HD 型刀开关的闸刀换成 RT0 型熔断器的具有刀形触头的熔管。

低压刀熔开关全型号的表示及含义如图 2-36 所示。

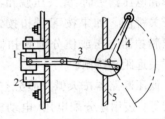

图 2-35　HR3 型刀熔开关的结构示意图
1—RT0 型熔断器的熔管;2—弹性触座;
3—连杆;4—操作手柄;5—配电屏面板

3. 低压负荷开关(QL)

低压负荷开关是由带灭弧装置的刀开关与熔断器串联组合而成,外装封闭式铁壳或开启式胶盖的开关电器,也主要用于不频繁操作的场合。

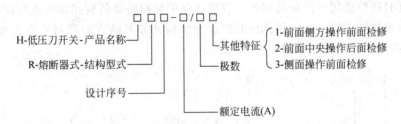

图 2-36　低压刀熔开关全型号表示及含义

低压负荷开关具有带灭弧罩刀开关和熔断器的双重功能,既可带负荷操作,又能实现短路保护;但其熔断器熔断后,需更换熔体后才能恢复供电。

低压负荷开关全型号的表示及含义如图 2-37 所示。

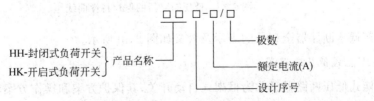

图 2-37　低压负荷开关全型号表示及含义

2.3.3 低压断路器

低压断路器（QF）又称为自动开关，既能带负荷通断电路，又能在短路、过负荷和欠电压（或失压）情况下自动跳闸，其功能与高压断路器类似。

低压断路器的原理结构和接线如图2-38所示。当线路上出现短路故障时，其过电流脱扣器动作，使开关跳闸。如果出现过负荷时，其串联在一次线路上的电阻发热，使双金属片弯曲，也使开关跳闸。当线路电压严重下降和电压消失时，其失压脱扣器动作，同样使开关跳闸。如果按下脱扣按钮6或7，使失压脱扣器失压或使分励脱扣器通电，则可使开关远距离跳闸。

低压断路器按灭弧介质分空气和真空断路器等；按用途分配电用、电动机用、照明用断路器和漏电保护断路器等。

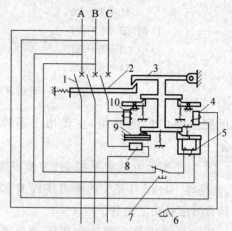

图2-38 低压断路器的原理结构和接线
1—主触头；2—跳钩；3—锁扣；4—分励脱扣器；
5—失压脱扣器；6,7—脱扣按钮；8—电阻；
9—热脱扣器；10—过流脱扣器

配电用低压断路器按保护性能分为非选择型和选择型。非选择型断路器一般为瞬时动作，只作短路保护用；也有的为长延时动作，只作过负荷保护用。选择型断路器有两段保护、三段保护和智能化保护等。两段保护为瞬时与长延时，三段保护为瞬时、短延时与长延时。其中瞬时和短延时特性适用于短路保护，长延时特性适用于过负荷保护。智能化保护型断路器的脱扣器由微机控制，其保护功能更多，选择性更好。配电用低压断路器按结构又分万能式和塑料外壳式两大类。低压断路器的保护特性曲线如图2-39所示。

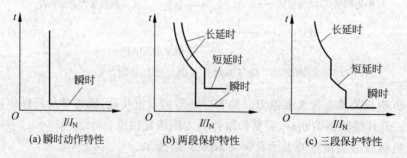

图2-39 低压断路器的保护特性曲线

国产低压断路器全型号的表示及含义如图2-40所示。

1. 万能式低压断路器

万能式低压断路器又称为框架式自动开关，其保护方案和操作方案较多，装设地点灵活，主要用作低压配电装置的主控制开关。

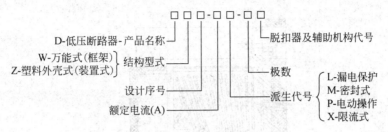

图 2-40 低压断路器全型号表示及含义

DW 型是目前广泛应用的万能式断路器,其合闸有手柄、杠杆、电磁和电动等多种操作方式。图 2-41 是 DW16 型万能低压断路器结构图。

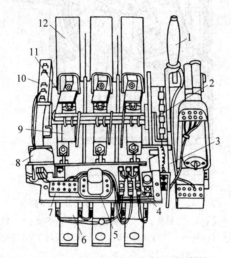

图 2-41 DW16 型万能低压断路器

1—操作手柄(带电动操作机构);2—自由脱扣机构;3—欠电压脱扣器;4—热脱扣器;
5—接地保护用小型电流继电器;6—过负荷保护用过电流脱扣器;7—接线端子;8—分励脱扣器;
9—短路保护用过电流脱扣器;10—辅助触头;11—底座;12—灭弧罩(内有主触头)

2. 塑料外壳式低压断路器

塑料外壳式低压断路器又称为装置式自动开关,其全部机构和导电部分都装设在一个塑料外壳内,仅在壳盖中央露出操作手柄,通常装设在低压配电装置中。

图 2-42 所示为 DZ20 型塑料外壳式低压断路器的剖面结构图。它多用作配电支线负荷端开关及不频繁启动电动机的控制和保护开关。

低压断路器一般采用四连杆操作机构,可自由脱扣。操作方式分手动和电动(开关容量较大装设),其操作手柄有合闸、自由脱扣、分闸与再扣三个位置。

DZ 型断路器可根据要求装设电磁脱扣器(只作短路保护)、热脱扣器(双金属片只作过负荷保护)和复式脱扣器(可同时实现过负荷及短路保护)。DZ 型断路器操作机构的传动原理如图 2-43 所示。

现在广泛应用的塑料外壳式低压断路器有 DZX10、DZ15、DZ20 等以及引进技术生产的 H、3VE 等型,此外还有智能型的 DZ40 等。

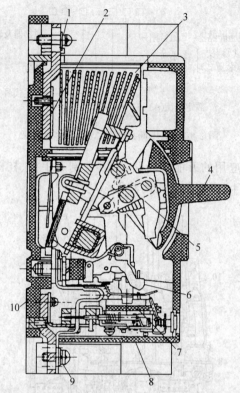

图 2-42　DZ20 型塑料外壳式低压断路器

1—引入线接线端子；2—主触头；3—灭弧室；4—操作手柄；5—跳钩；6—锁扣；
7—过电流脱扣器；8—塑料壳盖；9—引出线接线端子；10—塑料底座

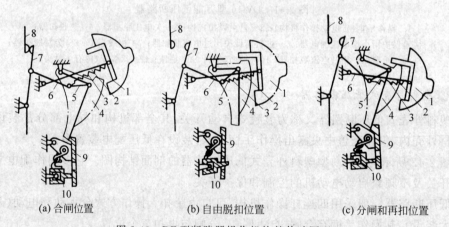

(a) 合闸位置　　　　　　(b) 自由脱扣位置　　　　　(c) 分闸和再扣位置

图 2-43　DZ 型断路器操作机构的传动原理

1—操作手柄；2—操作杆；3—弹簧；4—跳钩；5—锁扣；6—牵引杆；7—上连杆；8—下连杆；9—动触头；10—静触头

3. 模数化小型断路器

塑料外壳式断路器有一类是 63A 及以下的模数化小型断路器，广泛应用在低压配电系统的终端，作为照明线路、家用电器等的通断控制以及过负荷、短路和漏电保护等之用。

它具有体积小、分断能力强、寿命长、安全性能好和模数化导轨结构组装灵活等优点。

模数化小型断路器由操作机构、热脱扣器、电磁脱扣器、触头系统和灭弧室等部件组成,所有部件装在同一塑料外壳内如图 2-44 所示。

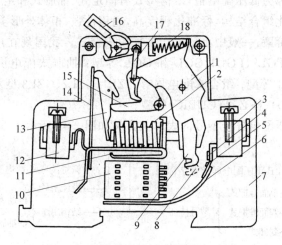

图 2-44 模数化小型断路器的原理结构

1—动触头杆;2—瞬动电磁铁(电磁脱扣器);3—接线端子;4—主静触头;5—中线静触头;6—弧角;
7—塑料外壳;8—中线动触头;9—主动触头;10—灭弧室;11—弧角;12—接线端子;13—锁扣;
14—双金属片(热脱扣器);15—脱扣钩;16—操作手柄;17—连杆;18—断路弹簧

模数化小型断路器常用的有 C45N、C65、DZ23、DZ47、S30、MC、BM 和 PX200C 等多种系列。

模数化小型断路器的外形尺寸和安装导轨尺寸如图 2-45 所示。

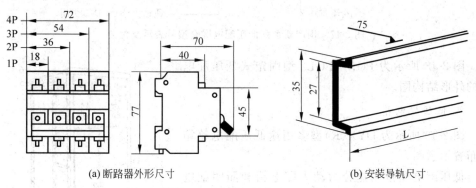

(a) 断路器外形尺寸   (b) 安装导轨尺寸

图 2-45 模数化小型断路器的外形尺寸和安装导轨尺寸

2.3.4 低压配电屏和配电箱

低压配电屏和低压配电箱,都是按一定的线路方案将有关一、二次设备组装而成的成套配电装置,在低压配电系统中作动力和照明配电之用,两者没有实质的区别。但是低压配电屏的结构尺寸较大,安装的开关电器较多,一般装设在变电所的低压配电室内;而低压配电箱的结构尺寸较小,安装的开关电器不多,通常安装在靠近低压用电设备的车间或其他建筑的进线处。

1. 低压配电屏

低压配电屏也称为低压配电柜,结构型式有固定式、抽屉式和组合式三类。其中组合式配电屏采用模数化组合结构,标准化程度高,通用性强,柜体外形美观且安装灵活方便。固定式配电屏比较价廉,一般中小型工厂多采用固定式。我国现在广泛应用的固定式配电屏主要有 PGL1、PGL2、PGL3、GGD 和 GGL 等型;抽屉式配电屏主要有 BFC、GCL、GCK、GCS 和 GHT1 等型;组合式配电屏有 GZL1、GZL2、GZL3 型及引进国外技术生产的多米诺(DOMINO)、科必可(CUBIC)等型。

国产老系列低压配电屏全型号的表示及含义如图 2-46 所示。

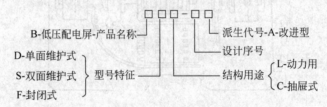

图 2-46　国产老系列低压配电屏全型号表示与含义

国产新系列低压配电屏全型号的表示及含义如图 2-47 所示。

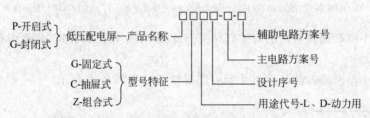

图 2-47　国产新系列低压配电屏全型号表示及含义

图 2-48 所示为 PGL1、PGL2 型固定式低压配电屏的外形结构图。

2. 低压配电箱

图 2-49 所示为 DYX(R)型多用途低压配电箱箱面布置示意图。

低压配电箱按用途分为动力配电箱和照明配电箱。动力配电箱主要用于对动力设备配电,可兼作照明配电。照明配电箱主要用于照明配电,可给小容量的单相动力设备或家用电器配电。

低压配电箱按安装方式分为靠墙式、悬挂式和嵌入式等。常用的动力配电箱有 XL-3、XL-10、XL-20等型;照明配电箱有 XM4、XM7、XM10 等型。多用途配电箱如 DYX(R)型兼有上述动力和照明配电箱的功能。

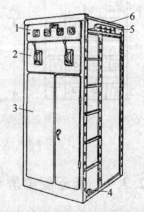

图 2-48　PGL1、PGL2 型固定式
低压配电屏

1—仪表板；2—操作板；3—检修门；
4—中性母线绝缘子；5—母线绝缘框；
6—母线防护罩

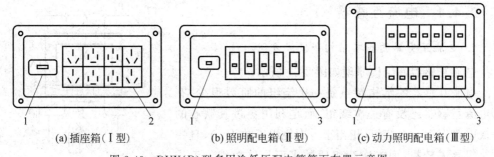

(a) 插座箱(Ⅰ型)　　　　(b) 照明配电箱(Ⅱ型)　　　　(c) 动力照明配电箱(Ⅲ型)

图 2-49　DYX(R)型多用途低压配电箱箱面布置示意图

1—电源开关(模数化小型断路器或漏电断路器)；2—插座；3—模数化小型断路器

国产低压配电箱全型号的表示及含义如图 2-50 所示。

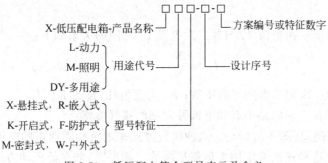

图 2-50　低压配电箱全型号表示及含义

2.4　互感器及其选择

互感器是电流互感器和电压互感器的统称。就其基本结构原理而言,互感器就是一种特殊变压器。

电流互感器(缩写 CT,文字符号 TA)是一种变换电流(将大电流变换为小电流)的互感器,其二次侧额定电流一般为 5A。

电压互感器(缩写 PT,文字符号 TV)是一种变换电压(将高电压变换为低电压)的互感器,其二次侧额定电压一般为 100V。

互感器的主要功能如下。

(1) 用来使仪表、继电器等二次设备与主电路(一次电路)绝缘。这既可避免主电路的高电压直接引入仪表、继电器等二次设备,又可防止仪表、继电器等二次设备的故障影响主电路,提高一、二次电路的安全性和可靠性,并有利于人身安全。

(2) 用来扩大仪表、继电器等二次设备的应用范围。通过采用不同变流比的电流互感器,用一只 5A 量程的电流表就可以测量任意大的电流。同样,通过采用不同变压比的电压互感器,用一只 100V 量程的电压表就可以测量任意高的电压。采用互感器可统一仪表、继电器等二次设备的规格,有利于这些设备的批量生产。

2.4.1　电流互感器

1. 电流互感器的基本结构和接线方案

电流互感器的结构原理如图 2-51 所示。

电流互感器的结构特点是一次绕组的匝数很少，有
的电流互感器还没有一次绕组，而是利用穿过其铁心的
一次电路作为一次绕组（相当于一次绕组匝数为 1），且一
次绕组导体较粗，而二次绕组匝数多而导体较细。工作
时，一次绕组串联在一次电路中，二次绕组则与仪表、继
电器等的电流线圈串联形成一个闭合回路。由于电流线
圈的阻抗很小，因此，电流互感器工作时二次回路接近于
短路状态。

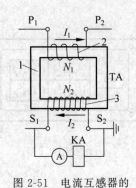

图 2-51　电流互感器的
结构原理

1—铁心；2——次绕组；3—二次绕组

电流互感器的一次电流 I_1 与其二次电流 I_2 之间的关系如下：

$$I_1 \approx \frac{N_2}{N_1} I_2 \approx K_i I_2 \qquad (2\text{-}1)$$

式中，N_1、N_2 为一次和二次绕组的匝数；K_i 为变流比，$K_i = I_{1N}/I_{2N}$。

电流互感器在三相电路中有如下四种常见的接线方案。

（1）一相式接线［图 2-52(a)］。这种接线方式是电流线圈通过的电流，反应一次电路
对应相的电流。这种接线通常用于负荷平衡的三相电路，如在低压动力线路中，供测量电
流或接过负荷保护装置之用。

（2）两相 V 形接线［图 2-52(b)］。这种接线也称为两相不完全星形接线。在继电保
护装置中，这种接线称为两相两继电器接线。它在中性点不接地的三相三线制电路中（如
一般的 6～10kV 电路），广泛用作三相电流、电能的测量和过电流继电保护。由图 2-53
的相量图可知，两相 V 形接线的公共线上的电流为 $\dot{I}_a + \dot{I}_c = -\dot{I}_b$，反应的是未接电流互
感器的那一相（B 相）的电流。

（3）两相电流差接线［图 2-52(c)］。由图 2-53(b) 的相量图可知，二次侧公共线上的
电流为 $\dot{I}_a - \dot{I}_c$，其量值为相电流的 $\sqrt{3}$ 倍。这种接线适用于中性点不接地的三相三线制电
路（如一般的 6～10kV 电路）中的过电流继电保护。故这种接线也称为两相一继电器
接线。

（4）三相星形接线［（图 2-52(d)］。这种接线中的三个电流线圈正好反应各相电流，
广泛应用在负荷一般不平衡的三相四线制系统（如低压 TN 系统）中，也用在负荷可能不
平衡的三相三线制系统中，用作三相电流、电能测量和过电流继电保护等。

2. 电流互感器的类别和型号

电流互感器的类型很多。

按其一次绕组的匝数分，有单匝式（包括母线式、芯柱式、套管式）和多匝式（包括线圈
式、线环式、串级式）。

按一次电压高低分，有高压和低压两大类。

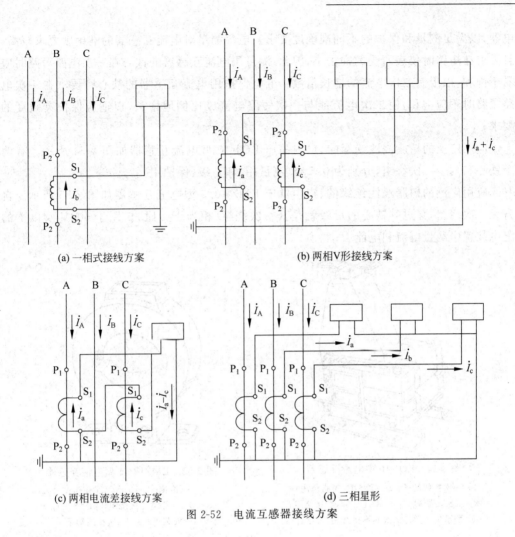

(a) 一相式接线方案　　　　(b) 两相V形接线方案

(c) 两相电流差接线方案　　　　(d) 三相星形

图 2-52　电流互感器接线方案

(a) 一次侧　　　　(b) 二次侧

图 2-53　两相 V 形接线电流互感器的一、二次侧电流相量图

按绝缘及冷却方式分,有干式(含树脂浇注绝缘式)和油浸式两大类。

按用途分,有测量用和保护用两大类。

按准确度等级分,测量用电流互感器有 0.1、0.2、0.5、1、3、5 等级;保护用电流互感器有 5P 和 10P 两级。

高压电流互感器多制成不同准确度级的两个铁心和两个绕组,分别接测量仪表和继电器,以满足测量和保护的不同准确度要求。电气测量对电流互感器的准确度要求较高,且要求在短路时仪表所受的冲击小,因此,测量用电流互感器的铁心在一次电路短路时应易于饱和,以限制二次电流的增长倍数。继电保护用电流互感器的铁心则要求在一次电路短路时不应饱和,使二次电流能与一次短路电流成比例地增长,以适应保护灵敏度的要求。

应用广泛的树脂浇注绝缘的、户内高压 LQJ-10 型电流互感器如图 2-54 所示。有两个铁心和两个二次绕组,分别为 0.5 级(测量用)和 3 级(保护用)。

应用广泛的树脂浇注绝缘的、户内低压 LMZJ-0.5 型电流互感器如图 2-55 所示。自身无一次绕组,穿过其铁心的母线就是其一次绕组(相当于 1 匝)。用于 500V 及以下的配电装置中测量电流和电能。

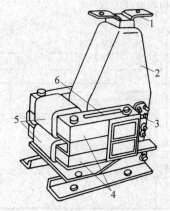 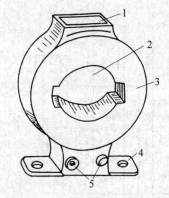

图 2-54　LQJ-10 型电流互感器

1——一次接线端子;2—一次绕组(树脂浇注);

3—二次接线端子;4—铁心;5—二次绕组;

6—警示牌(上写"二次侧不得开路"等字样)

图 2-55　LMZJ-0.5 型电流互感器

1—铭牌;2—一次母线穿孔;

3—铁心(外绕二次绕组,树脂浇注);

4—安装板;5—二次接线端子

以上两种电流互感器都是环氧树脂或不饱和树脂浇注其绝缘,较之老式的油浸式和干式电流互感器的尺寸小,性能好,安全可靠,因此,现在生产的高低压成套配电装置中基本上都采用这类新型电流互感器。

电流互感器全型号的表示及含义如图 2-56 所示。

3. 电流互感器的使用注意事项

1) 电流互感器在工作时其二次侧不得开路

电流互感器正常工作时其二次负荷很小,接近于短路状态。根据磁动势平衡方程式 $I_1N_1 - I_2N_2 = I_0N_1$(电流方向按图 2-51),其一次电流 I_1 产生的磁动势 I_1N_1 绝大部分被二次电流 I_2 产生的磁动势 I_2N_2 抵消,所以总的磁动势 I_0N_1 很小,励磁电流(即空载电流)I_0 只有一次电流 I_1 的百分之几。但是当二次侧开路时 $I_2 = 0$,这时迫使 $I_0N_1 = I_1N_1$,而 I_1 是一次电路的负荷电流,与互感器二次负荷无关。现在 $I_0 = I_1$,I_0 将突然增大几十倍,即励磁磁动势 I_0N_1 突然增大几十倍,因此将产生以下严重后果:①铁心因磁通剧增而过热并产生剩磁,降低铁心准确度级;②由于电流互感器二次绕组的匝数比一

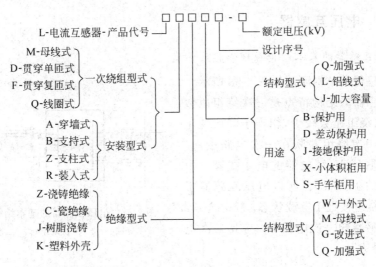

图 2-56 电流互感器全型号表示及含义

次绕组多,因此可在二次侧感应出危险的高电压,危及人身和设备安全。所以电流互感器在工作时二次侧不允许开路,这就要求在安装时,其二次接线必须牢固可靠,且其二次侧不允许接入熔断器和开关。

2)电流互感器的二次侧有一端必须接地

电流互感器二次侧有一端接地是为了防止其一、二次绕组间绝缘击穿时,一次侧的高电压窜入二次侧,危及人身和设备的安全。

3)电流互感器在连接时需注意端子的极性

按照规定,我国互感器和变压器的绕组端子均采用"减极性"标号法。

所谓"减极性"标号法,就是互感器按图 2-57 所示接线时,一次绕组接上电压 U_1,二次绕组就能感应出电压 U_2。这时将一对同名端(均标有"·"者)短接,则在另一对同名端测出的电压为 $U_1=|U_1-U_2|$。

"减极性"标号法确定的同名端在同一瞬间同为高电位或同为低电位,所以同名端又称为同极性端。

GB 1208—1997《电流互感器》规定,电流互感器一次绕组端子标 P_1、P_2,二次绕组端子标 S_1、S_2,其中 P_1 与 S_1、P_2 与 S_2 分别为对应的同名端。如果一次电流 I_1 从 P_1 流向 P_2,则二次电流 I_2 从 S_2 流向 S_1,如图 2-57 所示。

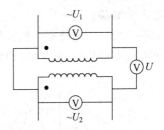

图 2-57 互感器的"减极性"判别法

安装和使用电流互感器时一定要注意其端子的极性,否则其二次仪表、继电器中流过的电流就不是预想的电流,甚至还会引起事故。例如,图 2-52(b)中 C 相电流互感器的 S_1、S_2 如果接反,则二次侧公共线中的电流就不是相电流,而是相电流的 $\sqrt{3}$ 倍,可能会使电流表烧毁。

2.4.2 电压互感器

1. 电压互感器的基本结构原理和接线方案

电压互感器的结构原理如图2-58所示。

电压互感器的结构特点是一次绕组匝数
很多，而二次绕组匝数较少，相当于降压变压
器。工作时一次绕组并联在一次电路中，二
次绕组则并联仪表、继电器的电压线圈。由
于电压线圈的阻抗很大，所以电压互感器工
作时其二次绕组接近于空载状态。

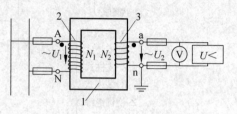

图2-58　电压互感器的基本结构和接线
1—铁心；2——次绕组；3—二次绕组

电压互感器的一次电压U_1与其二次电
压U_2的关系为

$$U_1 \approx \frac{N_1}{N_2} U_2 \approx K_u U_2 \tag{2-2}$$

式中，N_1、N_2为电压互感器一、二次绕组的匝数；K_u为电压互感器的变压比，即额定一、
二次电压之比。

电压互感器在三相电路中有四种常见的接线方案如下。

（1）一个单相电压互感器的接线[图2-59（a）]供仪表、继电器接于一个线电压。

（2）两个单相电压互感器接成V/V形[图2-59（b）]供仪表、继电器接于三相三线制
电路的各个线电压，它广泛应用在工厂变配电所的6～10kV高压配电装置中。

（3）三个单相电压互感器接成Y_0/Y_0形[图2-59（c）]供电给要求线电压的仪表、继电
器，并供电给接相电压的绝缘监视电压表。由于小接地电流系统在一次侧发生单相接地
时，另两相电压要升高到线电压，所以绝缘监视电压表的量程不能按相电压选择，而应按
线电压选择，否则在发生单相接地时，电压表可能被烧毁。

（4）三个单相三绕组电压互感器或一个三相五芯柱三绕组电压互感器接成$Y_0/Y_0/$
△（开口三角）形[图2-59（d）]其中接成Y_0的二次绕组，供电给需线电压的仪表、继电器及
绝缘监视用电压表，与图2-59（c）的二次接线相同。接成△（开口三角）形的辅助二次绕组
接电压继电器。当一次电压正常时三个相电压对称，因此开口三角形开口两端的电压接
近于零。当一次电路有一相接地时，开口三角形开口两端将出现近100V的零序电压，使
电压继电器动作，发出故障信号。

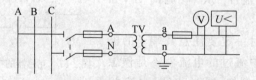

(a) 一个单相电压互感器的接线方案

图2-59　四种常见的接线方案

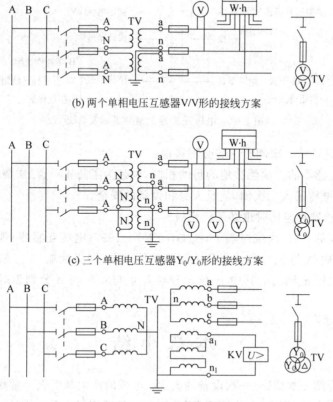

(b) 两个单相电压互感器V/V形的接线方案

(c) 三个单相电压互感器Y_0/Y_0形的接线方案

(d) 三个单相三绕组或一个三相五芯柱三绕组电压互感器$Y_0/Y_0/\triangle$(开口三角)形的接线方案

图 2-59(续)

2. 电压互感器的类型和型号

电压互感器按相数分为单相和三相两类。按绝缘及冷却方式分为干式(含树脂浇注式)和油浸式两类。图 2-60 所示为应用广泛的单相三绕组、环氧树脂浇注绝缘的户内 JDZJ-10 型电压互感器外形。三个 JDZJ-10 型接成图 2-59(d)所示 $Y_0/Y_0/\triangle$ 形的接线方式,供小接地电流系统中作电压、电能测量及绝缘监视用。

电压互感器全型号的表示及含义如图 2-61 所示。

3. 电压互感器的使用注意事项

1) 电压互感器在工作时其二次侧不得短路

由于电压互感器一、二次绕组都是在并联状态下工作的,如果二次侧短路,将产生很大的短路电流,有可能烧毁互感器,甚至影响一次电路的安全运行。因此,电压互感器的一、二次侧都必须装设熔断器以进行短路保护。

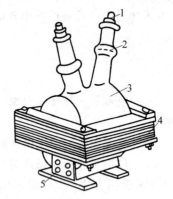

图 2-60 JDZJ-10 型电压互感器
1—一次接线端子;2—高压绝缘套管;
3—一、二次绕组(环氧树脂浇注);
4—铁心(壳式);5—二次接线端子

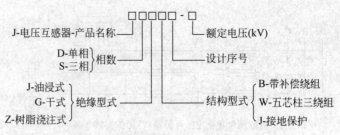

图 2-61　电压互感器全型号表示及含义

2）电压互感器的二次侧有一端必须接地

这与电流互感器的二次侧接地的目的相同，也是为了防止一、二次绕组间的绝缘击穿时，一次侧的高电压窜入二次侧，危及人身和设备的安全。

3）电压互感器在连接时也必须注意极性

电压互感器的一、二次绕组端子，按 GB 1207—1997《电压互感器》规定，单相分别标 A、N 和 a、n，其中 A 与 a、N 与 n 分别为对应的同名端（同极性端）；三相按相序，一次标 A、B、C、N，二次标 a、b、c、n，其中 A 与 a、B 与 b、C 与 c、N 与 n 分别为对应的同名端（同极性端）。

本 章 小 结

本章主要介绍一次回路、一次设备的概念；电弧的产生与熄灭。常用高、低压电器的结构、型号、技术参数、用途、动作原理、灭弧原理以及适用场合等。电流、电压互感器的概念，工作原理和主要功能；电流、电压互感器的分类、型号、接线方案和使用注意事项。通过本章的学习，可以使同学们对配电系统中使用的各种开关、保护电器有一个深刻的认识，基本知道电气设备的操作知识等。

思考题与习题

2-1　电弧是一种什么现象？其基本特征是什么？它对电气设备的安全运行有哪些影响？

2-2　开关触头间产生电弧的原因是什么？发生电弧有哪些游离方式？

2-3　使电弧熄灭的条件是什么？电弧熄灭的去游离方式有哪些？开关电器中有哪些常用的灭弧方法？其中最常用最基本的灭弧方法是那一种？

2-4　熔断器的主要功能是什么？什么叫作"限流"熔断器？什么叫作"冶金效应"？

2-5　高压隔离开关有哪些功能？他为何不能带负荷操作？它为什么能作为隔离电器来保证安全检修？

2-6　高压负荷开关有哪些功能？在采用高压负荷开关的电路中，采用什么措施保护短路？

2-7　高压断路器有哪些功能？少油断路器和多油断路器中的油各起什么作用？

2-8　高压少油断路器、六氟化硫断路器和真空断路器,各自的灭弧介质是什么? 灭弧性能各如何? 各适用于什么场合?

2-9　低压断路器有哪些功能? 按结构形式可分为哪两大类型?

2-10　电流互感器和电压互感器有哪些功能? 电流互感器工作时二次侧开路有何后果?

第3章

工厂的电力负荷计算及短路计算

 知识点

1. 企业电力负荷和负荷曲线。
2. 设备容量计算。
3. 企业电力负荷及其计算。
4. 需要系数和利用系数的概念。
5. 电网的功率损耗。
6. 功率因数和无功补偿方法。
7. 短路的原因、危害和形式。
8. 无限大容量系统短路的变化过程和有关物理量。
9. 短路电流的计算。
10. 短路电流的效应和动热稳定度校验等。

3.1 工厂的电力负荷与负荷曲线

3.1.1 工厂电力负荷的分级及其对供电电源的要求

电力负荷又称电力负载,有两种含义:一是耗用电能的用电设备或用户,如重要负荷、一般负荷、动力负荷、照明负荷等。二是用电设备或用户耗用的功率或电流大小,如轻负荷(轻载)、重负荷(重载)、空负荷(空载)、满负荷(满载)等。电力负荷的具体含义视具体情况而定。

1. 工厂电力负荷的分级

工厂的电力负荷,按 GB 50052—2009《供配电系统设计规范》规定,根据其对供电可靠性的要求及中断供电造成的损失或影响的程度分为以下三级。

1) 一级负荷

一级负荷为中断供电将造成人身伤亡者,或者中断供电将在政治、经济上造成重大损失者,如重大设备损坏、重大产品报废、用重要原料生产的产品大量报废、国民经济中重点企业的连续生产过程被打乱需要长时间才能恢复等。

在一级负荷中,当中断供电将发生中毒、爆炸和火灾等情况的负荷,以及特别重要场所不允许中断供电的负荷,应视为特别重要的负荷。

2) 二级负荷

二级负荷为中断供电将在政治、经济上造成较大损失者,如主要设备损坏、大量产品报废、连续生产过程被打乱需较长时间才能恢复、重点企业大量减产等。

3) 三级负荷

三级负荷为一般电力负荷,所有不属于上述一、二级负荷者均属三级负荷。

2. 各级电力负荷对供电电源的要求

1) 一级负荷对供电电源的要求

由于一级负荷属重要负荷,如果中断供电将造成十分严重的后果,因此要求由两路电源供电,当其中一路电源发生故障时,另一路电源应不致同时受到损坏。

一级负荷中特别重要的负荷,除上述两路电源外,还必须增设应急电源。为保证对特别重要负荷的供电,严禁将其他负荷接入应急供电系统。

常用的应急电源有:①独立于正常电源的发电机组;②供电网络中独立于正常电源的专门供电线路;③蓄电池;④干电池。

2) 二级负荷对供电电源的要求

二级负荷也属于重要负荷,要求由两回路供电,供电变压器也应有两台,但这两台变压器不一定在同一变电所。在其中一回路或一台变压器发生常见故障时,二级负荷应不致中断供电,或中断后能迅速恢复供电。只有当负荷较小或者当地供电条件困难时,二级负荷可由一回路 6kV 及以上的专用架空线路供电。这是考虑架空线路发生故障时,较之电缆线路发生故障时易于发现且易于检查和修复。当采用电缆线路时,必须采用两根电缆并列供电,每根电缆应能承受全部二级负荷。

3) 三级负荷对供电电源的要求

由于三级负荷为不重要的一般负荷,因此它对供电电源无特殊要求。

3.1.2　工厂用电设备的工作制

工厂的用电设备,按其工作制分为以下三类。

1. 连续工作制设备

连续工作制设备在恒定负荷下运行,且运行时间长到足以使之达到热平衡状态,如通风机、水泵、空气压缩机、电动发电机组、电炉和照明灯等。机床电动机的负荷,一般变动较大,但其主电动机一般也是连续运行的。

2. 短时工作制设备

短时工作制设备在恒定负荷下运行的时间短(短于达到热平衡所需的时间),而停歇时间长（长到足以使设备温度冷却到周围介质的温度），如机床上的某些辅助电动机（例如进给电动机）、控制闸门的电动机等。

3. 断续周期工作制设备

断续周期工作制设备周期性地时而工作，时而停歇，如此反复运行，而工作周期一般不超过 10min，无论工作或停歇，均不足以使设备达到热平衡，如电焊机和吊车电动机等。

断续周期工作制设备可用"负荷持续率"（又称暂载率）来表示其工作特征。负荷持续率为一个工作周期内工作时间与工作周期的百分比值，用 ε 表示，即

$$\varepsilon = \frac{t}{T} \times 100\% = \frac{t}{t + t_0} \times 100\% \tag{3-1}$$

式中，T 为工作周期；t 为工作周期内的工作时间；t_0 为工作周期内的停歇时间。

断续周期工作制设备的额定容量（铭牌容量）P_N，是对应于某一标称负荷持续率 ε_N 的。如果实际运行的负荷持续率 $\varepsilon \neq \varepsilon_N$，则实际容量 P_e 应按同一周期内等效发热条件进行换算。由于电流 I 通过电阻为 R 的设备在时间 t 内产生的热量为 I^2Rt，因此在设备产生相同热量的条件下，$I \propto 1/\sqrt{t}$；而在同一电压下，设备容量 $P \propto I$；又由式（3-1）知，同一周期 T 的负荷持续率 $\varepsilon \propto t$。因此 $P \propto 1/\sqrt{\varepsilon}$，即设备容量与负荷持续率的平方根值成反比。由此可见，如果设备在 ε_N 下的容量为 P_N 则换算到实际 ε 下的容量 P_e 为

$$P_e = P_N \sqrt{\frac{\varepsilon_N}{\varepsilon}} \tag{3-2}$$

3.1.3　负荷曲线及有关物理量

1. 负荷曲线的概念

负荷曲线是表征电力负荷随时间变动情况的一种图形，它绘在直角坐标纸上。纵坐标表示负荷（有功或无功功率），横坐标表示对应的时间（一般以 h 为单位）。

负荷曲线按负荷对象分为工厂的、车间的或某类设备的负荷曲线。按负荷性质分为有功和无功负荷曲线。按所表示的负荷变动时间分为年、月、日或工作班的负荷曲线。

图 3-1 是一班制工厂的日有功负荷曲线，其中图 3-1(a) 是依点连成的负荷曲线。

图 3-1(b) 是依点绘成梯形的负荷曲线。为便于计算，负荷曲线多绘成梯形，横坐标一般按半小时分格，以便确定"半小时最大负荷"（将在后面介绍）。

年负荷曲线，通常绘成负荷持续时间曲线，按负荷大小依次排列，如图 3-2 所示。全年按 8760h 计。

上述年负荷曲线，根据其一年中具有代表性的夏日负荷曲线[图 3-2(a)]和冬日负荷曲线[图 3-2(b)]来绘制。其夏日和冬日在全年中所占的天数，应视当地的地理位置和气温情况而定。例如在我国北方，可近似地取夏日 165 天，冬日 200 天；而在我国南方，则可近似地取夏日 200 天，冬日 165 天。假设绘制南方某厂的年负荷曲线[图 3-2(c)]，其中 P_1 在年负荷曲线上所占的时间 $T_1 = 200(t_1 + t_1')$，P_2 在年负荷曲线上所占的时间 $T_2 = 200t_2 + 165t_2'$，以此类推。

年负荷曲线的另一种形式，是按全年每日的最大负荷（通常取每日的最大负荷半小时

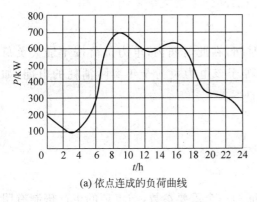
(a) 依点连成的负荷曲线

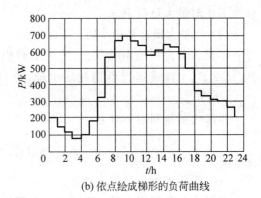
(b) 依点绘成梯形的负荷曲线

图 3-1　日有功负荷曲线

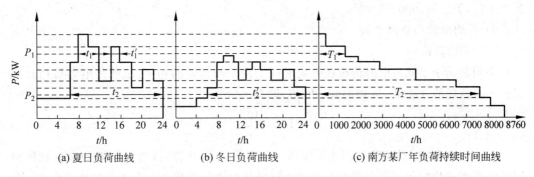
(a) 夏日负荷曲线　　　　　(b) 冬日负荷曲线　　　　　(c) 南方某厂年负荷持续时间曲线

图 3-2　年负荷持续时间曲线的绘制

平均值)绘制的,称为年每日最大负荷曲线,如图 3-3 所示。横坐标依次以全年十二个月的日期来分格。这种年最大负荷曲线,可以用来确定拥有多台电力变压器的工厂变电所在一年内的不同时期宜投入几台运行,即所谓经济运行方式,以降低电能损耗,提高供电系统的经济效益。

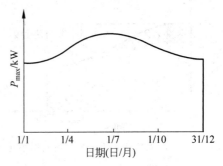

图 3-3　年每日最大负荷曲线

从各种负荷曲线上,可以直观地了解电力负荷变动的情况。通过对负荷曲线的分析,可以更深入地掌握负荷变动的规律,并可以从中获得一些对设计和运行有用的资料。因此负荷曲线对于从事工厂供电设计和运行的人员来说,都是很必要的。

2. 与负荷曲线和负荷计算有关的物理量

1) 年最大负荷和年最大负荷利用小时

(1) 年最大负荷

年最大负荷 P_{max} 就是全年中负荷最大的工作班内(这一工作班的最大负荷不是偶然出现的,而是全年至少出现 2 次)消耗电能最大的半小时平均功率。因此,年最大负荷也称为半小时最大负荷 P_{30}。

（2）年最大负荷利用小时

年最大负荷利用小时 T_{max} 是一个假想时间，在此时间内，电力负荷按年最大负荷 P_{max}（或 P_{30}）持续运行所消耗的电能，恰好等于该电力负荷全年实际消耗的电能，如图 3-4 所示。

年最大负荷利用小时为

$$T_{max} = \frac{W_a}{P_{max}} \tag{3-3}$$

式中，W_a 为年实际消耗的电能量。

年最大负荷利用小时是反映电力负荷特征的一个重要参数，与工厂的生产班制有明显的关系。例如一班制工厂，$T_{max} \approx 1800 \sim 3000h$；两班制工厂，$T_{max} \approx 3500 \sim 4800h$；三班制工厂，$T_{max} \approx 5000 \sim 7000h$。

2）平均负荷和负荷系数

（1）平均负荷

平均负荷 P_{av} 就是电力负荷在一定时间 t 内平均消耗的功率，也就是电力负荷在该时间 t 内消耗的电能 W_t 除以时间 t 的值，即

$$P_{av} = \frac{W_t}{t} \tag{3-4}$$

年平均负荷 P_{av} 的说明如图 3-5 所示。年平均负荷 P_{av} 的横线与纵横两坐标轴所包围的矩形面积恰好等于年负荷曲线与两坐标轴所包围的面积 W_a，即年平均负荷为 P_{av} 为

$$P_{av} = \frac{W_a}{8760} \tag{3-5}$$

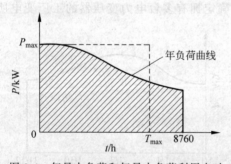

图 3-4　年最大负荷和年最大负荷利用小时

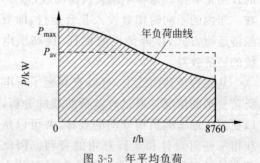

图 3-5　年平均负荷

（2）负荷系数

负荷系数又称负荷率，它是电负荷的平均负荷 P_{av} 与其最大负荷 P_{max} 的比值，即

$$K_L = \frac{P_{av}}{P_{max}} \tag{3-6}$$

对负荷曲线来说，负荷系数也称负荷曲线填充系数，它表征负荷曲线不平坦的程度，即表征负荷起伏变动的程度。从充分发挥供电设备的能力、提高供电效率来说，希望此系数越高越接近于 1 越好。从发挥整个电力系统的效能来说，应尽量使不平坦的负荷曲线

"削峰填谷",提高负荷系数。

对用电设备来说,负荷系数就是设备的输出功率 P 与设备额定容量 P_N 的比值,即

$$K_L = \frac{P}{P_N} \tag{3-7}$$

负荷系数通常以百分值表示。负荷系数(负荷率)的符号有时用 β,也有的有功负荷率用 α,无功负荷率用 β 表示。

3.2　三相用电设备组计算负荷的确定

3.2.1　三相用电设备组计算负荷的概述

供电系统要能安全可靠地正常运行,其中各个元件(包括电力变压器、开关设备及导线电缆等)都必须选择得当,除了应满足工作电压和频率的要求外,最重要的就是要满足负荷电流的要求。因此有必要对供电系统中各个环节的电力负荷进行统计计算。

通过负荷的统计计算求出的、用来按发热条件选择供电系统中各元件的负荷值,称为计算负荷(calculated load)。根据计算负荷选择的电气设备和导线电缆,如果以计算负荷连续运行,其发热温度不会超过允许值。

由于导体通过电流达到稳定温升的时间需 $(3\sim4)\tau$,τ 为发热时间常数。截面在 $16mm^2$ 及以上的导体,其 $\tau\geqslant10min$,因此载流导体大约经 30min 后可达到稳定温升值。由此可见,计算负荷实际上与从负荷曲线上查得的半小时最大负荷 P_{30}(即年最大负荷 P_{max})是基本相当的。所以,计算负荷也可以认为就是半小时最大负荷。本来有功计算负荷可表示为 P_c,无功计算负荷可表示为 Q_c,计算电流可表示为 I_c,但考虑到"计算"的符号 c 容易与"电容"的符号 C 混淆,因此大多数此类书籍都借用半小时最大负荷 P_{30} 来表示有功计算负荷,无功计算负荷、视在计算负荷和计算电流则分别表示为 Q_{30}、S_{30} 和 I_{30}。这样表示,也使计算负荷的概念更加明确。

计算负荷是供电设计计算的基本依据。计算负荷确定得是否正确合理,直接影响到电器和导线电缆的选择是否经济合理。如果计算负荷确定得过大,将使电器和导线电缆选得过大,造成投资和有色金属的浪费。如果计算负荷确定得过小,又将使电器和导线电缆处于过负荷下运行,增加电能损耗,产生过热,导致绝缘过早老化,甚至燃烧引起火灾,从而造成更大的损失。由此可见,正确确定计算负荷非常重要。但是,负荷情况复杂,影响计算负荷的因素有很多,虽然各类负荷的变化有一定的规律可循,但仍难准确计算负荷的大小。实际上,负荷也不是一成不变的,它与设备的性能、生产的组织、生产者的技能及能源供应的状况等多种因素有关。因此负荷计算也只能力求接近实际。

我国目前普遍采用的确定用电设备组计算负荷的方法有需要系数法和二项式法。需要系数法是国际上普遍采用的确定计算负荷的基本方法,最为简便。二项式法的应用局限性较大,但在确定设备台数较少而容量差别较大的分支干线的计算负荷时,采用二项式法较需要系数法合理,且计算也比较简便。本书只介绍这两种计算方法。关于以概率论为理论基础而提出的用以取代二项式法的利用系数法,由于其计算比较复杂而未得到普

遍应用,此略。

3.2.2 按需要系数法确定计算负荷

1. 基本公式

用电设备组的计算负荷是指用电设备组从供电系统中取用的半小时最大负荷 P_{30},如图 3-6 所示。用电设备组的设备容量 P_e 是指用电设备组所有设备(不含备用的设备)的额定容量 P_N 之和,即 $P_e = \sum P_N$。而设备的额定容量 P_N 是设备在额定条件下的最大输出功率(出力)。但是用电设备组的设备实际上不一定都同时运行,运行的设备也不太可能都满负荷,同时设备本身和配电线路还有功率损耗,因此用电设备组的有功计算负荷应为

$$P_{30} = \frac{K_\Sigma K_L}{\eta_e \eta_{WL}} P_e \qquad (3-8)$$

式中,K_Σ 为设备组的同时系数,即设备组在最大负荷时运行的设备容量与全部设备容量之比;K_L 为设备组的负荷系数,即设备组在最大负荷时输出功率与运行的设备容量之比;η_e 为设备组的平均效率,即设备组在最大负荷时输出功率与取用功率之比;η_{WL} 为配电线路的平均效率,即配电线路在最大负荷时的末端功率(即设备组取用功率)与首端功率(即计算负荷)之比。

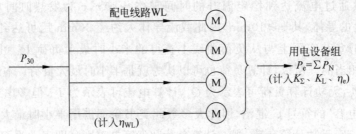

图 3-6 用电设备组的计算负荷说明

令式中(3-8)的 $\dfrac{K_\Sigma K_L}{\eta_e \eta_{WL}} = K_d$,这里的 K_d 称为需要系数(demand coefficient)。由式(3-8)可知,需要系数的定义式为

$$K_d = \frac{P_{30}}{P_e} \qquad (3-9)$$

即用电设备组的需要系数,为用电设备组的半小时最大负荷与其设备容量的比值。

由此可得按需要系数法确定三相用电设备组有功计算负荷的基本公式为

$$P_{30} = K_d P_e \qquad (3-10)$$

实际上,需要系数值不仅与用电设备组的工作性质、设备台数、设备效率和线路损耗等因素有关,而且与操作人员的技能和生产组织等多种因素有关,因此应尽可能地通过实测分析确定,使之尽量接近实际。

附表 1 列出工厂各种用电设备组的需要系数值,供参考。

需要注意的是,附表 1 所列需要系数值是按车间范围内台数较多的情况来确定的。所以需要系数值一般都比较低,例如冷加工机床组的需要系数平均只有约 0.2。因此,需

要系数法较适用于确定车间的计算负荷。如果采用需要系数法来计算分支干线上用电设备组的计算负荷,则附表 1 中的需要系数值往往偏小,宜适当取大。只有 1～2 台设备时,可认为 $K_d=1$,即 $P_{30}=P_e$。对于电动机,由于它本身功率损耗较大,因此当只有一台电动机时,其 $P_{30}=P_N/\eta$,这里 P_N 为电动机额定容量,η 为电动机效率。在 K_d 适当取大的同时,$\cos\varphi$ 也宜适当取大。

这里还要指出,需要系数值与用电设备的类别和工作状态关系极大,因此在计算时,首先要正确判断用电设备的类别和工作状态,否则会造成错误。例如机修车间的金属切削机床电动机,应属小批生产的冷加工机床电动机,因为金属切削就是冷加工,而机修不可能是大批生产。又如压塑机、拉丝机和锻锤等,应属热加工机床。再如起重机、行车和电动葫芦等,均属吊车类。

在求出有功计算负荷 P_{30} 后,可按下列各式分别求出其余的计算负荷。

无功计算负荷为

$$Q_{30}=P_{30}\tan\varphi \tag{3-11}$$

式中,$\tan\varphi$ 为对应于用电设备组 $\cos\varphi$ 的正切值。

视在计算负荷为

$$S_{30}=\frac{P_{30}}{\cos\varphi} \tag{3-12}$$

式中,$\cos\varphi$ 为用电设备组的平均功率因数。

计算电流为

$$I_{30}=\frac{S_{30}}{\sqrt{3}U_N} \tag{3-13}$$

式中,U_N 为用电设备组的额定电压。

如果只有一台三相电动机,则此电动机的计算电流就取其为额定电流,即

$$I_{30}=I_N=\frac{P_N}{\sqrt{3}U_N\eta\cos\varphi} \tag{3-14}$$

负荷计算中常用的单位:有功功率为千瓦(kW),无功功率为千乏(kvar),视在功率为千伏安(kV·A),电流为安(A),电压为千伏(kV)。

例 3-1　已知某机修车间的金属切削机床组,拥有电压为 380V 的三相电动机 7.5kW 3 台,4kW 8 台,3kW 17 台,1.5kW 10 台。试求其计算负荷。

解:此机床组电动机的总容量为

$$P_e=7.5\times3+4\times8+3\times17+1.5\times10=120.5(\text{kW})$$

查附表 1 中"小批生产的金属冷加工机床电动机"项,得 $K_d=0.16\sim0.2$(取 0.2),$\cos\varphi=0.5$,$\tan\varphi=1.73$,因此可求得以下负荷。

有功计算负荷为

$$P_{30}=0.2\times120.5=24.1(\text{kW})$$

无功计算负荷为

$$Q_{30}=24.1\times1.73\approx41.7(\text{kvar})$$

视在计算负荷为

$$S_{30} = \frac{24.1}{0.5} = 48.2(\text{kV} \cdot \text{A})$$

计算电流为

$$I_{30} = \frac{48.2}{\sqrt{3} \times 0.38} \approx 73.2(\text{A})$$

2. 设备容量的计算

需要系数法基本公式 $P_{30} = K_{d}P_{e}$ 中的设备容量 P_{e}，不含备用设备的容量，而且要注意，此容量的计算与用电设备组的工作制有关。

1）一般连续工作制和短时工作制的用电设备组容量计算

其设备容量是所有设备的铭牌额定容量之和。

2）断续周期工作制的设备容量计算

其设备容量是将所有设备在不同负荷持续率下的铭牌额定容量换算到一个规定的负荷持续率下的容量之和。容量换算的公式如式(3-2)所示。断续周期工作制的用电设备常用的有电焊机和吊车电动机，各自的换算要求如下。

(1) 电焊机组。要求容量统一换算到 $\varepsilon = 100\%$，因此由式(3-2)可得换算后的设备容量为

$$P_{e} = P_{N}\sqrt{\frac{\varepsilon_{N}}{\varepsilon_{100}}} = S_{N}\cos\varphi\sqrt{\frac{\varepsilon_{N}}{\varepsilon_{100}}}$$

$$P_{e} = P_{N}\sqrt{\varepsilon_{N}} = S_{N}\cos\varphi\sqrt{\varepsilon_{N}} \tag{3-15}$$

式中，P_{N}、S_{N} 为电焊机的铭牌容量（前者为有功功率，后者为视在功率）；ε_{N} 为与铭牌容量相对应的负荷持续率（计算中用小数）；ε_{100} 为其值等于 100% 的负荷持续率（计算中用1）；$\cos\varphi$ 为铭牌规定的功率因数。

(2) 吊车电动机组。要求容量统一换算到 $\varepsilon = 25\%$，因此由式(3-2)可得换算后的设备容量为

$$P_{e} = P_{N}\sqrt{\frac{\varepsilon_{N}}{\varepsilon_{25}}} = 2P_{N}\sqrt{\varepsilon_{N}} \tag{3-16}$$

式中，P_{N} 为吊车电动机的铭牌容量；ε_{N} 为与 P_{N} 对应的负荷持续率（计算中用小数）；ε_{25} 为其值等于 25% 的负荷持续率（计算中用 0.35）。

3. 多组用电设备计算负荷的确定

确定拥有多组用电设备的干线上或车间变电所低压母线上的计算负荷时，应考虑各组用电设备的最大负荷不同时出现的因素。因此，在确定多组用电设备的计算负荷时，应结合具体情况对其有功负荷和无功负荷分别计入一个同时系数（又称参差系数或综合系数）$K_{\Sigma p}$ 和 $K_{\Sigma q}$。

对车间干线来说，取 $K_{\Sigma p} = 0.85 \sim 0.95$，$K_{\Sigma q} = 0.90 \sim 0.97$。

对低压母线来说，分以下两种情况对 $K_{\Sigma p}$ 和 $K_{\Sigma q}$ 进行取值。

(1) 由用电设备组的计算负荷直接相加来计算时，取 $K_{\Sigma p} = 0.80 \sim 0.90$，$K_{\Sigma q} = 0.85 \sim 0.95$。

（2）由车间干线的计算负荷直接相加来计算时取,取 $K_{\Sigma p}=0.90\sim0.95$, $K_{\Sigma q}=0.93\sim0.97$。

总的有功计算负荷为

$$P_{30}=K_{\Sigma p}\sum P_{30i} \tag{3-17}$$

总的无功计算负荷为

$$Q_{30}=K_{\Sigma q}\sum Q_{30i} \tag{3-18}$$

以上两式中的 $\sum P_{30i}$ 和 $\sum Q_{30i}$ 分别为各组设备的有功和无功计算负荷之和。

总的视在计算负荷为

$$S_{30}=\sqrt{P_{30}^2+Q_{30}^2} \tag{3-19}$$

总的计算电流为

$$I_{30}=\frac{S_{30}}{\sqrt{3}U_N} \tag{3-20}$$

必须注意的是,由于各组设备的功率因数不一定相同,因此总的视在计算负荷与计算电流一般不能用各组的视在计算负荷或计算电流之和来计算,总的视在计算负荷也不能按式(3-12)计算。

此外还应注意,在计算多组设备总的计算负荷时,为了简化和统一,各组的设备台数不论多少,各组的计算负荷均按附表1所示的计算系数来计算,而不必考虑设备台数少而适当增大 K_d 和 $\cos\varphi$ 值的问题。

例 3-2　某机修车间380V线路上,接有金属切削机床电动机20台共50kW(其中较大容量电动机有7.5kW 1台,4kW 3台,2.2kW 7台),通风机2台共3kW,电阻炉1台2kW。试确定此线路上的计算负荷。

解: 先求各组的计算负荷。

(1) 金属切削机床组。

查附表1,取 $K_d=0.2$, $\cos\varphi=0.5$, $\tan\varphi=1.73$。

故

$$P_{30(1)}=0.2\times50=10(kW)$$
$$Q_{30(1)}=10\times1.73=17.3(kvar)$$

(2) 通风机组。

查附表1,取 $K_d=0.8$, $\cos\varphi=0.8$, $\tan\varphi=0.75$。

故

$$P_{30(2)}=0.8\times3=2.4(kW)$$
$$Q_{30(2)}=2.4\times0.75=1.8(kvar)$$

(3) 电阻炉。

查附表1,取 $K_d=0.7$, $\cos\varphi=1$, $\tan\varphi=0$。

故

$$P_{30}=0.95\times(10+2.4+1.4)\approx13.1(kW)$$

$$Q_{30} = 0.97 \times (17.3 + 1.8) \approx 18.5 (\text{kvar})$$

$$S_{30} = \sqrt{13.1^2 + 18.5^2} \approx 22.7 (\text{kV} \cdot \text{A})$$

$$I_{30} = \frac{22.7}{\sqrt{3} \times 0.38} \approx 34.5 (\text{A})$$

在实际工程设计说明书中，为了使人一目了然，便于审核，常采用计算表格的形式，见表3-1。

表 3-1　例 3-2 的电力负荷计算表（按需要系数法）

序号	设备名称	台数 n	容量 P_e/kW	需要系数 K_d	$\cos\varphi$	$\tan\varphi$	计算负荷			
							P_{30}/kW	Q_{30}/kvar	$S_{30}/\text{kV} \cdot \text{A}$	I_{30}/A
1	切削机床	20	50	0.2	0.5	1.73	10	17.3		
2	通风机	2	3	0.8	0.8	0.75	2.4	1.8		
3	电阻炉	1	2	0.7	1	0	1.4	0		
车间总计		23	55				13.8	19.1		
		取 $K_{\Sigma p} = 0.95, K_{\Sigma q} = 0.97$					13.1	18.5	22.7	34.5

3.2.3　按二项式法确定计算负荷

1. 基本公式

二项式法的基本公式是

$$P_{30} = bP_e + cP_x \tag{3-21}$$

式中，bP_e（二项式第一项）表示设备组的平均功率，其中 P_e 是用电设备组的设备总容量，其计算方法如前需要系数法所述；cP_x（二项式第二项）表示设备组中 x 台容量最大的设备投入运行时增加的附加负荷，其中 P_x 是 x 台最大容量的设备总容量；b、c 是二项式系数。

附表 1 中也列有部分用电设备组的二项式系数 b、c 和最大容量的设备台数 x 值，供参考。

必须注意的是，按二项式法确定计算负荷时，如果设备总台数 n 少于附表 1 中规定的最大容量设备台数 x 的 2 倍，即 $n < 2x$ 时，其最大容量设备台数 x 宜适当取小，建议取为 $x = n/2$ 且按四舍五入修约规则取其整数。例如某机床电动机组只有 7 台时，则其最大设备台数取为 $x = n/2 = 7/2 \approx 4$。

如果用电设备组只有 1～2 台设备时，则可认为 $P_{30} = P_e$。对于单台电动机，则 $P_{30} = P_N/\eta$，这里 P_N 为电动机额定容量，η 为其额定效率。在设备台数较少时，$\cos\varphi$ 值也宜适当取大。

由于二项式法不仅考虑了用电设备组最大负荷时的平均负荷，而且考虑了少数容量最大的设备投入运行时对总计算负荷的额外影响，所以二项式法比较适于确定设备台数较少而容量差别较大的低压干线和分支线的计算负荷。但是二项式系数 b、c 和 x 的值，缺乏充分的理论依据，而且只有机械工业方面的部分数据，从而使其应用受到一定的局限。

例 3-3　试用二项式法来确定例 3-1 所示机床组的计算负荷。

解：由附表 1 查得 $b=0.14, c=0.4, x=5, \cos\varphi=0.5, \tan\varphi=1.73$。

设备总容量（见例 3-1）为

$$P_e = 120.5\text{kW}$$

x 台最大容量的设备容量为

$$P_x = P_5 = 7.5 \times 3 + 4 \times 2 = 30.5(\text{kW})$$

按式(3-11)可求得其无功计算负荷为

$$Q_{30} = 29.1 \times 1.73 \approx 50.3(\text{kvar})$$

按式(3-12)可求得其视在计算负荷为

$$S_{30} = \frac{29.1}{0.5} = 58.2(\text{kV} \cdot \text{A})$$

按式(3-13)可求得其计算电流为

$$I_{30} = \frac{58.2}{\sqrt{3} \times 0.38} \approx 88.4(\text{A})$$

比较例 3-1 和例 3-3 的计算结果可以看出，按二项式法计算的结果比按需要系数法计算的结果稍大，特别是在设备台数较少的情况下。供电设计的经验说明，选择低压分支干线或分支线时，按需要系数法计算的结果往往偏小，以采用二项式法计算为宜。我国建筑行业标准 JGJ/T 16—1992《民用建筑电气设计规范》规定："用电设备台数较少、各台设备容量相差悬殊时，宜采用二项式法。"

2. 多组用电设备计算负荷的确定

采用二项式法确定多组用电设备总的计算负荷时，应考虑各组用电设备的最大负荷不同时出现的因素，但不是计入一个同时系数，而是在各组设备中取其中一组最大的有功附加负荷 $(cP_x)_{\max}$，再加上各组的平均负荷 bP_e，由此求得其

总的有功计算负荷为

$$P_{30} = \sum (bP_e)_i + (cP_x)_{\max} \tag{3-22}$$

总的无功计算负荷为

$$Q_{30} = \sum (bP_e \tan\varphi)_i + (cP_x)_{\max} \tan\varphi_{\max} \tag{3-23}$$

式中，$\tan\varphi_{\max}$ 为最大附加负荷 $(cP_x)_{\max}$ 的设备组的平均功率因数角的正切值。

关于总的视在计算负荷 S_{30} 和总的计算电流 I_{30}，仍按式(3-19)和式(3-20)计算。

为了简化和统一，按二项式法计算多组设备的计算负荷时，也不论各组设备台数多少，各组的计算系数 b、c、x 和 $\cos\varphi$ 等，均按附表 1 所列数值。

例 3-4　试用二项式法确定例 3-2 所述机修车间 380V 线路的计算负荷。

解：先求各组的 bP_e 和 cP_x。

(1) 金属切削机床组。

查附表 1，取 $b=0.14, c=0.4, x=5, \cos\varphi=0.5, \tan\varphi=1.73$，故

$$bP_{e(1)} = 0.14 \times 50 = 7(\text{kW})$$

$$cP_{x(1)} = 0.4 \times (7.5 \times 1 + 4 \times 3 + 2.2 \times 1) = 8.68(\text{kW})$$

（2）通风机组。

查附表 1，取 $b=0.65,c=0.25,\cos\varphi=0.8,\tan\varphi=0.75$，故

$$bP_{e(2)}=0.65\times3=1.95(\text{kW})$$

$$cP_{x(2)}=0.25\times3=0.75(\text{kW})$$

（3）电阻炉。

查附表 1，取 $b=0.7,c=0,\cos\varphi=1,\tan\varphi=0$，故

$$bP_{e(3)}=0.7\times2=1.4(\text{kW})$$

$$cP_{x(3)}=0$$

以上各组设备中，附加负荷以 $cP_{x(1)}$ 为最大，因此总计算负荷为

$$P_{30}=7+1.95+1.4+8.68\approx19(\text{kW})$$

$$Q_{30}=7\times1.73+1.95\times0.75+0+8.68\times1.73\approx28.6(\text{kvar})$$

$$S_{30}=\sqrt{19^2+28.6^2}\approx34.3(\text{kV}\cdot\text{A})$$

$$I_{30}=\frac{34.3}{\sqrt{3}\times0.38}\approx52.1(\text{A})$$

比较例 3-2 和例 3-4 的计算结果可以看出，按二项式法计算的结果较需要系数法计算的结果大，这也更加合理。

3.3　单相用电设备组计算负荷的确定

3.3.1　单相用电设备组计算负荷的概述

在工厂里，除了广泛应用的三相设备外，还有电焊机、电炉和电灯等各种单相设备。单相设备接在三相线路中，应尽可能均衡分配，使三相尽可能平衡。如果三相线路中单相设备的总容量不超过三相设备总容量的 15%，则不论单相设备如何分配，单相设备可与三相设备综合按三相负荷平衡计算。如果单相设备容量超过三相设备容量的 15% 时，则应将单相设备容量换算为等效三相设备容量，再与三相设备容量相加。

由于确定计算负荷的目的主要是为了选择线路上的设备和导线（包括电缆），使线路上的设备和导线在通过计算电流时不致过热或烧毁，因此在接有较多单相设备的三相线路中，不论单相设备接于相电压还是接于线电压，只要三相负荷不平衡，就应以最大负荷相有功负荷的 3 倍作为等效三相有功负荷，以满足安全运行的要求。

3.3.2　单相设备组等效三相负荷的计算

1. 单相设备接于相电压时的等效三相负荷计算

单相设备接于相电压时的等效三相设备容量 P_e 应按最大负荷相所接单相设备容量 $P_{em\varphi}$ 的 3 倍计算，即

$$P_e=3P_{em\varphi} \tag{3-24}$$

其等效三相计算负荷则按前述需要系数法计算。

2. 单相设备接于线电压时的三相负荷计算

由于容量为 $P_{e\varphi}$ 的单相设备在线电压上产生的电流 $I = \dfrac{P_{e\varphi}}{U\cos\varphi}$，此电流应与等效三相

设备容量 P_e 产生的电流 $I' = \dfrac{P_e}{\sqrt{3}U\cos\varphi}$ 相等，因此其等效三相设备容量为

$$P_e = \sqrt{3}P_{e\varphi} \tag{3-25}$$

3. 单相设备分别接于线电压和相电压时的负荷计算

首先应将接于线电压的单相设备容量换算为接于相电压的设备容量，然后分相计算各相的设备容量与计算负荷。总的等效三相有功计算负荷为其最大有功负荷相的有功计算负荷 $P_{30m\varphi}$ 的 3 倍，即

$$P_{30} = 3P_{30m\varphi} \tag{3-26}$$

总的等效三相无功计算负荷为最大负荷相的无功计算负荷 $Q_{30m\varphi}$ 的 3 倍，即

$$Q_{30} = 3Q_{30m\varphi} \tag{3-27}$$

关于将接于线电压的单相设备容量换算为接于相电压的设备容量的问题，可按下列换算公式进行换算，即

A 相

$$P_A = p_{AB-A}P_{AB} + p_{CA-A}P_{CA} \tag{3-28}$$

$$Q_A = q_{AB-A}P_{AB} + q_{CA-A}P_{CA} \tag{3-29}$$

B 相

$$P_B = p_{BC-B}P_{BC} + p_{AB-B}P_{AB} \tag{3-30}$$

$$Q_B = q_{BC-B}P_{BC} + q_{AB-B}P_{AB} \tag{3-31}$$

C 相

$$P_C = p_{CA-C}P_{CA} + p_{BC-C}P_{BC} \tag{3-32}$$

$$Q_C = q_{CA-C}P_{CA} + q_{BC-C}P_{BC} \tag{3-33}$$

式中，P_{AB}、P_{BC}、P_{CA} 分别为接于 AB、BC、CA 相间的有功设备容量；P_A、P_B、P_C 分别为换算为 A、B、C 相的有功设备容量；Q_A、Q_B、Q_C 分别为换算为 A、B、C 相的无功设备容量；p_{AB-A}、q_{AB-A}······分别是接于 AB、BC、CA 等相间的设备容量换算为 A、B、C 等相设备容量的有功和无功功率换算系数，见表 3-2。

表 3-2　相间负荷换算为相负荷的功率换算系数

功率换算系数	负荷功率因数								
	0.35	0.4	0.5	0.6	0.65	0.7	0.8	0.9	1.0
p_{AB-A}，p_{BC-B}，p_{CA-C}	1.27	1.17	1.0	0.89	0.84	0.8	0.72	0.64	0.5
p_{AB-B}，p_{BC-C}，p_{CA-A}	−0.27	−0.17	0	0.11	0.16	0.2	0.28	0.36	0.5
q_{AB-A}，q_{BC-B}，q_{CA-C}	1.05	0.86	0.58	0.38	0.3	0.22	0.09	−0.05	−0.29
q_{AB-B}，q_{BC-C}，q_{CA-A}	1.63	1.44	1.16	0.96	0.88	0.8	0.67	0.53	0.29

例 3-5　如图 3-7 所示 220/380V 三相四线制线路上，接有 220V 单相电热干燥箱 4 台，其中 2 台 10kW 接于 A 相，1 台 30kW 接于 B 相，1 台 20kW 接于 C 相。此外接有 380V 单相对焊机 4 台，其中 2 台 14kW（$\varepsilon = 100\%$）接于 AB 相间，1 台 20kW（$\varepsilon = 100\%$）

接于 BC 间,1 台 30kW($\varepsilon=60\%$)接于 CA 相间。试求此线路的计算负荷。

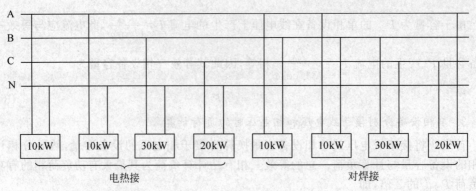

图 3-7 例 3-5 的电路

解:(1)电热干燥箱的各相计算负荷。

查附表 1 得 $K_d=0.7,\cos\varphi=1,\tan\varphi=0$,因此只需计算其有功计算负荷,即

A 相

$$P_{30A(1)}=K_dP_{eA}=0.7\times2\times10=14(kW)$$

B 相

$$P_{30B(1)}=K_dP_{eB}=0.7\times1\times30=21(kW)$$

C 相

$$P_{30C(1)}=K_dP_{eC}=0.7\times1\times20=14(kW)$$

(2)对焊机的各相计算负荷。

先将接于 CA 相间的 30kW($\varepsilon=60\%$)换算至 $\varepsilon=100\%$ 的容量,即

$$P_{CA}=\sqrt{0.6}\times30\approx23(kW)$$

查附表 1 得 $K_d=0.35,\cos\varphi=0.7,\tan\varphi=1.02$,再由表 3-3 查得 $\cos\varphi=0.7$ 时的功率换算系数,即

$$p_{AB-A}=p_{BC-B}=p_{CA-C}=0.8,\quad p_{AB-b}=p_{BC-C}=p_{CA-A}=0.2$$
$$q_{AB-A}=q_{BC-B}=q_{CA-C}=0.22,\quad q_{AB-b}=q_{BC-C}=q_{CA-A}=0.8$$

表 3-3 电动机的 $E''_M{}^*$、$X''_M{}^*$ 和 C

电动机类型	$E''_M{}^*$	$X''_M{}^*$	C	电动机类型	$E''_M{}^*$	$X''_M{}^*$	C
感应电动机	0.9	0.2	6.5	同步补偿机	1.2	0.16	10.6
同步电动机	1.1	0.2	7.8	综合性负荷	0.8	0.35	3.2

因此,各相的有功和无功设备容量为

A 相

$$P_A=0.8\times2\times14+0.2\times23=27(kW)$$
$$Q_A=0.22\times2\times14+0.8\times23=24.6(kvar)$$

B 相

$$P_B=0.8\times20+0.2\times2\times14=21.6(kW)$$

$$Q_B = 0.22 \times 20 + 0.8 \times 2 \times 14 = 26.8(\text{kvar})$$

C 相

$$P_C = 0.8 \times 23 + 0.2 \times 20 = 22.4(\text{kW})$$

$$Q_C = 0.22 \times 23 + 0.8 \times 20 \approx 21.1(\text{kvar})$$

各相的有功和无功计算负荷为

A 相

$$P_{30A(2)} = 0.35 \times 27 = 9.45(\text{kW})$$

$$Q_{30A(2)} = 0.35 \times 24.6 = 8.61(\text{kvar})$$

B 相

$$P_{30B(2)} = 0.35 \times 21.6 = 7.56(\text{kW})$$

$$Q_{30B(2)} = 0.35 \times 26.8 = 9.38(\text{kvar})$$

C 相

$$P_{30C(2)} = 0.35 \times 22.4 = 7.84(\text{kW})$$

$$Q_{30C(2)} = 0.35 \times 21.1 \approx 7.39(\text{kvar})$$

（3）各相总的有功和无功计算负荷。

A 相

$$P_{30A} = P_{30A(1)} + P_{30A(2)} = 14 + 9.45 \approx 23.5(\text{kW})$$

$$Q_{30A} = Q_{30A(1)} + Q_{30A(2)} = 0 + 8.61 = 8.61(\text{kvar})$$

B 相

$$P_{30B} = P_{30B(1)} + P_{30B(2)} = 21 + 7.56 \approx 28.6(\text{kW})$$

$$Q_{30B} = Q_{30B(1)} + Q_{30B(2)} = 0 + 9.38 = 9.38(\text{kvar})$$

C 相

$$P_{30C} = P_{30C(1)} + P_{30C(2)} = 14 + 7.84 \approx 21.8(\text{kW})$$

$$Q_{30C} = Q_{30C(1)} + Q_{30C(2)} = 0 + 7.39 = 7.39(\text{kvar})$$

（4）总的等效三相计算负荷。

因 B 相的有功计算负荷最大，故取 B 相计算其等效三相计算负荷，由此可得

$$P_{30} = 3P_{30B} = 3 \times 28.6 = 85.8(\text{kW})$$

$$Q_{30} = 3Q_{30B} = 3 \times 9.38 \approx 28.1(\text{kvar})$$

$$S_{30} = \sqrt{85.8^2 + 28.1^2} \approx 90.3(\text{kV} \cdot \text{A})$$

$$I_{30} = \frac{90.3}{\sqrt{3} \times 0.38} \approx 137(\text{A})$$

3.4　工厂的计算负荷及年耗电量的计算

3.4.1　工厂计算负荷的确定

工厂计算负荷是选择工厂电源进线及主要电气设备包括主变压器的基本依据，也是

计算工厂功率因数和无功补偿容量的基本依据。确定工厂计算负荷的方法很多,可按具体情况选用。

1. 按需要系数法确定工厂计算负荷

将全厂用电设备的总容量 P_e（不计备用设备容量）乘以一个需要系数 K_d,即

$$P_{30} = K_d P_e \tag{3-34}$$

附表 2 列出部分工厂的需要系数值,供参考。

全厂的无功计算负荷、视在计算负荷和计算电流,可分别按式（3-11）、式（3-12）和式（3-13）计算。

2. 按年产量估算工厂计算负荷

将工厂年产量 A 乘以单位产品耗电量 a,就可得到工厂全年耗电量,即

$$W_a = Aa \tag{3-35}$$

各类工厂的单位产品耗电量可由有关设计手册或根据实测资料确定,也可查有关设计手册。

在求得工厂的年耗电量 W_a 后,除以工厂的年最大负荷利用小时 T_{max},就可求出工厂的有功计算负荷,即

$$P_{30} = \frac{W_a}{T_{max}} \tag{3-36}$$

其他计算负荷 Q_{30}、S_{30} 和 I_{30} 的计算,与上述需要系数法相同。

3. 按逐级计算法确定工厂计算负荷

如图 3-8 所示,工厂的计算负荷（这里以有功负荷为例）$P_{30(1)}$,应该是高压母线上所有高压配电线路计算负荷之和,再乘以一个同时系数。高压配电线路的计算负荷 $P_{30(2)}$,应该是该线路所供车间变电所低压侧的计算负荷 $P_{30(3)}$,加上变压器的功率损耗 ΔP_T 和高压配电线路的功率损耗 ΔP_{WL}……如此逐级计算即可求得供电系统中所有元件的计算负荷。但对一般供电系统来说,由于高低压配电线路一般不很长,因此在确定计算负荷时其线路损耗往往略去不计。

在负荷计算中,新型低损耗电力变压器如 S9、SC9 等的功率损耗可按下列简化公式近似计算。

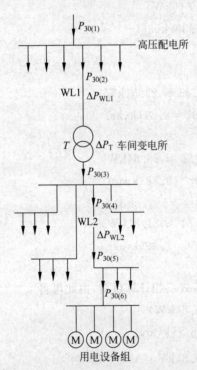

图 3-8 工厂供电系统中各部分的计算
负荷和功率损耗（只显示出有
功部分）

有功损耗为

$$\Delta P_T \approx 0.01 S_{30} \tag{3-37}$$

无功损耗为

$$\Delta Q_T \approx 0.05 S_{30} \tag{3-38}$$

4. 工厂的功率因数、无功补偿及补偿后工厂的计算负荷

1) 工厂的功率因数

(1) 瞬时功率因数。瞬时功率因数可由相位表(功率因数表)直接测出,或由功率表、电压表和电流表的读数通过下式求得(间接测量),即

$$\cos\varphi = \frac{P}{\sqrt{3}UI} \tag{3-39}$$

式中,P 为功率表测出的三相有功功率读数(kW);U 为电压表测出的线电压读数(kV);I 为电流表测出的电流读数(A)。

瞬时功率因数可用来了解和分析工厂或设备在生产过程中某一时间的功率因数值,借以了解当时的无功功率变化情况,研究是否需要和如何进行无功补偿的问题。

(2) 平均功率因数。平均功率因数也称加权平均功率因数,按下式计算,即

$$\cos\varphi = \frac{W_p}{\sqrt{W_p^2 + W_q^2}} = \frac{1}{\sqrt{1 + \left(\dfrac{W_q}{W_p}\right)^2}} \tag{3-40}$$

式中,W_p 为某一段时间(通常取一月)内消耗的有功电能,由有功电能表读取;W_q 为某一段时间(通常取一月)内消耗的无功电能,由无功电能表读取。

我国供电企业每月向用户计取电费,就规定电费要按月平均功率因数的高低进行调整。如果平均功率因数高于规定值,可减收电费;而低于规定值,则要加收电费,以鼓励用户积极设法提高功率因数,降低电能损耗。

(3) 最大负荷时功率因数。最大负荷时功率因数是指在最大负荷即计算负荷时的功率因数,按下式计算,即

$$\cos\varphi = \frac{P_{30}}{S_{30}} \tag{3-41}$$

《供电营业规则》规定:"用户在当地供电企业规定的电网高峰负荷时的功率因数应达到下列规定:100kV·A 及以上高压供电的用户功率因数为 0.90 以上。其他电力用户和大、中型电力排灌站、趸购转售企业,功率因数为 0.85 以上。"并规定,凡功率因数未达到上述规定的,应增添无功补偿装置,通常采用并联电容器进行补偿。这里所指功率因数,即为最大负荷时功率因数。

2) 无功功率补偿

工厂中由于有大量的感应电动机、电焊机、电弧炉及气体放电灯等感性负荷,还有感性的电力变压器,从而使工厂的功率因数降低。如果在充分发挥设备潜力、改善设备运行性能、提高其自然功率因数的情况下,还达不到规定的功率因数要求时,则需要考虑增设无功功率补偿装置。

图 3-9 表示功率因数的提高与无功功率和视在功率变化的关系。假设功率因数由 $\cos\varphi$ 提高到 $\cos\varphi'$,这时在用户需用的有功功率 P_{30} 不变的条件下,无功功率将由 Q_{30} 减小到 Q_{30}',视在功率将由 Q_{30} 减小到 Q_{30}'。相应地负荷电流 I_{30} 也将有所减小,这将使系统

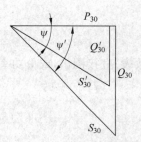

图 3-9　功率因数提高与无功功率、视在功率变化的关系

的电能损耗和电压损耗相应降低，既节约了电能，又提高了电压质量，而且可选择较小容量的供电设备和导线电缆，因此提高功率因数对供电系统大有好处。

由图 3-9 可知，要使功率因数由 $\cos\varphi$ 提高到 $\cos\varphi'$，必须装设无功补偿装置（并联电容器），其容量为

$$Q_C = Q_{30} - Q'_{30} = P_{30}(\tan\varphi - \tan\varphi') \tag{3-42}$$

$$Q_C = \Delta q_C P_{30} \tag{3-43}$$

式中，$\Delta q_C = \tan\varphi - \tan\varphi'$，称为无功补偿率，或比补偿容量。这无功补偿率，是表示要使 1kW 的有功功率由 $\cos\varphi$ 提高到 $\cos\varphi'$ 所需要的无功补偿容量 kvar 值。

附表 3 列出了并联电容器的无功补偿率，可利用补偿前和补偿后的功率因数直接查得。

在确定了总的补偿容量后，即可根据所选并联电容器的单个容量 q_C 来确定电容器个数，即

$$n = \frac{Q_C}{q_C} \tag{3-44}$$

部分常用的并联电容器的主要技术数据，如附表 4 所列。

由上式计算所得的电容器个数 n，对于单相电容器（其全型号后面标"1"者）来说，应取 3 的倍数，以便三相均衡分配。

3）无功补偿后的工厂计算负荷

工厂（或车间）装设了无功补偿装置以后，总的计算负荷 P_{30} 不变，而总的无功计算负荷应扣除无功补偿容量，即总的无功计算负荷为

$$Q'_{30} = Q_{30} - Q_C \tag{3-45}$$

总的视在计算负荷为

$$S_{30} = \sqrt{P_{30}^2 + (Q_{30} - Q_C)^2} \tag{3-46}$$

由式（3-46）可以看出，在变电所低压侧装设了无功补偿装置以后，由于低压侧总的视在负荷减小，从而可使变电所主变压器容量选得小一些，这不仅可降低变电所的初投资，而且可减少工厂的电费开支，因为我国供电企业对工业用户是实行的"两部电费制"：一部分叫作基本电费，按所装设的主变压器容量来计费，规定每月按 kV·A 容量大小交纳电费，容量越大，交纳的电费也越多，容量减小了，交纳的电费就减少了；另一部分叫作电能电费，按每月实际耗用的电能 kW·h 来计算电费，并且要根据月平均功率因数的高低乘一个调整系数。凡月平均功率因数高于规定值的，可减交一定百分率的电费。由此可见，提高工厂功率因数不仅对整个电力系统大有好处，而且对工厂本身也是有一定经济实惠的。

例 3-6　某厂拟建一降压变电所，装设一台主变压器。已知变电所低压侧有功计算负荷为 650kW，无功计算负荷为 800kvar。为了使工厂变电所高压侧的功率因数不低于 0.9，如在低压侧装设并联电容器进行补偿时，需装设多少补偿容量？并问补偿前后工厂变电所所选主变压器容量有何变化？

解：

（1）补偿前应选变压器的容量和功率因数。

变压器低压侧的视在计算负荷为

$$S_{30(2)} = \sqrt{650^2 + 800^2} \approx 1031(\text{kV} \cdot \text{A})$$

主变压器容量的选择条件为 $S_{\text{NT}} > S_{30(2)}$，因此在未进行无功补偿时，主变压器容量应选为 1250kV·A。

这时变电所低压侧的功率因数为

$$\cos\varphi_{(2)} = \frac{650}{1031} \approx 0.63$$

（2）无功补偿容量。

按规定变电所高压侧的 $\cos\varphi \geqslant 0.9$，考虑到变压器的无功功率损耗 ΔQ_{T} 远大于其有功损耗 ΔP_{T}，一般 $\Delta Q_{\text{T}} = (4 \sim 5)\Delta P_{\text{T}}$，因此在变压器低压侧进行无功补偿时，低压侧补偿后的功率因数应略高于 0.9，这里取 $\cos\varphi'_{(2)} = 0.92$。

要使低压侧功率因数由 0.63 提高到 0.92，低压侧需装设的并联电容器容量为

$$Q_{\text{C}} = 650 \times (\text{tanarccos}0.63 - \text{tanarccos}0.92) = 525(\text{kvar})$$

取

$$Q_{\text{C}} = 530\text{kvar}$$

（3）补偿后的变压器容量和功率因数。

补偿后变电所低压侧的视在计算负荷为

$$S'_{30(2)} = \sqrt{650^2 + (800 - 530)^2} \approx 704(\text{kV} \cdot \text{A})$$

因此补偿后变压器容量可改选为 800kV·A，比补偿前容量减少 450kV·A。

变压器的功率损耗为

$$\Delta P_{\text{T}} \approx 0.01 \times S'_{30(2)} = 0.01 \times 704 \approx 7(\text{kW})$$

$$\Delta Q_{\text{T}} \approx 0.05 \times S'_{30(2)} = 0.05 \times 704 \approx 35(\text{kvar})$$

变电所高压侧的计算负荷为

$$P'_{30(1)} = 650 + 7 = 657(\text{kW})$$

$$Q'_{30(1)} = 800 - 530 + 35 = 305(\text{kvar})$$

$$S'_{30(1)} = \sqrt{657^2 + 305^2} \approx 724(\text{kV} \cdot \text{A})$$

补偿后工厂的功率因数为

$$\cos\varphi' = \frac{P'_{30(1)}}{S'_{30(1)}} = \frac{657}{724} = 0.907$$

满足工厂要求。由此例可以看出，采用无功补偿来提高功率因数能使工厂取得可观的经济效果。

3.4.2 工厂年耗电量的计算

工厂的年耗电量可用工厂的年产量和单位产品耗电量进行估算，如式（3-35）所示。工厂年耗电量较精确的计算，可利用工厂的有功和无功计算负荷 P_{30} 与 Q_{30}，即

年有功电能消耗量为

$$W_{pa} = \alpha P_{30} T_a \qquad (3\text{-}47)$$

年无功电能消耗量为

$$W_{qa} = \beta Q_{30} T_a \qquad (3\text{-}48)$$

式中，α 为年平均有功负荷系数，一般取 $0.7\sim0.75$；β 为年平均无功负荷系数，一般取 $0.76\sim0.82$；T_a 为年实际工作小时数，按每周五个工作日计，一班制可取 2000h，两班制可取 4000h，三班制可取 6000h。

例 3-7 假设例 3-6 所示工厂为两班制生产，试计算其年电能消耗量。

解：按式(3-47)和式(3-48)计算，取 $\alpha=0.7$，$\beta=0.8$，$T_a=4000$h，可得工厂年有功耗电量为

$$W_{pa} = 0.7 \times 661 \times 4000 \approx 1.85 \times 10^6 (\text{kW} \cdot \text{h})$$

工厂年无功耗电量为

$$W_{qa} = 0.8 \times 312 \times 4000 \approx 0.998 \times 10^6 (\text{kvar} \cdot \text{h})$$

3.5　尖峰电流及其计算

3.5.1　尖峰电流概述

尖峰电流(peak current)是指持续时间 $1\sim3$s 的短时最大电流。

尖峰电流主要用来选择熔断器和低压断路器、整定继电保护装置及检验电动机自启动条件等。

3.5.2　用电设备尖峰电流的计算

1. 单台用电设备尖峰电流的计算

单台用电设备的尖峰电流就是其启动电流(starting current)，因此尖峰电流为

$$I_{pk} = I_{st} = K_{st} I_N \qquad (3\text{-}49)$$

式中，I_N 为用电设的备额定电流；I_{st} 为用电设备的启动电流；K_{st} 为用电设备的启动电流倍数，笼型电动机为 $K_{st}=5\sim7$，绕线转子电动机 $K_{st}=2\sim3$，直流电动机 $K_{st}=1.7$，电焊变压器 $K_{st}\geqslant3$。

2. 多台用电设备尖峰电流的计算

引至多台用电设备的线路上的尖峰电流按下式计算，即

$$I_{pk} = K_\Sigma \sum_{i=1}^{n-1} I_{Ni} + I_{stmax} \qquad (3\text{-}50)$$

或

$$I_{pk} = I_{30} + (I_{st} - I_N)_{max} \qquad (3\text{-}51)$$

式中，I_{stmax} 和 $(I_{st}-I_N)_{max}$ 分别表示为用电设备中启动电流与额定电流之差为最大的那台设备的启动电流及其启动电流与额定电流之差；$\sum\limits_{i=1}^{n-1} I_{Ni}$ 为将启动电流与额定电流之差为最大的那台设备除外的其他 $n-1$ 台设备的额定电流之和；K_Σ 为上述 $n-1$ 台设备的同时系数，按台数多少选取，一般取 $0.7\sim1$；I_{30} 为全部设备投入运行时线路的计算电流。

例 3-8　有一 380V 三相线路,供电给表 3-4 所示 4 台电动机。试计算该线路的尖峰电流。

表 3-4　例 3-8 的负荷资料　　　　　　　　　　单位:A

参　　数	电　动　机			
	M_1	M_2	M_3	M_4
额定电流 I_N	5.6	5	35.8	27.6
启动电流 I_{st}	40.6	35	197	193.2

解:由表 3-4 可知,电动机 M_4 的 $I_{st}-I_N=193.2-27.6=165.6(A)$ 为最大,因此按式(3-50)计算(取 $K_\Sigma=0.9$)得到线路的尖峰电流为

$$I_{pk}=0.9\times(5.8+5+35.8)+193.2\approx235(A)$$

3.6　短路的基本知识

3.6.1　短路的原因

电力系统的运行有三种状态:正常运行状态、非正常运行状态和短路故障。电力系统中最常见的故障就是短路。短路就是指不同电位的导电部分之间的低阻性短接。

造成短路的主要原因有以下几点。

(1) 电气设备载流部分的绝缘损坏。这种损坏可能是由于设备长期运行,绝缘自然老化或由于设备本身不合格、绝缘强度不够而被正常电压击穿,或绝缘正常而被过电压(包括雷电过电压)击穿,或设备绝缘受到外力损伤。

(2) 工作人员由于未遵守安全操作规程而发生误操作,或者误将低电压的设备接入较高电压的电路中。

(3) 鸟兽跨越在裸露的相线之间或相线与接地物体之间,或者咬坏设备和电缆的绝缘。

3.6.2　短路的危害

短路电流比正常电流大得多;在大电力系统中,短路电流可达几万安甚至几十万安。如此大的短路电流可对供电系统产生极大的危害。

(1) 短路时要产生很大的电动力和很高的温度,从而使故障元件和短路电路中的其他元件损坏。

(2) 短路时电压要骤降,严重影响电气设备的正常运行。

(3) 短路可造成停电,而且越靠近电源,停电范围越大。

(4) 严重的短路要影响电力系统运行的稳定性,可使并列运行的发电机组失去同步,造成系统解列。

(5) 单相短路电流将产生较强的不平衡交变磁场,对附近的通信线路、电子设备等产生干扰。

　　由此可见，短路的危害是十分严重的，因此必须设法消除可能引起短路的一切因素；同时需要进行短路电流计算，以便正确地选择电气设备，使设备具有足够的动稳定性和热稳定性，以保证在发生可能有的最大短路电流时不致损坏。为了选择切除短路故障的开关电器、整定短路保护的继电保护装置和选择限制短路电流的元件（如电抗器）等，也必须计算短路电流。

3.6.3　短路的形式

　　在三相系统中，可能发生三相短路、两相短路、单相短路和两相接地短路。

　　三相短路用文字符号 $k^{(3)}$ 表示，如图 3-10(a)所示；两相短路，用 $k^{(2)}$ 表示，如图 3-10(b)所示；单相短路，用 $k^{(1)}$ 表示，如图 3-10(c)和图 3-10(d)所示。

　　两相接地短路，是指中性点不接地系统中两不同相均发生单相接地而形成的两相短路，如图 3-10(e)所示；也指两相短路后又接地的情况，如图 3-10(f)所示，都用 $k^{(1.1)}$ 表示。它实质上就是两相短路，因此也可用 $k^{(2)}$ 表示。

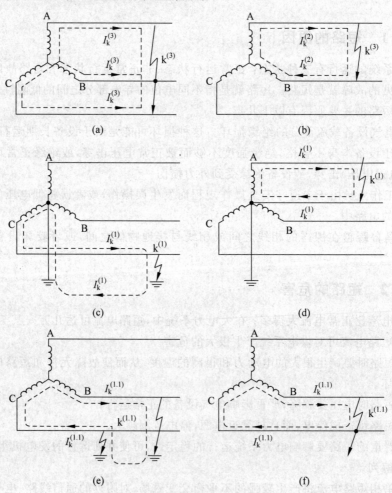

图 3-10　短路的类型（虚线表示短路电流的路径）

上述的三相短路属于对称性短路；其他形式的短路属于非对称短路。

电力系统中，发生单相短路的可能性最大，而发生三相短路的可能性最小。但一般三相短路的短路电流最大，造成的危害也最严重。为了使电力系统中的电气设备在最严重的短路状态下也能可靠地工作，因此作为选择检验电气设备用的短路计算中，以三相短路计算为主。

3.7 无限大容量电力系统的三相短路

3.7.1 无限大容量电力系统的概念

实际电力系统的容量和阻抗都有一定的数值，发生短路时，系统母线电压便要下降。但对于中小型企业变配电系统来说，其设备的容量远比系统容量要小，而阻抗则较系统阻抗要大得多，所以当企业变配电系统发生短路时，系统母线上的电压变化不大。在实用计算中，往往不考虑系统母线电压的变动，即认为系统母线电压维持不变。此种电源便认为是无穷大容量的电力系统。即系统容量等于无穷大，而其内阻抗等于零。按无穷大容量电力系统计算所得的短路电流是装置通过的最大短路电流，比实际的短路电流偏大，但不会引起显著的误差。图 3-11 为无限大容量电力系统中发生三相短路的简图。

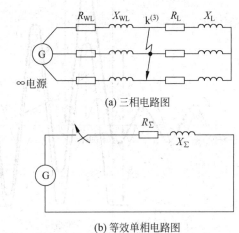

(a) 三相电路图

(b) 等效单相电路图

图 3-11 无限大容量电力系统中发生三相短路

3.7.2 无限大容量供电系统三相短路电流的变化过程

图 3-11(a)是一个电源为无限大容量供电系统发生三相短路的电路图。图中 R_{WL}、X_{WL} 为线路电阻和电抗，R_L、X_L 为负荷电阻和电抗。由于三相对称，因此可用图 3-11(b)的等效单相电路图来分析，图中 R_Σ、X_Σ 为短路电路的总电阻和总电抗。

设电源相电压 $u_\varphi = U_{\varphi m}\sin\omega t$，正常负荷电流 $i = I_m\sin(\omega t - \varphi)$。

现 $t = 0$ 时短路(等效为开关突然闭合)，则图 3-11(b)所示等效电路的短路电流为

$$i_k = I_{km}\sin(\omega t - \varphi_k) + (I_{km}\sin\varphi_k - I_m\sin\varphi)e^{-\frac{t}{\tau}} = i_p + i_{np} \tag{3-52}$$

式中，i_k 为短路电流瞬时值；$I_{km} = \dfrac{U_{\varphi m}}{|Z_\Sigma|}$ 为短路电流周期分量幅值，其中，$|Z_\Sigma| = \sqrt{R_\Sigma^2 + X_\Sigma^2}$，为短路电路的总阻抗的模；$\varphi_k = \arctan\left(\dfrac{X_\Sigma}{R_\Sigma}\right)$ 为短路电路的阻抗角；$\tau = \dfrac{L_\Sigma}{R_\Sigma}$，为短路电路的时间常数；$i_p$ 为短路电流周期分量；i_{np} 为短路电流非周期分量。

由式(3-52)可以看出：当 $t \to \infty$ 时(实际只经 10 个周期左右时间)，$i_{np} \to 0$，这时有

$$i_k = i_{k(\infty)} = \sqrt{2}\,I_\infty\sin(\omega t - \varphi) \tag{3-53}$$

式中，I_∞ 为短路稳态电流。

图 3-12 所示为无限大容量系统发生三相短路前后电流、电压的变化曲线。由图 3-12 可以看出，短路电流在到达稳定值之前，要经过一个暂态过程（或称短路瞬变过程）。这一暂态过程是短路非周期分量电流存在的那段时间。从物理概念上讲，短路电流周期分量是因短路后电路阻抗突然减小很多倍，而按欧姆定律应突然增大很多倍的电流；短路电流非周期分量则是因短路电路含有感抗，电路电流不可能突变，而按楞次定律感生的用以维持短路初瞬间（$t=0$ 时）电流不致突变的一个反向衰减性电流。此电流衰减完毕后（一般经 $t\approx0.2\text{s}$），短路电流达到稳定状态。

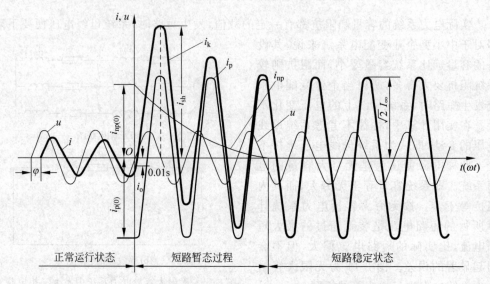

图 3-12　无限大容量系统发生三相短路时的电压、电流曲线

3.7.3　有关短路的物理量

1. 短路电流周期分量

假设在电压 $U_\varphi=0$ 时发生三相短路，如图 3-12 所示。由式（3-52）可知，短路电流周期分量

$$i_p = I_{km}\sin(\omega t - \varphi_k) \tag{3-54}$$

由于短路电路的电抗一般远大于电阻，即 $X_\Sigma\gg R_\Sigma$，$\varphi_k=\arctan\left(\dfrac{X_\Sigma}{R_\Sigma}\right)\approx90°$，因此短路初瞬间（$t=0$ 时）的短路电流周期分量为

$$i_p(0) = -i_{km} = -\sqrt{2}\,I'' \tag{3-55}$$

式中，I'' 为短路次暂态电流有效值，它是短路后第一个周期的短路电流周期分量 i_p 的有效值。

在无限大容景系统中，由于系统母线电压维持不变，所以其短路电流周期分量有效值（习惯上用 I_k 表示）在短路的全过程中也维持不变，即

$$I'' = I_\infty = I_k。$$

2. 短路电流非周期分量

短路电流非周期分量是由于短路电路存在着电感,用以维持短路初瞬间的电流不致突变而由电感上引起的自感电动势所产生的一个反向电流,如图 3-13 所示。由式(3-52)可知,短路电流非周期分量为

$$i_{\mathrm{np}} = (I_{\mathrm{km}}\sin\varphi_{\mathrm{k}} - I_{\mathrm{m}}\sin\varphi)\mathrm{e}^{-\frac{t}{\tau}}$$

由于 $\varphi_{\mathrm{k}} \approx 90°$,而 $I_{\mathrm{m}}\sin\varphi \ll I_{\mathrm{km}}$,故

$$i_{\mathrm{np}} \approx I_{\mathrm{km}}\mathrm{e}^{-\frac{t}{\tau}} = \sqrt{2}\,I''\mathrm{e}^{-\frac{t}{\tau}} \tag{3-56}$$

式中, τ 为短路电路的时间常数。

由于 $\tau = \dfrac{L_{\Sigma}}{R_{\Sigma}} = \dfrac{X_{\Sigma}}{314R_{\Sigma}}$,因此如短路电路 $R_{\Sigma} = 0$ 时,那么短路电流非周期分量 i_{np} 将为一不衰减的直流电流。非周期分量 $i_{\mathrm{k}} = i_{\mathrm{p}} + i_{\mathrm{np}}$ $I_{\infty}^{(3)}$ $i_{\mathrm{sh}} = 2.55I''$ 与周期分量 i_{p} 叠加而得的短路全电流 i_{k},将为一偏轴的等幅电流曲线。当然这是不存在的,因为电路中总有 R_{Σ},所以非周期分量总要衰减,而且 R_{Σ} 越大, τ 越小,衰减越快。

3. 短路全电流

短路全电流为短路电流周期分量与非周期分量之和,即

$$i_{\mathrm{k}} = i_{\mathrm{p}} + i_{\mathrm{np}} \tag{3-57}$$

某一瞬时 t 的短路全电流有效值 $I_{\mathrm{k}(t)}$,是以时间 t 为中点的一个周期内的 i_{p} 有效值 $I_{\mathrm{p}(t)}$ 与 i_{np} 在 t 的瞬时值 $i_{\mathrm{np}(t)}$ 的方均根值,即

$$I_{\mathrm{k}(t)} = \sqrt{I_{\mathrm{p}(t)}^2 + i_{\mathrm{np}(t)}^2} \tag{3-58}$$

4. 短路冲击电流

短路冲击电流为短路全电流中的最大瞬时值。由图 3-3 所示短路全电流 i_{k} 的曲线可以看出,短路后经半个周期(即 0.01s), i_{k} 达到最大值,此时的电流即短路冲击电流。

短路冲击电流按下式计算,即

$$i_{\mathrm{sh}} = i_{\mathrm{p}(0.01)} + i_{\mathrm{np}(0.01)} \approx \sqrt{2}\,I''\left(1 + \mathrm{e}^{-\frac{0.01}{\tau}}\right) \tag{3-59}$$

或

$$i_{\mathrm{sh}} \approx K_{\mathrm{sh}}\sqrt{2}\,I'' \tag{3-60}$$

式中, K_{sh} 为短路电流冲击系数。

由式(3-59)和式(3-60)可知,即

$$K_{\mathrm{sh}} = 1 + \mathrm{e}^{-\frac{0.01}{\tau}} = 1 + \mathrm{e}^{-\frac{0.01R_{\Sigma}}{L_{\Sigma}}} \tag{3-61}$$

当 $R_{\Sigma} \to 0$,则 $K_{\mathrm{sh}} \to 2$;当 $L_{\Sigma} \to 0$,则 $K_{\mathrm{sh}} \to 1$。因此, $1 < K_{\mathrm{sh}} < 2$。

短路全电流 i_{k} 的最大有效值是短路后第一个周期的短路电流有效值,用 I_{sh} 表示,也可称为短路冲击电流有效值,用下式计算,即

$$I_{\mathrm{sh}} = \sqrt{I_{\mathrm{p}(0.01)}^2 + I_{\mathrm{np}(0.01)}^2} \approx \sqrt{I''^2 + \left(\sqrt{2}\,I''\mathrm{e}^{-\frac{0.01}{\tau}}\right)^2}$$

或

$$I_{sh} = \sqrt{1 + 2(K_{sh} - 1)^2} \, I''$$ (3-62)

在高压电路发生三相短路时，一般可取 $K_{sh} = 1.8$，因此

$$i_{sh} = 2.55 I''$$ (3-63)

$$I_{sh} = 1.51 I''$$ (3-64)

在 1000kV·A 及以下的电力变压器二次侧及低压电路中发生三相短路时，一般可取 $K_{sh} = 1.3$，因此

$$i_{sh} = 1.84 I''$$ (3-65)

$$I_{sh} = 1.09 I''$$ (3-66)

5. 短路稳态电流

短路稳态电流是短路电流非周期分量衰减完毕以后的短路全电流，其有效值用 I_∞ 表示。

为了表明短路的种类，凡是三相短路电流，可在相应的电流符号右上角加注(3)，例如三相短路稳态电流写作 $I_\infty^{(3)}$。同样地，两相和单相短路电流，则在相应的电流符号右上角分别加注(2)或(1)，而两相接地短路电流，则加注(1,1)。在不致引起混淆时，三相短路电流各量可省略注(3)。

3.8   短路电流的计算

3.8.1   短路电流计算概述

进行短路电流计算，首先要绘出计算电路图，将短路计算所需考虑的各元件的额定参数都表示出来。然后确定短路计算点，短路计算点要选择得使需要进行短路校验的电气元件有最大可能的短路电流通过。接着，按所选择的短路计算点绘出等效电路图，并计算电路中各主要元件的阻抗。在等效电路图上，只需将被计算的短路电流所流经的主要元件表示出来，并标明其序号和阻抗值，一般是分子标序号，分母标阻抗值。然后将等效电路化简。对于企业供电系统来说，一般只需采用阻抗串、并联的方法即可将电路化简，求出其等效总阻抗。最后计算短路电流和短路容量。

短路电流计算的方法，常用的方法有有名值法和标幺值法。

对于低压回路中的短路，由于电压等级较低，一般用有名值计算短路电流。对于高压回路中的短路，由于电压等级较多采用有名值计算时，需要多次折算，非常复杂。为了计算方便，通常采用标幺值计算短路电流。

3.8.2   采用有名值进行短路计算

有名值法又称欧姆法，因其短路电流计算中的阻抗都采用有名单位"欧姆"而得名。

在无限大容量系统中发生三相短路时，其三相短路电流周期分量有效值可按式(3-67)计算，即

$$I_k^{(3)} = \frac{U_c}{\sqrt{3} \, |Z_\Sigma|} = \frac{U_c}{\sqrt{3} \, \sqrt{R_\Sigma^2 + X_\Sigma^2}}$$ (3-67)

式中，U_c 为短路点的短路计算电压（或称为平均额定电压）。由于线路首端短路时，其短路最为严重，因此按线路首端电压考虑，即短路计算电压取为比线路额定电压 U_N 高 5%，按我国电压标准，U_c 有 0.4kV、0.69kV、3.15kV、6.3kV、10.5kV、37kV 等。

$|Z_\Sigma|$、R_Σ、X_Σ 分别为短路电路的总阻抗的模、总电阻和总电抗值。

在高压电路的短路计算中，通常总电抗远比总电阻大得多，所以一般可只计电抗，不计电阻。

在计算低压侧短路时，也只有当短路电路的 $R_\Sigma > \dfrac{X_\Sigma}{3}$ 时才需计及电阻。

如果不计电阻，则三相短路电流的周期分量有效值为

$$I_k^{(3)} = \frac{U_c}{\sqrt{3}\,X_\Sigma} \tag{3-68}$$

三相短路容量为

$$S_k^{(3)} = \sqrt{3}\,U_c I_k^{(3)} \tag{3-69}$$

下面讲述供电系统中各主要元件如电力系统、电力变压器和电力线路的阻抗计算。

1. 电力系统的电抗

电力系统的电抗，可由电力系统变电所高压馈电线出口断路器（图 3-14）的断流容量 S_{oc} 来估算，S_{oc} 就看作是电力系统的极限短路容量 S_k。因此电力系统的电抗为

$$X_s = \frac{U_c^2}{S_{oc}} \tag{3-70}$$

式中，U_c 为短路点的短路计算电压；S_{oc} 为系统出口断路器的断流容量，见附表 12。

如只有开断电流 I_{oc} 数据，则其断流容量为

$$S_{oc} = \sqrt{3}\,I_{oc}U_N$$

式中，U_N 为其额定电压。

2. 电力变压器的阻抗

1）变压器的电阻 R_T

可由变压器的短路损耗 ΔP_k 近似地计算。

因
$$\Delta P_k \approx 3I_N^2 R_T \approx 3\left(\frac{S_N}{\sqrt{3}\,U_c}\right)^2 R_T = \left(\frac{S_N}{U_c}\right)^2 R_T$$

故

$$R_T \approx \Delta P_k\left(\frac{U_c}{S_N}\right)^2 \tag{3-71}$$

式中，U_c 为短路点的短路计算电压；S_N 为变压器的额定容量；ΔP_k 为变压器的短路损耗，可查有关手册或产品样本，或见附表 9。

2）变压器的电抗 X_T

可由变压器的短路电压（也称阻抗电压）$U_k\%$ 近似地计算。

因
$$U_k\% \approx \frac{\sqrt{3}\,I_N X_T}{U_c} \times 100 \approx \frac{S_N X_T}{U_c^2} \times 100$$

故
$$X_{T} \approx \frac{U_{k}\%}{100} \cdot \frac{U_{c}^{2}}{S_{N}} \qquad (3\text{-}72)$$

式中，$U_k\%$为变压器的短路电压百分值，可查有关手册或产品样本，或见附表9。

3. 电力线路的阻抗

1）线路的电阻 R_{WL}

可由导线电缆的单位长度电阻 R_0 值计算求得，即

$$R_{WL} = R_0 l \qquad (3\text{-}73)$$

式中，R_0 为导线电缆单位长度的电阻，可查有关手册或产品样本（见附表5）；l 为线路长度。

2）线路的电抗 X_{WL}

可由导线电缆的单位长度电抗 X_0 值计算求得，即

$$X_{WL} = X_0 l \qquad (3\text{-}74)$$

式中，X_0 为导线电缆单位长度的电抗，可查有关手册或产品样本（见附表5）；l 为线路长度。

如果线路的结构数据不详时，X_0 可按表 3-5 取其电抗平均值，同一电压的同类线路的电抗值变动幅度一般不大。

表 3-5　电力线路每相的单位长度电抗平均值

线路结构	线 路 电 压	
	6～10kV	220/380V
架空线路/(Ω/km)	0.38	0.32
电缆线路/(Ω/km)	0.06	0.066

求出短路电路中各元件的阻抗后，就简化短路电路，求出其总阻抗，然后按式（3-16）或式（3-17）计算短路电流周期分量 $I_k^{(3)}$。

必须注意的是，在计算短路电路的阻抗时，假如电路内含有电力变压器，则电路内各元件的阻抗都应统一换算到短路点的短路计算电压去，阻抗等效换算的条件是元件的功率损耗不变。

由 $\Delta P = \dfrac{U^2}{R}$ 和 $\Delta Q = \dfrac{U^2}{X}$ 可知，元件的阻抗值与电压平方成正比，因此阻抗换算的公式为

$$R' = R \left(\frac{U'_c}{U_c} \right)^2 \qquad (3\text{-}75)$$

$$X' = X \left(\frac{U'_c}{U_c} \right)^2 \qquad (3\text{-}76)$$

式中，R、X 和 U_c 为换算前元件的电阻、电抗和元件所在处的短路计算电压；R'、X' 和 U'_c 为换算后元件的电阻、电抗和短路点的短路计算电压。

就短路计算中考虑的几个主要元件的阻抗来说，只有电力线路的阻抗有时需要换算，例如计算低压侧的短路电流时，高压侧的线路阻抗就需要换算到低压侧。而电力系统和电力变压器的阻抗，由于它们的计算公式中均含有 U_c^2，因此计算阻抗时，公式中 U_c 直接代以短路点的计算电压，就相当于阻抗已经换算到短路点一侧了。

例 3-9 某供电系统如图 3-13 所示。已知电力系统出口断路器为 SN10-10Ⅱ型。试求工厂变电所高压 10kV 母线上 k-1 点短路和低压 380V 母线上 k-2 点短路的三相短路电流和短路容量。

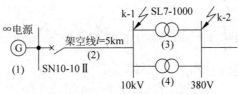

图 3-13 例 3-9 的短路计算电路图

解：

(1) 求 k-1 点的三相短路电流和短路容量（$U_{c1} = 10.5\text{kV}$）。

① 计算短路电路中各元件的电抗及总电抗

a. 电力系统的电抗：由附表 12 可知 SN10-10Ⅱ型断路器的断流容量 $S_{oc} = 500\text{MV} \cdot \text{A}$，即

$$X_1 = \frac{U_{c1}^2}{S_{oc}} = \frac{10.5^2}{500} \approx 0.22(\Omega)$$

b. 架空线路的电抗：由表 3-1 得 $X_0 = 0.38\Omega/\text{km}$，即

$$X_2 = X_0 l = 0.38 \times 5 = 1.9(\Omega)$$

c. 绘 k-1 点短路的等效电路如图 3-14(a) 所示，并计算其总电抗如下，即

$$X_{\Sigma(\text{k-1})} = X_1 + X_2 = 0.22 + 1.9 = 2.12(\Omega)$$

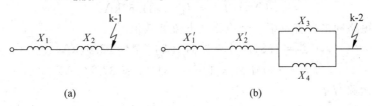

(a)   (b)

图 3-14 例 3-9 的短路等效电路图（有名值）

② 计算三相短路电流和短路容量

a. 三相短路电流周期分量有效值

$$I_{\text{k-1}}^{(3)} = \frac{U_{c1}}{\sqrt{3} X_{\Sigma(\text{k-1})}} = \frac{10.5}{\sqrt{3} \times 2.12} \approx 2.86(\text{kA})$$

b. 三相短路次暂态电流和稳态电流

$$I''^{(3)} = I_\infty^{(3)} = I_{\text{k-1}}^{(3)} = 2.86\text{kA}$$

c. 三相短路冲击电流及第一个周期短路全电流有效值

$$i_{\text{sh}}^{(3)} = 2.55 I''^{(3)} = 2.55 \times 2.86 \approx 7.29(\text{kA})$$

$$I_{\text{sh}}^{(3)} = 1.51 I''^{(3)} = 1.51 \times 2.86 \approx 4.32(\text{kA})$$

d. 三相短路容量

$$S_{\text{k-1}}^{(3)} = \sqrt{3} U_{c1} I_{\text{k-1}}^{(3)} = \sqrt{3} \times 10.5 \times 2.86 \approx 52.0(\text{MV} \cdot \text{A})$$

(2) 求 k-2 点的短路电流和短路容量（$U_{c2} = 0.4\text{kV}$）。

① 计算短路电路中各元件的电抗及总电抗。

a. 电力系统的电抗

$$X'_1 = \frac{U_{c2}^2}{S_{oc}} = \frac{0.4^2}{500} = 3.2 \times 10^{-4}(\Omega)$$

b. 架空线路的电抗

$$X'_2 = X_0 l \left(\frac{U_{c2}}{U_{c1}}\right)^2 = 0.38 \times 5 \times \left(\frac{0.4}{10.5}\right)^2 \approx 2.76 \times 10^{-3}(\Omega)$$

c. 电力变压器的电抗：由附表 9 查得 $U_k\% = 4.5$，因此

$$X_3 = X_4 \approx \frac{U_k\%}{100} \cdot \frac{U_{c2}^2}{S_N} = \frac{4.5}{100} \times \frac{0.4^2}{1000} = 7.2 \times 10^{-3}(\Omega)$$

d. 绘 k-2 点短路的等效电路如图 3-14(b)所示，求其总电抗

$$X_{\Sigma(k-2)} = X'_1 + X'_2 + X_3 \,/\!/\, X_4 = X'_1 + X'_2 + \frac{X_3 X_4}{X_3 + X_4}$$

$$= 3.2 \times 10^{-4} + 2.76 \times 10^{-3} + \frac{7.2 \times 10^{-3}}{2} = 6.68 \times 10^{-3}(\Omega)$$

② 计算三相短路电流和短路容量。

a. 三相短路电流周期分量有效值

$$I_{k-2}^{(3)} = \frac{U_{c2}}{\sqrt{3} X_{\Sigma(k-2)}} = \frac{0.4}{\sqrt{3} \times 6.68 \times 10^{-3}} \approx 34.57(\text{kA})$$

b. 三相短路次暂态电流和稳态电流

$$I''^{(3)} = I_\infty^{(3)} = I_{k-2}^{(3)} = 34.57\text{kA}$$

c. 三相短路冲击电流及第一个短路全电流有效值

$$i'^{(3)}_{sh} = 1.84 I''^{(3)} = 1.84 \times 34.57 \approx 63.6(\text{kA})$$

$$I_{sh}^{(3)} = 1.09 I''^{(3)} = 1.09 \times 34.57 \approx 37.7(\text{kA})$$

d. 三相短路容量

$$S_{k-2}^{(3)} = \sqrt{3} U_{c2} I_{k-2}^{(3)} = \sqrt{3} \times 0.4 \times 34.57 \approx 23.95(\text{MV} \cdot \text{A})$$

在工程设计说明书中，往往只列短路计算表，见表 3-6。

表 3-6 例 3-9 的短路计算结果

短路计算点	三相短路电流/kA					三相短路容量/MV·A
	$I_k^{(3)}$	$I''^{(3)}$	$I_\infty^{(3)}$	$i_{sh}^{(3)}$	$I_{sh}^{(3)}$	$S_k^{(3)}$
k-1 点	2.86	2.86	2.86	7.29	4.32	52.0
k-2 点	34.57	34.57	34.57	63.6	37.7	23.95

3.8.3 采用标幺值法进行短路计算

标幺值法又称相对单位制法，因其短路计算中的有关物理量是采用标幺值（也称相对单位）而得名。

任一物理量的标幺值 A_d^*，为该物理量的实际值 A 与所选定的基准值 A_d 的比值，即

$$A_d^* = \frac{A}{A_d} \qquad\qquad (3-77)$$

式中,基准值 A_d 应与实际值 A 同单位,标幺值是一个无单位的比数。按标幺值法进行短路计算时,一般是先选定基准容量 S_d 和基准电压 U_d。

基准容量,工程计算中通常取 $S_d = 100\text{MV} \cdot \text{A}$。

基准电压,通常取元件所在处的短路计算电压,即取 $U_d = U_c$。

选定了基准容量 S_d 和基准电压 U_d 以后,基准电流 I_d 按式(3-78)计算。

$$I_d = \frac{S_d}{\sqrt{3} U_d} = \frac{S_d}{\sqrt{3} U_c} \tag{3-78}$$

基准电抗 X_d 则按式(3-79)计算。

$$X_d = \frac{U_d}{\sqrt{3} I_d} = \frac{U_c^2}{S_d} \tag{3-79}$$

下面分别讲述供电系统中各主要元件的电抗标幺值的计算(取 $S_d = 100\text{MV} \cdot \text{A}$, $U_d = U_c$)。

(1) 电力系统的电抗标幺值。

$$X_S^* = \frac{X_S}{X_d} = \frac{\dfrac{U_c^2}{S_{oc}}}{\dfrac{U_c^2}{S_d}} = \frac{S_d}{S_{oc}} \tag{3-80}$$

(2) 电力变压器的电抗标幺值。

$$X_T^* = \frac{X_T}{X_d} = \frac{\dfrac{U_k\%}{100} \dfrac{U_c^2}{S_N}}{\dfrac{U_c^2}{S_d}} = \frac{U_k\% S_d}{100 S_N} \tag{3-81}$$

(3) 电力线路的电抗标幺值。

$$X_{WL}^* = \frac{X_{WL}}{X_d} = \frac{X_0 l}{\dfrac{U_c^2}{S_d}} = X_0 l \frac{S_d}{U_c^2} \tag{3-82}$$

短路电路中各主要元件的电抗标幺值求出以后,即可利用其等效电路图(图 3-6)进行电路化简,计算其总电抗标幺值 X_Σ^*。由于各元件电抗均采用相对值,与短路计算点的电压无关,因此无须进行电压换算,这也是标幺值法较之有名值优越之处。

无限大容量系统三相短路周期分量有效值的标幺值按下式计算。

$$I_k^{(3)*} = \frac{I_k^{(3)}}{I_d} = \frac{\dfrac{U_c}{\sqrt{3} X_\Sigma}}{\dfrac{S_d}{\sqrt{3} U_c}} = \frac{U_c^2}{S_d X_\Sigma} = \frac{1}{X_\Sigma^*} \tag{3-83}$$

由此可求得三相短路电流周期分量有效值

$$I_k^{(3)} = I_k^{(3)*} I_d = \frac{I_d}{X_\Sigma^*} \tag{3-84}$$

求得 $I_k^{(3)}$ 后,即可利用前面的公式求出 $I''^{(3)}_k$、$I_\infty^{(3)}$、$i_{sh}^{(3)}$ 和 $I_{sh}^{(3)}$ 等。

三相短路容量的计算公式为

$$S_k^{(3)} = \sqrt{3}U_c I_k^{(3)} = \frac{\sqrt{3}U_c I_d}{X_\Sigma^*} = \frac{S_d}{X_\Sigma^*} \tag{3-85}$$

例 3-10 试用标幺值法计算例 3-1 所示供电系统中 k-1 点和 k-2 点的三相短路电流和短路容量。

解：

（1）确定基准值。

取 $S_d = 100\text{MV} \cdot \text{A}, U_{c1} = 10.5\text{kV}, U_{c2} = 0.4\text{kV}$，则

$$I_{d1} = \frac{S_d}{\sqrt{3}U_{c1}} = \frac{100}{\sqrt{3} \times 10.5} \approx 5.50(\text{kA})$$

$$I_{d2} = \frac{S_d}{\sqrt{3}U_{c2}} = \frac{100}{\sqrt{3} \times 0.4} \approx 144(\text{kA})$$

（2）计算短路电路中各主要元件的电抗标幺值。

① 电力系统（由附表 12 得 $S_{oc} = 500\text{MV} \cdot \text{A}$）

$$X_1^* = \frac{100}{500} = 0.2$$

② 架空线路（由表 3-1 得 $X_0 = 0.38\Omega/\text{km}$）

$$X_2^* = 0.38 \times 5 \times \frac{100}{10.5^2} \approx 1.72$$

③ 电力变压器（由附表 9 得 $U_k\% = 4.5$）

$$X_3^* = X_4^* = \frac{U_k\% S_d}{100S_N} = \frac{4.5 \times 100 \times 10^3}{100 \times 1000} = 4.5$$

绘短路等效电路如图 3-15 所示，图上标出各元件的序号和电抗标幺值，并标出短路计算点。

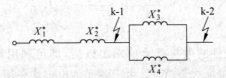

图 3-15　例 3-10 的短路等效电路图（标幺值法）

（3）求 k-1 点的短路电路总电抗标幺值及三相短路电流和短路容量。

① 总电抗标幺值

$$X_{\Sigma(k-1)}^* = X_1^* + X_2^* = 0.2 + 1.72 = 1.92$$

② 三相短路电流周期分量有效值

$$I_{k-1}^{(3)} = \frac{I_{d1}}{X_{\Sigma(k-1)}^*} = \frac{5.50}{1.92} = 2.86(\text{kA})$$

③ 其他三相短路电流

$$I''^{(3)}_k = I_\infty^{(3)} = I_{k-1}^{(3)} = 2.86\text{kA}$$

$$i_{sh}^{(3)} = 2.55 \times 2.86 \approx 7.29(\text{kA})$$

$$I_{sh}^{(3)} = 1.51 \times 2.86 \approx 4.32 (\mathrm{kA})$$

④ 三相短路容量

$$S_{k\text{-}1}^{(3)} = \frac{S_d}{X_{\Sigma(k\text{-}1)}^{*}} = \frac{100}{1.92} \approx 52.0 (\mathrm{MV \cdot A})$$

(4) 求 k-2 点的短路电路总电抗标幺值及三相短路电流和短路容量

① 总电抗标幺值

$$X_{\Sigma(k\text{-}2)}^{*} = X_1^{*} + X_2^{*} + X_3^{*} \text{//} X_4^{*} = 0.2 + 1.72 + \frac{4.5}{2} = 4.17$$

② 三相短路电流周期分量有效值

$$I_{k\text{-}2}^{(3)} = \frac{I_{d2}}{X_{\Sigma(k\text{-}2)}^{*}} = \frac{144}{4.17} \approx 34.53 (\mathrm{kA})$$

③ 其他三相短路电流

$$I_k^{''(3)} = I_\infty^{(3)} = I_{k\text{-}2}^{(3)} = 34.53 \mathrm{kA}$$

$$i_{sh}^{(3)} = 1.84 \times 34.53 \approx 63.5 \mathrm{kA}$$

$$I_{sh}^{(3)} = 1.09 \times 34.53 \approx 37.6 \mathrm{kA}$$

④ 三相短路容量

$$S_{k\text{-}2}^{(3)} = \frac{S_d}{X_{\Sigma(k\text{-}2)}^{*}} = \frac{100}{4.7} = 23.98 (\mathrm{MV \cdot A})$$

由此可见,采用标幺值法计算与例 3-10 采用有名值计算的结果基本相同。

3.8.4　两相和单相短路电流的计算

1. 两相短路电流的计算

在无限大容量系统中发生两相短路时(图 3-16),其短路电流可由下式求得,即

$$I_k^{(2)} = \frac{U_c}{2 |Z_\Sigma|} \tag{3-86}$$

式中,U_c 为短路点计算电压(线电压)。

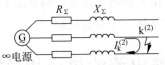

图 3-16　无限大容量系统中发生两相短路电路图

如果只计电抗,则短路电流为

$$I_k^{(2)} = \frac{U_c}{2 X_\Sigma} \tag{3-87}$$

其他两相短路电流 $I^{''(2)}$、$I_\infty^{(2)}$、$i_{sh}^{(2)}$ 和 $I_{sh}^{(2)}$ 等,都可按前面三相短路的对应短路电流的公式计算。

关于两相短路电流与三相短路电流的关系,可由 $I_k^{(2)} = \dfrac{U_c}{2 |Z_\Sigma|}$,$I_k^{(3)} = \dfrac{U_c}{\sqrt{3} |Z_\Sigma|}$ 求得,即

$$\frac{I_k^{(2)}}{I_k^{(3)}} = \frac{\sqrt{3}}{2} \approx 0.866$$

因此
$$I_k^{(2)} = \frac{\sqrt{3}}{2} I_k^{(3)} = 0.866 I_k^{(3)} \tag{3-88}$$

上式说明，无限大容量系统中，同一地点的两相短路电流为三相短路电流的 0.866 倍。因此，无限大容量系统中的两相短路电流，可在求出三相短路电流后利用式(3-37)直接求得。

2. 单相短路电流的计算

在大接地电流系统或三相四线制系统中发生单相短路时[图 3-10(c)、图 3-10(d)]，根据对称分量法可求得其单相短路电流为

$$\dot{I}_k^{(1)} = \frac{3\dot{U}_\varphi}{Z_{1\Sigma} + Z_{2\Sigma} + Z_{0\Sigma}} \tag{3-89}$$

式中，$\dot{U}_\varphi$ 为电源相电压；$Z_{1\Sigma}$、$Z_{2\Sigma}$、$Z_{0\Sigma}$ 为单相短路回路的正序、负序和零序阻抗。

在工程计算中，可利用下式计算单相短路电流，即

$$I_k^{(1)} = \frac{U_\varphi}{|Z_{\varphi-0}|} \tag{3-90}$$

式中，U_φ 为电源相电压；$|Z_{\varphi-0}|$ 为单相短路回路的阻抗的模，可查有关手册，或按式(3-91)计算，即

$$|Z_{\varphi-0}| = \sqrt{(R_T + R_{\varphi-0})^2 + (X_T + X_{\varphi-0})^2} \tag{3-91}$$

式中，R_T、X_T 分别为变压器单相的等效电阻和电抗；$R_{\varphi-0}$、$X_{\varphi-0}$ 分别为相线与 N 线或与 PE 或 PEN 线的回路(短路回路)的电阻和电抗，包括回路中低压断路器过流线圈的阻抗、开关触头的接触电阻及电流互感器一次绕组的阻抗等，可查有关手册或产品样本。

在无限大容量系统中或远离发电机处短路时，两相短路电流和单相短路电流均较三相短路电流小，因此用于选择电气设备和导体的短路稳定度校验的短路电流，应采用三相短路电流。两相短路电流主要用于相间短路保护的灵敏度检验。单相短路电流主要用于单相短路保护的整定及单相短路热稳定度的校验。

3.9 短路电流的效应和稳定度校验

3.9.1 短路电流的效应和稳定度校验概述

通过短路计算得知，供电系统发生短路时，巨大的短路电流通过电气设备和载流导体时，一方面要产生很大的电动力，即电动效应；另一方面要产生很高的温度，即热效应。这两类短路效应，对电气设备和导体的安全运行威胁极大。为了正确地选择和校验电气设备及载流导体，保证其可靠地工作，必须对它们所受的电动力和发热温升进行计算，并研究可以采取的限制短路电流的措施。

3.9.2 短路电流的电动效应和动稳定度

供电系统短路时,短路电流特别是短路冲击电流将使相邻导体之间产生很大的电动力,有可能使电气设备和载流导体遭受严重破坏。为此,要使电路元件能承受短路时最大电动力,电路元件必须具有足够的电动稳定度。

1. 短路时的最大电动力

由电工原理可知,处在空气中的两平行导体分别通以电流 i_1、i_2(单位为 A)时,两导体间的电磁互作用力即电动力(单位为 N)为

$$F = \mu_0 i_1 i_2 \frac{l}{2\pi a} = 2 i_1 i_2 \frac{l}{a} \times 10^{-7} \tag{3-92}$$

式中,a 为两导体的轴线间距离;l 为导体的两相邻支持点间距离,即档距;μ_0 为真空和空气的磁导率,$\mu_0 = 4\pi \times 10^{-7} \mathrm{N/A^2}$。

式(3-92)适用于圆截面的实芯导体和空芯导体,也适用于导体间的净空距离大于导体截面周长的矩形截面导体。因此,对于每相只有一条矩形截面的导体的线路一般都是适用的。

如果三相线路中发生两相短路,则两相短路冲击电流通过两相导体时产生的电动力最大,其值为

$$F^{(2)} = 2 i_{\mathrm{sh}}^{(2)2} \cdot \frac{l}{a} \times 10^{-7} \tag{3-93}$$

如果三相线路中发生三相短路,则三相短路冲击电流 $i_{\mathrm{sh}}^{(3)}$ 在中间相(母线水平放置或垂直放置,如图 3-17 所示)产生的电动力最大,其值为

$$F^{(3)} = \sqrt{3}\, i_{\mathrm{sh}}^{(3)2} \cdot \frac{l}{a} \times 10^{-7} \tag{3-94}$$

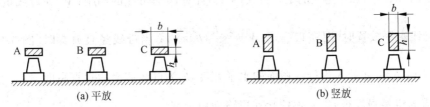

(a) 平放　　　　　　　　　　　　　　(b) 竖放

图 3-17　水平放置的母线

由于三相短路冲击电流与两相短路冲击电流有下列关系,即

$$\frac{i_{\mathrm{sh}}^{(3)}}{i_{\mathrm{sh}}^{(2)}} = \frac{2}{\sqrt{3}} \approx 1.15$$

因此,三相短路与两相短路产生的最大电动力之比为

$$\frac{F^{(3)}}{F^{(2)}} = \frac{2}{\sqrt{3}} \approx 1.15 \tag{3-95}$$

由此可见,三相线路发生三相短路时中间相导体所受的电动力比两相短路时导体所受的电动力大,因此校验电气设备和载流导体的动稳定度,一般应采用三相短路冲击电流

$i_{\rm sh}^{(3)}$ 或短路后第一个周期的三相短路全电流有效值 $I_{\rm sh}^{(3)}$。

2. 短路动稳定度的校验条件

电气设备和载流导体的动稳定度校验，依校验对象的不同而采用不同的校验条件。

1）一般电器的动稳定度校验条件

按下列公式校验

$$i_{\rm max} \geqslant i_{\rm sh}^{(3)} \tag{3-96}$$

或

$$i_{\rm max} \geqslant I_{\rm sh}^{(3)} \tag{3-97}$$

式中，$i_{\rm max}$ 为电器的极限通过电流（动稳定电流）峰值；$I_{\rm max}$ 电器的极限通过电流（动稳定电流）有效值。

以上 $i_{\rm max}$ 和 $I_{\rm max}$ 可由有关手册或产品样本查得。附表 12 列出部分常用高压断路器的主要技术数据，供参考。

2）硬母线的动稳定度校验条件

按下列公式校验

$$\sigma_{\rm al} \geqslant \sigma_{\rm c} \tag{3-98}$$

式中，$\sigma_{\rm al}$ 为母线材料的最大允许应力（Pa），硬铜母线（TMY），$\sigma_{\rm al} = 140{\rm MPa}$，硬铝母线（LMY），$\sigma_{\rm al} = 70{\rm MPa}$（按 GB 50060—2017《3～110kV 高压配电装置计算规范》的规定）；$\sigma_{\rm c}$ 为母线通过 $i_{\rm sh}^{(3)}$ 时所受到的最大计算应力。

上述最大计算应力按下式计算，即

$$\sigma_{\rm c} = \frac{M}{W} \tag{3-99}$$

式中，M 为母线通过 $i_{\rm sh}^{(3)}$ 时所受到的弯曲力矩；当母线的档数为 1～2 时，$M = \dfrac{F^{(3)} l}{8}$；当档数大于 2 时，$M = \dfrac{F^{(3)} l}{10}$；这里的 $F^{(3)}$ 按式（3-43）计算，l 为母线的档距；W 为母线的截面系数；当母线水平放置时［图 3-17（a）］，$W = \dfrac{b^2 h}{6}$（$b > h$）；当母线竖直放置时［图 3-17（b）］，$W = \dfrac{bh^2}{6}$（$b < h$）；此处 b 为母线截面的水平宽度，h 为母线截面的垂直高度。

电缆的机械强度很好，无须校验其短路动稳定度。

3. 对短路计算点附近交流电动机反馈冲击电流的考虑

当短路点附近所接交流电动机的额定电流之和超过系统短路电流的 1％ 时，应计入电动机反馈电流的影响。由于短路时电动机端电压骤降，致使电动机因定子电动势反高于外施电压而向短路点反馈电流，如图 3-18 所示，从而使短路计算点的短路冲击电流增大。

当交流电动机进线端发生三相短路时，它反馈的最大短路电流瞬时值（即电动机反馈冲击电流）可按式（3-100）计算，即

$$i_{\rm sh\cdot M} = \sqrt{2} K_{\rm sh\cdot M} I_{\rm N\cdot M} \frac{E''^{*}_{\rm M}}{X''^{*}_{\rm M}} = C K_{\rm sh\cdot M} I_{\rm N\cdot M} \tag{3-100}$$

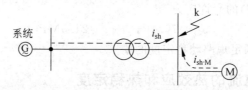

图 3-18 大容量电动机对短路点的反馈冲击电流

式中，E''_{M*} 为电动机次暂态电动势标幺值；X''_{M*} 为电动机次暂态电抗标幺值；C 为电动机反馈冲击倍数，见表 3-3；$K_{sh\cdot M}$ 为电动机短路电流冲击系数，对 3~10kV 电动机可取 1.4~1.7，对 380V 电动机可取 1；$I_{N\cdot M}$ 为电动机额定电流。

由于交流电动机在外电路短路后很快受到制动，所以它产生的反馈电流衰减极快。因此只在考虑短路冲击电流的影响时才需计入电动机反馈电流。

例 3-11 设例 3-9 所示工厂变电所 380V 侧母线上接有 380V 感应电动机 250kW，平均 $\cos\varphi=0.7$，效率 $\eta=0.75$。该母线采用 LMY-100×10 的硬铝母线，水平放置，档距为 900mm，档数大于 2，相邻两相母线的轴线距离为 160mm。试求该母线三相短路时所受的最大电动力，并校验其动稳定度。

解：

(1) 计算母线短路时所受的最大电动力

由例 3-9 知，380V 母线的短路电流 $I_k^{(3)}=34.57\text{kA}$，$i_{sh}^{(3)}=63.6\text{kA}$，而接于 380V 母线的感应电动机额定电流为

$$I_{N\cdot M}=\frac{250}{\sqrt{3}\times380\times0.7\times0.75}\approx0.724(\text{kA})$$

由于 $I_{N\cdot M}>0.01I_k^{(3)}$，故需计入感应电动机反馈电流的影响。该电动机的反馈电流冲击值为

$$i_{sh\cdot M}=6.5\times1\times0.724\approx4.7(\text{kA})$$

因此，母线在三相短路时所受的最大电动力为

$$F^{(3)}=\sqrt{3}\,(i_{sh}^{(3)}+i_{sh\cdot M})^2\cdot\frac{l}{a}\times10^{-7}$$

$$=\sqrt{3}\,(63.6\times10^3+4.7\times10^3)^2\times\frac{0.9}{0.16}\times10^{-7}\approx4545(\text{N})$$

(2) 校验母线短路时的动稳定度

母线在 $F^{(3)}$ 作用时的弯曲力矩为

$$M=\frac{F^{(3)}l}{10}=\frac{4545\times0.9}{10}\approx409(\text{N}\cdot\text{m})$$

母线的截面系数为

$$W=\frac{b^2h}{6}=\frac{0.1^2\times0.01}{6}\approx1.667\times10^{-5}(\text{m}^3)$$

故母线在三相短路时所受到的计算应力为

$$\sigma_c=\frac{M}{W}=\frac{409}{1.667\times10^{-5}}\approx24.5\times10^6(\text{Pa})=24.5(\text{MPa})$$

而硬铝母线（LMY）的允许应力为

$$\sigma_{al} = 70\text{MPa} > \sigma_c = 24.5\text{MPa}$$

由此可见该母线满足短路动稳定度的要求。

3.9.3　短路电流的热效应和热稳定度

1. 短路时导体的发热过程和发热计算

导体通过正常负荷电流时，由于导体具有电阻，因此要产生电能损耗。这种电能损耗转换为热能，一方面使导体温度升高，另一方面向周围介质散热。当导体内产生的热量与导体向周围介质散发的热量相等时，导体就维持在一定的温度值，这种状态称为热平衡，或热稳定。

在线路发生短路时，极大的短路电流将使导体温度迅速升高。由于短路后线路的保护装置很快动作，切除短路故障，所以短路电流通过导体的时间不长，通常不会超过 3s。因此在短路过程中，可不考虑导体向周围介质的散热，即近似地认为导体在短路时间内是与周围介质绝热的，短路电流在导体中产生的热量，全部用来使导体的温度升高。

图 3-19 表示短路前后导体的温度变化情况。导体在短路前正常负荷时的温度为 θ_L。设在 t_1 时发生短路，导体温度按指数规律迅速升高，而在 t_2 时线路的保护装置动作，切除了短路故障，这时导体的温度已达到 θ_K。短路被切除后，线路断电，导体不再产生热量，而只按指数规律向周围介质散热，直到导体温度等于周围介质温度 θ_0 为止。

按照导体的允许发热条件，导体在正常负荷和短路时的最高允许温度如附表 11 所示。如果导体和电器在短路时的发热温度不超过允许温度，则认为其短路热稳定度是满足要求的。

要确定导体短路后实际达到的最高温度 θ_K，按理应先求出短路期间实际的短路全电流 i_k 或 $I_{k(t)}$ 在导体中产生的热量 θ_K。但是 i_k 和 $I_{k(t)}$ 都是幅值变动的电流，要计算其 θ_K 是相当困难的，因此一般是采用一个恒定的短路稳态电流 I_∞ 来等效计算实际短路电流所产生的热量。由于通过导体的短路电流实际上不是 I_∞，因此假定一个时间，在此时间内，假定导体通过 I_∞ 所产生的热量，恰好与实际短路电流 i_k 或 $I_{k(t)}$ 在实际短路时间 t_k 内所产生的热量相等。这一假定的时间，称为短路发热的假想时间或热效时间，用 t_{ima} 表示，如图 3-20 所示。

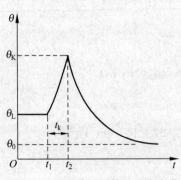

图 3-19　短路前后导体的温度变化

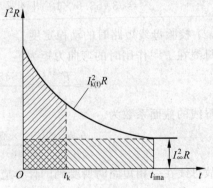

图 3-20　短路发热的假想时间

短路发热假想时间可用式(3-101)近似地计算,即

$$t_{ima} = t_{op} + t_{oc} + 0.05 \tag{3-101}$$

在无限大容量系统中发生短路时,由于 $I'' = I_\infty$,因此

$$t_{ima} = t_k + 0.05 \tag{3-102}$$

当 $t_k > 1s$ 时,可认为 $t_{ima} = t_k$。

短路时间 t_k,为短路保护装置实际最长的动作时间 t_{op} 与断路器(开关)的断路时间 t_{oc} 之和,即

$$t_k = t_{op} + t_{oc} \tag{3-103}$$

式中,t_{oc} 又为断路器的固有分闸时间与其电弧延燃时间之和。

对于一般高压断路器(如油断路器),可取 $t_{oc} = 0.2s$;对于高速断路器(如真空断路器),可取 $t_{oc} = 0.1 \sim 0.15s$。

2. 短路热稳定度的校验条件

电器和导体的热稳定度的校验,也依校验对象的不同而采用不同的具体条件。

1)一般电器的热稳定度校验条件

$$I_t^2 t \geqslant I_\infty^{(3)2} t_{ima} \tag{3-104}$$

式中,I_t 为电器的热稳定电流;t 为电器的热稳定时间。

以上的 I_t 和 t 可由有关手册或产品样本查得。常用高压断路器的 I_t 和 t 可查附表13。

2)母线及绝缘导线和电缆等导体的热稳定度校验条件

$$\theta_{k \cdot max} \geqslant \theta_k \tag{3-105}$$

式中,$\theta_{k \cdot max}$ 为导体在短路时的最高允许温度,如附表12所示。

如前所述,要确定 θ_k 比较麻烦,因此可根据短路热稳定度的要求来确定其最小允许截面(单位为 mm^2),即

$$A_{min} = I_\infty^{(3)} \sqrt{\frac{t_{ima}}{K_k - K_L}} = I_\infty^{(3)} \frac{\sqrt{t_{ima}}}{C} \tag{3-106}$$

式中,$I_\infty^{(3)}$ 为三相短路稳态电流(A);C 为导体的热稳定系数($A\sqrt{S}/mm^2$),可查附表12。

例 3-12　试校验例 3-11 所示工厂变电所 380V 侧 LMY 母线的短路热稳定度。已知此母线的短路保护实际动作时间为 0.6s,低压断路器的断路时间为 0.1s。该母线正常运行时最高温度为 55℃。

解　利用式(3-55)求母线满足短路热稳定度的最小允许截面。

查附表12得

$$C = 87A\sqrt{S}/mm^2$$

$$t_{ima} = t_{op} + t_{oc} + 0.05 = 0.6 + 0.1 + 0.05 = 0.75(s)$$

故最小允许截面为

$$A_{min} = I_\infty^{(3)} \frac{\sqrt{t_{ima}}}{C} = 34.57 \times 10^3 \times \frac{\sqrt{0.75}}{87} \approx 344(mm^2)$$

由于母线实际截面 $A = 100 \times 10 = 1000 mm^2 > A_{min}$,因此该母线满足短路热稳定度要求。

本 章 小 结

电力负荷分为一级负荷、二级负荷和三级负荷；用电设备可分为一般连续工作制、短时工作制和断续周期工作制。

负荷曲线是表征电力负荷随时间变动情况的一种图形。按照时间单位的不同,可分为日负荷曲线和年负荷曲线。与负荷曲线有关的物理量有年最大负荷、年最大负荷利用小时、计算负荷、平均负荷和负荷系数。

计算负荷是按发热条件选择电气设备的一个假想的负荷,计算负荷确定的合理与否直接影响到导线和电气设备的正确选择。确定负荷计算的方法有多种,本章介绍了需要系数法和利用系数法,进行全厂负荷计算时,通常采用需要系数法逐级计算。

功率因数太低对电力系统有不良影响,所以要提高功率因数。提高功率因数的方法是首先提高自然功率因数然后进行人工补偿,其中人工补偿最常见的是并联电容器补偿。

在供电系统中,短路是不同电位导电部分之间的不正常短接。造成短路的原因有很多种。其主要原因是电气设备载流部分的绝缘损坏。短路的后果为：产生很高的温度和很大的电动力。

在三相系统中,短路的主要类型有三相短路、两相短路、两相接地短路和单相短路。其中三相短路电流最大,造成的危害也最严重；而单相短路发生的概率最大。

当供电系统发生短路时,巨大的短路电流将发生强烈的电动效应和热效应,可能使电气设备遭受严重破坏。因此,必须对相关的电气设备和载流导体进行动稳定和热稳定的校验。

思考题与习题

3-1 电力负荷的含义是什么? 各级负荷对供电电源有什么要求?

3-2 什么是负荷曲线? 与负荷曲线有关的物理量有哪些?

3-3 什么是计算负荷? 为什么计算负荷通常采用半小时最大负荷?

3-4 计算负荷的目的是什么?

3-5 什么叫年最大负荷利用小时? 什么叫年最大负荷和年平均负荷? 什么叫负荷系数?

3-6 什么叫平均功率因数和最大负荷时的功率因数? 如何计算? 有何用途?

3-7 进行无功功率补偿、提高功率因数有什么意义? 如何确定无功补偿容量?

3-8 什么叫尖峰电流? 尖峰电流的计算有什么用处?

3-9 某工厂金属加工车间,有吊车一台,其额定功率 $P_N = 5.5\text{kW}$,$\varepsilon_N = 40\%$,试求该电动机的设备容量。

3-10 某工厂金属加工车间有一台额定容量 $S_N = 2.2\text{kV} \cdot \text{A}$ 的电焊机,$\varepsilon_N = 60\%$,$\cos\varphi = 0.62$,试求该电焊机的设备容量。

3-11 某机修车间拥有金属切削机床组,380V 电动机 7.5kW 有 3 台；4kW 有 8 台；3kW 有 17 台,1.5kW 有 8 台,试求该用电设备组的计算负荷。

3-12　有一机修车间,拥有冷加工机床 52 台,共 200kW;行车 1 台,共 5.1kW($\varepsilon=$ 15%);通风机 4 台,共 5kW;点焊机 3 台,共 10.5kW($\varepsilon=65\%$)。车间采用 220/380V 三相四线制(TN-C 系统)供电。试确定车间的计算负荷 P_{30}、Q_{30}、S_{30} 和 I_{30}。

3-13　什么叫作短路?简述电力系统短路的主要原因?简述电力系统短路的后果?

3-14　短路的形式有哪些?哪种形式的短路可能性最大?哪种形式的短路危害最为严重?

3-15　什么叫作无限大容量电力系统?它有什么特点?在无限大系统中发生短路时,短路电流将如何变化?能否突然增大?为什么?

3-16　短路电流周期分量和非周期分量各是如何产生的?

3-17　什么是短路冲击电流 i_{sh} 和 I_{sh}?什么是短路次暂态电流 I'' 和短路稳态电流 I_{∞}?

3-18　什么叫作短路计算的有名值?什么叫作短路计算的标幺值法?各有何特点?

3-19　什么叫作短路计算电压?它与线路额定电压有什么关系?

3-20　有一地区变电所通过一条长 4km 的 10kV 电缆线路供电给某厂一个装有两台并列运行的 SL7-800 型主变压器的变电所。地区变电站出口断路器的断流容量为 300MV·A。试用有名值求该厂变电所 10kV 高压侧和 380V 低压侧的短路电流 $I_k^{(3)}$、$I''^{(3)}$、$I_\infty^{(3)}$、$i_{sh}^{(3)}$、$I_{sh}^{(3)}$ 及短路容量 $S_k^{(3)}$,并列出短路计算表。

3-21　试用标幺值法重作习题 3-20。

3-22　某供电系统如图 3-21 所示,已知电力系统出口断路器的遮断容量为 500MV·A,试用标幺值法求 k_1、k_2 两点的 $I_k^{(3)}$、$i_{sh}^{(3)}$ 及 $S_k^{(3)}$ 值。

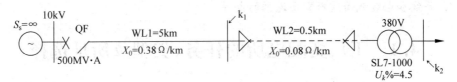

图 3-21　题 3-22 图

3-23　在无限大容量电力系统中,两相短路电流和单相短路电流各与三相短路电流有什么关系?

3-24　什么叫作短路电流的电动效应?为什么要采用短路冲击电流来计算?

3-25　什么叫作短路电流的热效应?为什么要采用短路稳态电流来计算?什么叫作短路发热假想时间?如何计算?

3-26　设习题 3-20 所述工厂变电所 380V 侧母线采用 $80\times10\,\text{mm}^2$ 铝母线,水平布置,两相邻母线轴线间距离为 200mm,档距为 0.9m,档数大于 2。该母线上装有一台 500kW 的同步电动机,$\cos\varphi=1$ 时,$\eta=94$,试校验此母线的动稳定度。

3-27　设习题 3-26 所述 380V 母线的短路保护动作时间为 0.5s,低压断路器的断路时间为 0.05s。试校验此母线的热稳定度。

3-28　设例 3-12 所述工厂高压配电所母线引至车间两主变压器的两条电缆均采用铝芯截面为 $50\,\text{mm}^2$ 的三芯聚氯乙烯绝缘电缆。已知电缆线路首端装有高压少油断路器,其继电保护的动作时间为 0.9s。试校验这两条电缆的热稳定度。

第4章

工厂供电系统及变配电所

知识点

1. 工厂配电所的任务、类型和选址。
2. 高低压配电线路的接线方式及其用途。
3. 企业供配电线路的结构与敷设。
4. 导线和电缆截面选择需要遵循的条件。

4.1 工厂变配电所的任务、类型及所址选择

4.1.1 工厂变配电所的任务与类型

工厂变电所的任务：从电力系统受电，经变压后分配电能。

工厂配电所的任务：从电力系统受电，然后直接分配电能。

工厂变配电所是工厂供电系统的枢纽，在工厂中占有特殊重要的地位。

工厂变电所又分总降压变电所和车间变电所。一般中小型工厂不设总降压变电所。车间变电所按其主变压器的安装位置来划分，有下列类型，如图 4-1 所示。

(1) 车间附设变电所。变压器室在车间围墙内或外边，图 4-1 中 1、2 为内附式，3、4 为外附式。

(2) 车间内变电所。变压器或整个变电所位于车间内，如图 4-1 中 5。

(3) 露天变电所。变压器安装在室外抬高的地面上，如图 4-1 中 6。

(4) 独立变电所。变电所与车间建筑物不在同一建筑物内，如图 4-1 中 7。

(5) 杆上变电台。变压器安装在室外的电杆上面，如图 4-1 中 8。

(6) 地下变电所。整个变电所设置在地下建筑物内，如图 4-1 中 9。

(7) 楼上变电所。整个变电所设置在楼上建筑物内，如图 4-1 中 10。

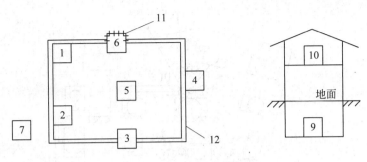

图 4-1　车间变电所的类型

1、2—内附式；3、4—外附式；5—车间内式；6—露天或半露天式；7—独立式；8—杆上式；9—地下式；
10—楼上式；11—遮拦或刺网；12—车间外墙

（8）成套变电所。由电器制造厂按一定接线方案成套制造、现场装配的变电所。

（9）移动式变电所。整个变电所装设在一个可移动的车上。

上述的车间附设变电所、车间内变电所、独立变电所、地下变电所和楼上变电所，均属室内型（户内式）变电所，露天、半露天变电所和杆上变电台，则属室外型（户外式）变电所。成套变电所和移动式变电所则室内型和室外型都有。

4.1.2　工厂变配电所的地址选择及负荷中心的确定

1. 变配电所地址选择的一般原则

变配电所地址的选择应根据下列要求并经技术、经济分析比较确定。

（1）尽量靠近负荷中心，以降低配电系统的电能与电压损耗及有色金属消耗量。

（2）进出线方便，特别是要考虑便于架空进出线。

（3）靠近电源侧，特别是在选择工厂总变配电所地址时要考虑这一点。

（4）设备运输方便，以便运输电力变压器和高低压开关柜等大型设备。

（5）不应设在有剧烈振动或高温的场所。

（6）不宜设在多尘或有腐蚀性气体的场所；当无法远离时，不应设在污源盛行风向的下风侧。

（7）不应设在厕所、浴室或其他经常积水场所的正下方，且不宜临近上述场所。

（8）不应设在有爆炸危险环境的正上方或正下方，且不宜设在有火灾危险环境的正上方或正下方。当与有爆炸或火灾危险环境的建筑物毗连时，应符合 GB 50058—2014《爆炸和火灾危险环境电力装置设计规范》的规定。

（9）不应设在地势低洼和可能积水的场所。

可采用图 4-2 所示的负荷指示图或负荷矩计算法近似地确定工厂或车间的负荷中心。

2. 负荷指示图

负荷指示图是将电力负荷按一定比例（例如以 1mm^2 面积代表 0.5kW 等），用负荷圆

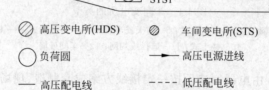

图 4-2 工厂负荷指示图

的形式标示在工厂或车间的平面图上。各车间的负荷圆的圆心应与车间(建筑)的负荷中心点大致相符。在负荷均匀分布的车间(建筑)内,负荷圆的圆心就在车间(建筑)的中心。在负荷分布不均匀的车间(建筑)内,负荷圆的圆心应偏向负荷集中的一侧。负荷圆半径 r 由车间(建筑)的计算负荷 $P_{30} = K\pi r^2$ 得

$$r = \sqrt{\frac{P_{30}}{K\pi}} \tag{4-1}$$

式中,K 为负荷圆的比例(kW/mm²)。

3. 按负荷矩法确定负荷中心

设有负荷 P_1、P_2 和 P_3(均表示有功计算负荷),分布如图 4-3 所示。它们在任选的直角坐标系中的坐标分别为 $P_1(x_1, y_1)$、$P_2(x_2, y_2)$、$P_3(x_3, y_3)$。现假设总负荷 $P_\Sigma = K_\Sigma \sum P_i = K_\Sigma(P_1 + P_2 + P_3)$ 的负荷中心位于坐标 $P_\Sigma(x, y)$ 处,这里的 K_Σ 为同时系数(混合系数),视最大负荷不同时出现的情况选取,一般取 $0.7 \sim 1.0$。因此仿照力学中求重心的力矩方程可得

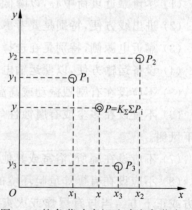

图 4-3 按负荷功率矩法确定负荷中心

$$P_\Sigma y = P_1 y_1 + P_2 y_2 + P_3 y_3$$
$$P_\Sigma x = P_1 x_1 + P_2 x_2 + P_3 x_3$$

一般式为

$$P_\Sigma x = \sum P_i x_i$$
$$P_\Sigma y = \sum P_i y_i$$

负荷中心的坐标为

$$x = \frac{\sum(P_i X_i)}{P_\Sigma} \tag{4-2}$$

$$y = \frac{\sum(P_i X_i)}{P_\Sigma} \tag{4-3}$$

注：负荷中心不必精确计算。

4.2　工厂变配电所的主接线图

主接线图或主电路图是表示电力系统中电能输送和分配路线的电路图。

二次接线图或二次电路图是表示控制、指示、测量和保护主电路及其中设备运行的电路图。

对工厂变配电所主接线方案的基本要求如下。

1. 安全

应符合国家标准和有关技术规范的要求,能充分保证人身和设备的安全。例如在高压断路器的电源侧及可能反馈电能的负荷侧,必须装设高压隔离开关;对低压断路器也一样,在其电源侧及可能反馈电能的负荷侧,必须装设低压隔离开关(刀开关)。

2. 可靠

应满足各级电力负荷对供电可靠性的要求。例如对一、二级重要负荷,其主接线方案应考虑两台主变压器,且一般应为双电源供电。

3. 灵活

应能适应供电系统所需的各种运行方式,便于操作维护,并能适应负荷的发展,有扩充改建的可能性。

4. 经济

在满足上述要求的前提下,应尽量使主接线简单,投资少,运行费用低,并节约电能和有色金属,应尽可能选用技术先进又经济实用的节能产品。

4.2.1　高压配电所的主接线图

1. 高压配电所的任务

从电力系统受电并向各车间变电所及高压用电设备配电。

2. 主接线图的形式

根据需要分为"系统式"和"装置式"。前者按照电能输送的顺序反映各设备的相互连接关系,这种主接线图全面、系统,多在运行管理中使用;后者按照高压或低压成套配电装置的排列位置反映其相互连接关系,各成套配电装置内部设备和接线以及各装置之间的相互连接与排列位置一目了然,最适于安装施工使用。

图 4-4 和图 4-5 分别为同一高压配电所的"系统式"及"装置式"主接线图。

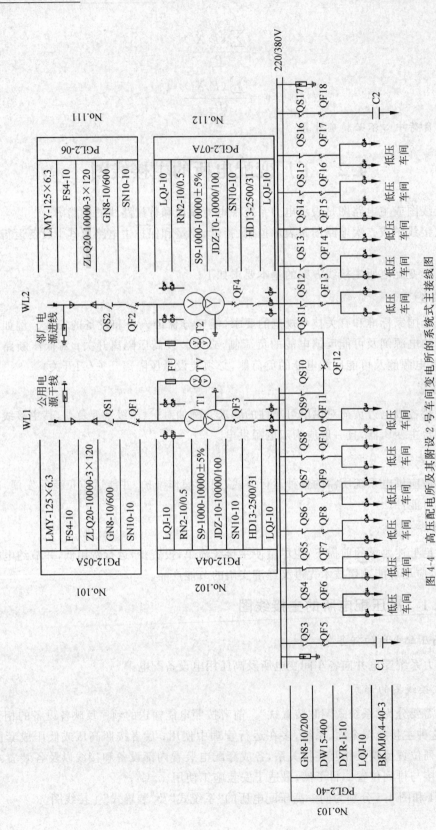

图 4-4　高压配电所及其附设 2 号车间变电所的系统式主接线图

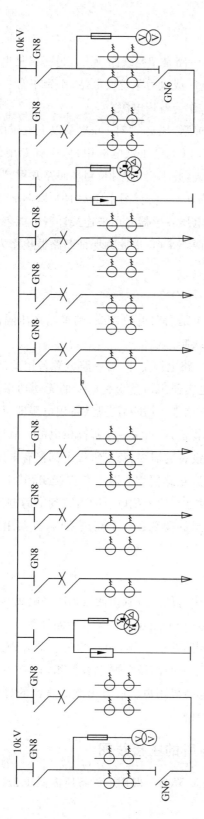

图 4-5　高压配电所的装置式主接线图

No.101	No.102	No.103	No.104	No.105	No.106	No.107	No.108	No.109	No.110	No.111	No.112
电能计量柜	1号进线开关柜	避雷器及电压互感器	电线柜	电线柜	电线柜	电线柜	电线柜	电线柜	避雷器及电压互感器	2号进线开关柜	电能计量柜
GG-1A-J	GG-1A(F)-11	GG-1A(F)-54	GG-1A(F)-03	GG-1A(F)-03	GG-1A(F)-03	GG-1A(F)-03	GG-1A(F)-03	GG-1A(F)-03	GG-1A(F)-54	GG-1A(F)-11	GG-1A-J

1. 电源进线（图 4-4）

这个配电所有两路 10kV 电源进线，一路是架空线路 WL1，另一路是电缆线路 WL2。最常见的进线方式是，一路电源来自发电厂或电力系统变电站，作为正常工作电源；而另一路电源则来自邻近单位的高压联络线，作为备用电源。

我国 1996 年发布施行的《供电营业规则》规定："对 10kV 及以下电压供电的用户，应配置专用的电能计量柜（箱）；对 35kV 及以上电压供电的用户，应有专用的电流互感器二次线圈和专用的电压互感器二次连接线，并不得与保护、测量回路共用。"因此在这两路电源进线的主开关柜之前，各装有一台高压计量柜（图中 No. 101 和 No. 112 柜，也可在进线主开关柜之后），其中电流互感器和电压互感器专用来连接计费电能表。

考虑到进线断路器在检修时有可能两端来电，因此为保证断路器检修人员的安全，断路器两端均装有高压隔离开关。

2. 母线（图 4-5）

高压配电所通常采用单母线制。如果是两路电源进线，则采用高压隔离开关或高压断路器（其两侧装隔离开关）分段的单母线制。

如图 4-5 所示高压配电所通常采用一路电源工作、另一路电源备用的运行方式，因此母线分段开关通常是闭合的，高压并联电容器组对整个配电所的无功功率进行补偿。如果工作电源进线发生故障或进行检修，在该进线切除后，投入备用电源即可使整个配电所恢复供电。如果采用备用电源自动投入装置，则可进一步提高供电的可靠性。

为了测量、监视、保护和控制主电路设备的需要，每段母线上都接有电压互感器，进线和出线上均串接有电流互感器。高压电流互感器均有两个二次绕组，其中一个接测量仪表，另一个接继电保护。为了防止雷电过电压侵入配电所时击毁其中的电气设备，各段母线上都装设了避雷器。避雷器与电压互感器同装在一个高压柜内，且共用一组高压隔离开关。

3. 高压配电出线（图 4-5）

这个配电所共有六路高压出线。其中有两路分别由两段母线经隔离开关—断路器配电给 2 号车间变电所。一路由左段母线 WB1 经隔离开关—断路器供 1 号车间变电所；另一路由右段母线 WB2 经隔离开关—断路器供 3 号车间变电所。此外，有一路由左段母线 WB1 经隔离开关—断路器供无功补偿用的高压并联电容器组，还有一路由右段母线 WB2 经隔离开关—断路器供一组高压电动机用电。所有出线断路器的母线侧均加装了隔离开关，以保证断路器和出线的安全检修。

4.2.2　车间和小型工厂变电所的主接线图

车间或小型工厂变电所是将 6～10kV 降为一般用电设备所需低压 220/380V 的终端变电所。

1. 车间变电所主接线图

按照车间变电所高压侧的主接线分为以下两种情况。

(1) 有工厂总降压变电所或高压配电所的车间变电所主接线(图 4-6)

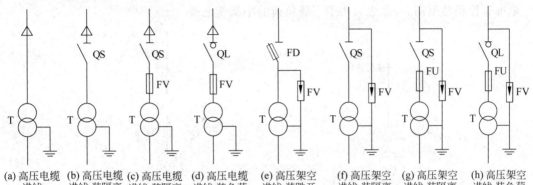

图 4-6 车间变电所高压侧主接线方案示例

QS—隔离开关;QL—负荷开关;FD—跌开式熔断器;FV—阀式避雷器

高压侧开关、保护装置和测量仪表等一般都安装在高压配电线路的首端(总变、配电所的高压配电室内),车间变电所只设变压器室和低压配电室。高压侧大多不装开关,或只装简单的隔离开关、熔断器、避雷器等。凡是高压架空进线,户内或户外式变电所均需装设避雷器以防雷电波沿架空线侵入变电所;高压电缆进线时避雷器装设在电缆首端,其避雷器的接地端要连同电缆的金属外皮一起接地。如变压器高压侧为架空线加一段引入电缆的进线方式,则变压器高压侧仍应装设避雷器。

(2) 无工厂总变、配电所的车间变电所主接线

车间变电所就是工厂的降压变电所,其高压侧的开关电器、保护装置和测量仪表等都必须配备齐全,所以一般要设置高压配电室。在变压器容量较小、供电可靠性要求较低的情况下,也可以不设高压配电室,其高压熔断器、隔离开关、负荷开关及跌开式熔断器等必须安装在变压器室的墙上或电杆上,而在低压侧计量电能。当高压开关柜不多于 6 台时,高压开关柜也可装在低压配电室内,仍在高压侧计量电能。

2. 小型工厂变电所主接线图

1) 只装有一台主变压器的小型变电所主接线图

只装有一台主变压器的小型变电所,其高压侧一般采用无母线的接线。根据其高压侧采用的开关电器不同,有三种比较典型的主接线方案。

(1) 高压侧采用隔离开关-熔断器或户外跌开式熔断器的变电所主接线图(图 4-7)

这种主接线简单经济,由于隔离开关和跌开式熔断器不能带负荷操作,一般只适用于容量 500kV·A 及以下三级负荷的小型变电所。

（2）高压侧采用负荷开关—熔断器的变电所主接线图（图4-8）

由于负荷开关能带负荷操作，从而使变电所停电和送电的操作比上述主接线（图4-8）要便捷得多，也不存在带负荷拉闸的问题。在发生过负荷时，负荷开关装的热脱扣器保护动作，使开关跳闸。但在发生短路故障时也使熔断器熔断，因此这种主接线的供电可靠性仍然不高，一般也只用于三级负荷的小型变电所。

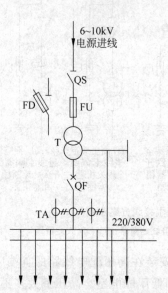 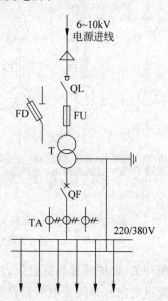

图4-7　高压侧采用隔离开关—熔断器或户外　　图4-8　高压采用负荷开关—熔断器
　　　　跌开式熔断器的变电所主接线图　　　　　　　　的变电所主接线

（3）高压侧采用隔离开关—断路器的变电所主接线图（图4-9和图4-10）

图4-9是高压侧采用隔离开关—断路器的变电所主接线。由于采用了高压断路器，因此变电所的停、送电操作十分灵活方便，同时高压断路器都配备有继电保护装置，在变电所发生短路或过负荷时均能自动跳闸，而且在故障和异常情况消除后，又可直接迅速合闸从而使恢复供电的时间大大缩短。如果配备自动重合闸装置，则供电可靠性可进一步提高。图4-9只有一路电源进线，因此一般也只用于三级负荷，但供电容量较大。

图4-10有两路电源进线，因此供电可靠性提高，可给二级负荷供电。如果另有备用电源，或低压侧具有与其他变电所的联络线，还可供少量一级负荷。

2）装有两台主变压器的总降压变电所主接线图

（1）一次侧采用内桥式接线、二次侧采用单母线分段的总降压变电所主接线图（图4-11）

一次侧的高压断路器QF10跨接在两路电源进线WL1和WL2之间，犹如一座桥梁，而且处于线路断路器QF11和QF12的内侧，靠近主变压器，因此称为内桥式接线。这种主接线的运行灵活性较好，供电可靠性较高，适用于一、二级负荷的工厂。如果某路电源例如WL1线路停电检修或发生故障时，则断开QF11，投入QF10（其两侧QS先行闭合），即可由WL2线路恢复对变压器T1的供电。这种内桥式接线多用于因电源线路较长而易发生故障或停电检修概率较大，并且变电所变压器无须经常切换的总降压变电所。

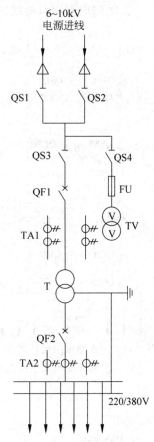

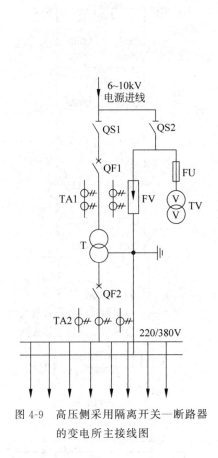

图 4-9 高压侧采用隔离开关—断路器
的变电所主接线图

图 4-10 高压双电源进线的一台主
变压器变电所主接线图

（2）一次侧采用外桥式接线、二次侧采用单母线分段的总降压变电所主接线图
（图 4-12）

一次侧的高压断路器 QF10 也跨接在两路电源进线 WL1 和 WL2 之间，但处在线路断路器 QF11 和 QF12 的外侧，靠近电源方向，因此称为外桥式接线。这种主接线的运行灵活性也较好，供电可靠性同样较高，也适用于一、二级负荷的工厂。但是这种外桥式接线与内桥式接线适用的场合有所不同。如果某台变压器例如 T1 停电检修或发生故障时，则断开 QF11，投入 QF10（其两侧 QS 先行闭合），使两路电源进线又恢复并列运行。这种外桥式接线适用于电源线路较短而变电所昼夜负荷变动较大、适于经济运行而需要经常切换变压器的总降压变电所。当一次电源线路采用环形接线时，也易于采用这种接线，使环形电网的穿越功率不通过进线断路器 QF11 和 QF12，这对改善线路断路器的工作及其继电保护的整定都极为有利。

（3）一、二次侧均采用单母线分段的总降压变电所主接线图（图 4-13）

这种主接线兼有上述内桥式和外桥式两种接线的运行灵活性的优点，但所用高压开关设备较多，投资较大。可供一、二级负荷，适用于一、二次侧进出线较多的总降压变电所。

（4）一、二次侧均采用双母线的总降压变电所主接线图（图 4-14）

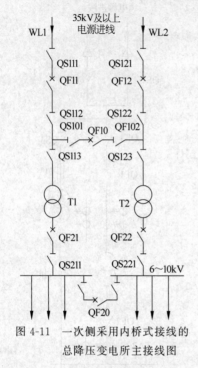

图 4-11　一次侧采用内桥式接线的
总降压变电所主接线图

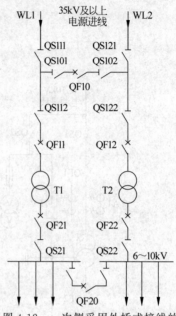

图 4-12　一次侧采用外桥式接线的
总降压变电所主接线图

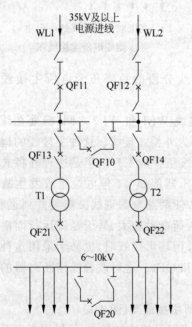

图 4-13　一、二次侧采用单母线分段的
总降压变电所主接线图

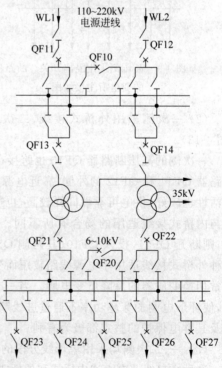

图 4-14　一、二次侧均采用双母线的
总降压变电所主接线图

采用双母线接线较之采用单母线接线,供电可靠性和运行灵活性提高,但开关设备也相应增加,从而增加了初投资,所以这种双母线接线在工厂变电所中很少采用,它主要用于电力系统的枢纽变电站。

4.3 工厂电力线路及其接线方式

电力线路是电力系统的重要组成部分,担负着输送和分配电能的重要任务。电力线路按电压高低分为高压线路(即 1kV 以上线路)和低压线路(即 1kV 及以下线路)。也有的细分为低压(1kV 及以下)、中压(1~35kV)、高压(35~220kV)和超高压(220kV 及以上)等线路,但其电压等级的划分并不十分统一和明确。

电力线路按其结构形式划分为架空线路、电缆线路和车间(室内)线路等。

4.3.1 高压线路的接线方式

工厂的高压线路有放射式、树干式和环形等基本接线方式。

1. 高压放射式接线(图 4-15)

放射式接线的线路之间互不影响,因此其供电可靠性较高,而且便于装设自动装置,保护装置也比较简单,但是其高压开关设备用得较多,且每台断路器须装设一个高压开关柜,从而使投资增加。在发生故障或检修时,该线路所供电的负荷都要停电。要提高其供电可靠性,可在各车间变电所的高压侧之间或低压侧之间敷设联络线。如果要进一步提高其供电可靠性,可采用来自两个电源的两路高压进线,然后经分段母线,由两段母线用双回路对重要负荷交叉供电,如图 4-15 中的车间变电所配电的方式。

2. 树干式接线(图 4-16)

树干式接线与放射式接线相比,具有以下优点:多数情况下,能减少线路的有色金属消耗量;采用的高压开关数较少,投资较省。但有以下缺点:供电可靠性较低,当干线发生故障或检修时,接于干线的所有变电所都要停电,且在实现自动化方面适应性较差。要提高其供电可靠性,可采用双干线供电或两端供电的接线方式,如图 4-17(a)和(b)所示。

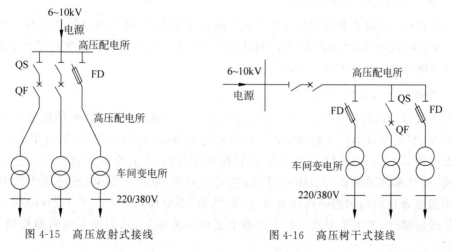

图 4-15 高压放射式接线　　　　图 4-16 高压树干式接线

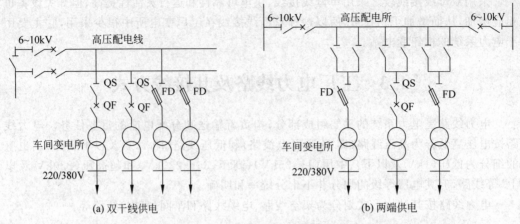

(a) 双干线供电　　　　　　　　　　(b) 两端供电

图 4-17　双干线供电及两端供电的线路

3. **高压环形接线**（图 4-18）

环形接线实质上是两端供电的树干式接线。这种接线在现代城市电网中应用很广。为了避免环形线路上发生故障时影响整个电网，也便于实现线路保护的选择性，因此大多数环形线路采用"开口"运行方式，即环形线路中有一处的开关是断开的。为了便于切换操作，环形线路中的开关多采用负荷开关。

实际上，工厂的高压配电线路往往是几种接线方式的组合，视具体情况而定。不过对大中型工厂，高压配电系统宜优先考虑采用放射式，因为放射式接线供电可靠性较高，且便于运行管理。但放射式接线采用的高压开关设备较多，投资较大，因此对于供电可靠性要求不高的辅助生产区和生活住宅区，可考虑采用树干式或环形配电，这样比较经济。

4.3.2　低压线路的接线方式

工厂的低压配电线路也有放射式、树干式和环形等基本接线方式。

1. **低压放射式接线**（图 4-19）

放射式接线的特点是其引出线发生故障时互不影响，因此供电可靠性较高。但在一般情况下，其有色金属消耗较多，采用的开关设备较多。低压放射式接线多用于设备容量较大或对供电可靠性要求较高的设备配电。

2. **低压树干式接线**（图 4-20）

树干式接线的特点正好与放射式接线相反。一般情况下，树干式接线采用的开关设备较少，有色金属消耗也较少，但当干线发生故障时，影响范围大，因此其供电可靠性较低。图 4-20(a)所示树干式接线，在机械加工车间、工具车间和机修车间中应用比较普遍，而且多采用成套的封闭型母线，它灵活方便，也相当安全，很适用于供电给容量较小而分布比较均匀的一些用电设备，如机床、小型加热炉等。图 4-20(b)所示变压器—干线组接线，省去了变电所低压侧整套低压配电装置，从而使变电所结构简化，投资降低。

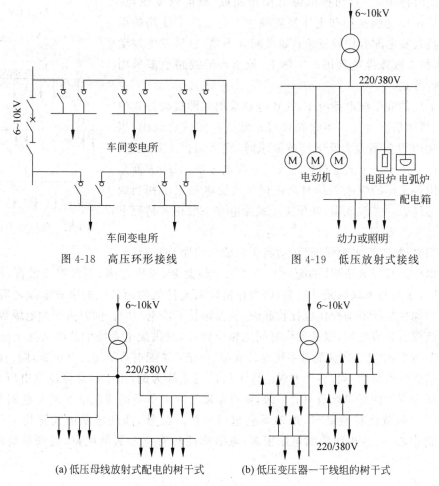

图 4-18 高压环形接线   图 4-19 低压放射式接线

(a) 低压母线放射式配电的树干式   (b) 低压变压器一干线组的树干式

图 4-20 低压树干式接线

图 4-21 所示是一种变形的树干式接线,通常称为链式接线。链式接线的特点与树干式接线基本相同,适用于用电设备彼此相距很近而容量均较小的次要用电设备。链式相连的用电设备一般不宜超过 5 台,链式相连的配电箱不宜超过 3 台,且总容量不宜超过 10kW。

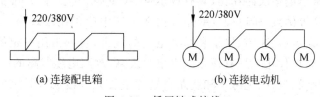

(a) 连接配电箱   (b) 连接电动机

图 4-21 低压链式接线

3. 低压环形接线(图 4-22)

工厂内的一些车间变电所的低压侧可通过低压联络线相互连接成为环形。

环形接线的供电可靠性较高。任一段线路发生故障或检修时,都不致造成供电中断或者只短时停电,一旦切换电源的操作完成,就能恢复供电。环形接线可使电能损耗和电压损耗减少。但是环形线路的保护装置及其整定配合比较复杂;如果配合不当,容易发生误动作,反而扩大故障停电范围。实际上,低压环形线路也多采用开口运行方式。

在工厂的低压配电系统中,往往也是采用几种接线方式的组合,依具体情况而定。不过在环境正常的车间或建筑内,当大部分用电设备不很大又无特殊要求时,宜采用树干式配电。这一方面是由于树干式配电较之放射式配电经济,另一方面是由于我国各工厂的供电人员对采用树干式配电积累了相当成熟的运行经验。实践证明,低压树干式配电在一般正常情况下能够满足生产要求。

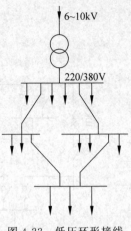

图 4-22　低压环形接线

总的来说,工厂电力线路(包括高压和低压线路)的接线应力求简单。运行经验证明,供配电系统如果接线复杂,层次过多,不仅浪费投资,维护不便,而且由于电路串联的元件过多,因操作错误或元件故障而产生的事故也随之增多,且事故处理和恢复供电的操作也比较麻烦,从而延长了停电时间。同时由于配电级数多,继电保护级数也相应增加,保护动作时间也相应延长,对供配电系统的故障切除十分不利。因此,GB 50052—2016《供配电系统设计规范》规定:供配电系统应简单可靠,同一电压供电系统的变配电级数不宜多于两级。以工厂供电系统为例,由工厂总降压变电所直接配电到车间变电所的配电级数只有一级,而由总降压变电所经高压配电所再配电到车间变电所的配电级数就有两级了,最多不宜超过两级。此外,高低压配电线路均应尽可能深入负荷中心,以减少线路的电压损耗、电能损耗和有色金属消耗量,提高负荷端的电压水平。

4.4　工厂电力线路的结构和敷设

4.4.1　架空线路的结构和敷设

由于架空线路与电缆线路相比,具有成本低、投资少、安装容易、维护和检修方便、易于发现和排除故障等优点,所以架空线路过去在工厂中应用比较普遍。但是架空线路直接受大气影响,易受雷击、冰雪、风暴和污染空气的危害,且要占用一定的地面和空间,有碍交通和观瞻,因此现代化工厂有逐渐减少架空线路、改用电缆线路的趋势。

架空线路由导线、电杆、绝缘子和线路金具等主要元件组成(图 4-23)。为了防雷,有的架空线路上还装设有避雷线(又称架空地线)。为了加强电杆的稳固性,有的电杆还安装有拉线或扳桩。

1. 架空线路的导线是线路的主体,担负着输送电能的功能

导线架设在电杆上边,要经受自身重量和各种外力的作用,并要承受大气中各种有害物质的侵蚀。因此,导线必须具有良好的导电性,同时还要具有一定的机械强度和耐腐蚀

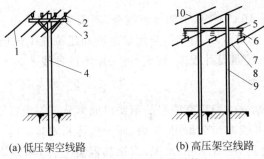

图 4-23　架空线路的结构

1—低压导线；2—低压针式绝缘子；3—低压横担；4—低压电杆；5—高压横担
6—高压悬式绝缘子串；7—线夹；8—高压导线；9—高压电杆；10—避雷线

性，并且质轻而价廉。

导线材质有铜、铝和钢。铜的导电性最好(电导率为 53MS/m)，机械强度也相当高(抗拉强度约为 380MPa)，然而铜是贵重金属，应尽量节约。铝的机械强度较差(抗拉强度约为 160MPa)，但其导电性较好(电导率为 32MS/m)，且具有质轻、价廉的优点，因此在能以铝代铜的场合，宜尽量采用铝导线。钢的机械强度很高(多股钢绞线的抗拉强度达 1200MPa)，而且价廉，但其导电性差(电导率为 7.52MS/m)，功率损耗大，对交流电流还有磁滞涡流损耗(铁磁损耗)，并且它在大气中容易锈蚀，因此钢导线在架空线路上一般只作避雷线使用，且使用镀锌钢绞线。

架空线路一般采用裸导线。裸导线按其结构分，有单股线和多股绞线，一般采用多股绞线。绞线又有铜绞线、铝绞线和钢芯铝绞线。架空线路一般情况下采用铝绞线。在机械强度要求较高和 35kV 及以上的架空线路上，则多采用钢芯铝绞线。钢芯铝绞线简称钢芯铝线，其横截面结构如图 4-24 所示。这种导线的线芯是钢线，用以增强导线的抗拉强度，弥补铝线机械强度较差的缺点；而其外围用铝线，取其导电性较好的优点。由于交流电流在导线中通过时有集肤效应，交流电流实际上只从铝线部分通过，从而弥补了钢线导电性差的缺点。钢芯铝线型号中表示的截面积就是其铝线部分的截面积。

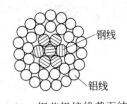

图 4-24　钢芯铝绞线截面结构

常用裸导线全型号的表示和含义如下。

(1) 铜(铝)绞线(见图 4-25)

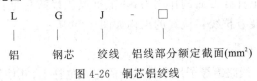

图 4-25　铜(铝绞)线

(2) 钢芯铝绞线(见图 4-26)

$$
\begin{array}{cccc}
\text{L} & \text{G} & \text{J} & -\ \square \\
| & | & | & | \\
\text{铝} & \text{钢芯} & \text{绞线} & \text{铝线部分额定截面(mm}^2\text{)}
\end{array}
$$

图 4-26　铜芯铝绞线

对于工厂和城市中 10kV 及以下的架空线路,当安全距离难以满足要求、邻近高层建筑及在繁华街道或人口密集地区、空气严重污染地段和建筑施工现场,按 GB 50061—2016《66kV 及以下架空电力线路设计规范》规定,可采用绝缘导线。

2. 电杆、横担和拉线

电杆是支持导线的支柱,是架空线路的重要组成部分。对电杆的要求,主要是要有足够的机械强度,同时尽可能地经久耐用、价廉、便于搬运和安装。

电杆按其采用的材料分,有木杆、水泥杆(钢筋混凝土杆)和铁塔。对工厂来说,水泥杆应用最为普遍,因为采用水泥杆可以节约大量的木材和钢材,而且它经久耐用,维护简单,也比较经济。

电杆按其在架空线路中的地位和功能分,有直线杆、分段杆、转角杆、终端杆、跨越杆和分支杆等形式。图 4-27 所示为上述各种杆型在低压架空线路上应用的示意图。

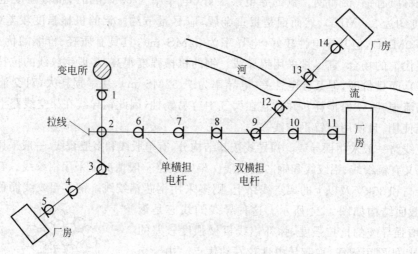

图 4-27　各种杆型在低压架空线路上的应用

1、5、11、14—终端杆；2、9—分支杆；3—转角杆；4、6、7、10—直线杆(中间杆)；
8—分段杆(耐张杆)；12、13—跨越杆

横担安装在电杆的上部,用来安装绝缘子以架设导线。常用的横担有木横担、铁横担和瓷横担。现在工厂里普遍采用的是铁横担和瓷横担。瓷横担是我国独特的产品,具有良好的电气绝缘性能,兼有绝缘子和横担的双重功能,能节约大量的木材和钢材,有效地利用电杆高度,降低线路造价。它在断线时能够转动,以避免因断线而扩大事故,同时它的表面便于雨水冲洗,可减少线路维护的工作量。它结构简单,安装方便,可加快施工进度。但瓷横担比较脆,在安装和使用过程中必须避免机械损伤。图 4-26 所示为高压电杆上安装的瓷横担。

拉线是为了平衡电杆各方面的作用力,并抵抗风压以防止电杆倾倒,如终端杆、转角杆和分段杆等往往都装有拉线。拉线的结构如图 4-29 所示。

3. 线路绝缘子和金具

绝缘子又称瓷瓶。线路绝缘子用来将导线固定在电杆上,并使导线与电杆绝缘。因此

对绝缘子既要求具有一定的电气绝缘强度,又要求具有足够的机械强度。线路绝缘子按电压高低分为低压绝缘子和高压绝缘子两大类。图 4-30 所示为高压线路绝缘子的外形结构。

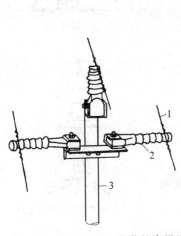

图 4-28　高压电杆上安装的瓷横担

1—高压导线；2—瓷横担；3—电杆

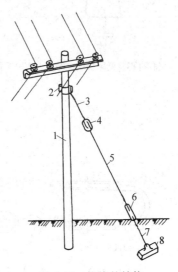

图 4-29　拉线的结构

1—电杆；2—固定拉线的抱箍；3—上把；4—拉线绝缘子；
5—腰把；6—花篮螺钉；7—底把；8—拉线底盘

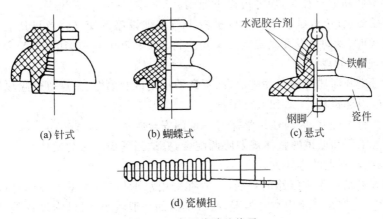

(a) 针式　　　　(b) 蝴蝶式　　　　(c) 悬式

(d) 瓷横担

图 4-30　高压线路绝缘子

　　线路金具是用来连接导线、安装横担和绝缘子等的金属附件,包括安装针式绝缘子的直脚(图 4-30(a))和弯脚(图 4-30(b)),安装蝴蝶式绝缘子的穿芯螺钉(图 4-30(c)),将横担或拉线固定在电杆上的 U 形抱箍(图 4-30(d)),调节拉线松紧的花篮螺钉(图 4-30(e)),以及悬式绝缘子串的挂环、挂板、线夹(图 4-30(f))等。

　　4. 架空线路的敷设

　　1) 架空线路敷设的要求和路径的选择

　　敷设架空线路时要严格遵守有关技术规程的规定。整个施工过程中,要重视安全教育,采取有效的安全措施,特别是立杆、组装和架线时,更要注意人身安全,防止发生事故。

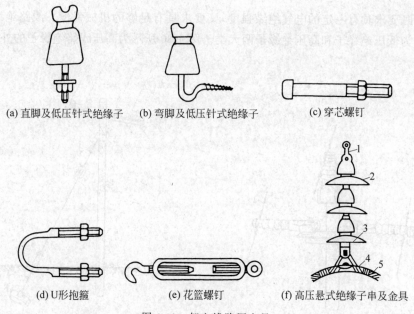

图 4-31　架空线路用金具

1—球头挂环；2—悬式绝缘子；3—碗头挂板；4—悬垂线夹；5—架空导线

竣工以后,要按照规定的手续和要求进行检查和验收,确保工程质量。

选择架空线路的路径时,应考虑以下原则。

(1) 路径要短,转角尽量地少。尽量减少与其他设施的交叉;当与其他架空线路或弱电线路交叉时,其间距及交叉点或交叉角应符合 GB 50061—2010《66kV 及以下架空电力线路设计规范》的规定。

(2) 尽量避开河洼和雨水冲刷地带、不良地质地区及易燃、易爆等危险场所。

(3) 不应引起机耕、交通和人行困难。

(4) 不宜跨越房屋,应与建筑物保持一定的安全距离。

(5) 应与工厂和城镇的整体规划协调配合,并适当考虑今后的发展。

2) 导线在电杆上的排列方式

三相四线制低压架空线路的导线,一般都采用水平排列,如图 4-32(a)所示。由于中性线(PEN 线)电位在三相均衡时为零,而且其截面一般较小,机械强度较差,所以中性线一般架设在靠近电杆的位置。

三相三线制架空线路的导线可三角形排列如图 4-32(b)和(c)所示;也可水平排列,如图 4-32(f)所示。多回路导线同杆架设时,可三角形与水平混合排列,如图 4-32(d)所示,也可全部垂直排列,如图 4-32(e)所示。

电压不同的线路同杆架设时,电压较高的线路应架设在上边,电压较低的线路则架设在下边。

3) 架空线路的档距、弧垂及其他有关间距

架空线路的档距(又称跨距)是指同一线路上相邻两根电杆之间的水平距离,如图 4-32 所示。

架空线路的弧垂(又称弛垂)是指架空线路一个档距内导线最低点与两端电杆上导线

悬挂点之间的垂直距离,如图 4-32 所示。导线的弧垂是由于导线存在着荷重所形成的。弧垂不宜过大,也不宜过小。弧垂过大,则在导线摆动时容易引起相间短路,而且造成导线对地或对其他物体的安全距离不够;弧垂过小,则将使导线内应力增大,在天冷时可能使导线收缩绷断。

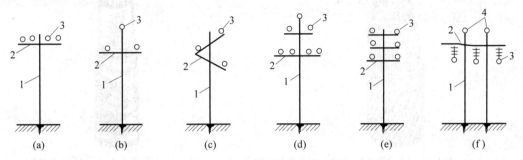

图 4-32　架空线路的档距和弧垂

架空线路的线间距离、档距、导线对地面和水面的最小距离、架空线路与各种设施接近和交叉的最小距离等,在 GB 50061—2016《66kV 及以下架空电力线路设计规范》等规程中均有明确规定,设计和安装时必须遵循。

4.4.2　电缆线路的结构和敷设

电缆线路与架空线路相比,具有成本高、投资大和维修不便等缺点,但是电缆线路具有运行可靠、不受外界影响、不需架设电杆、不占地面和不碍观瞻等优点,特别是在有腐蚀性气体和易燃、易爆场所,不宜架设架空线路时,只有敷设电缆线路。在现代化工厂和城市中,电缆线路得到了越来越广泛的应用。

1. 电缆和电缆头

1) 电缆

电缆是一种特殊结构的导线,在其几根绞绕的(或单根)绝缘导电芯线外面,统包有绝缘层和保护层。保护层又分内护层和外护层。内护层用以保护绝缘层,而外护层用以防止内护层受到机械损伤和腐蚀。外护层通常为钢丝或钢带构成的钢铠,外覆麻被、沥青或塑料护套。

供电系统中常用的电力电缆,按其缆芯材质分为铜芯电缆和铝芯电缆两大类。按其采用的绝缘介质分为油浸纸绝缘电缆和塑料绝缘电缆两大类。

(1) 油浸纸绝缘电力电缆

油浸纸绝缘电力电缆如图 4-33 所示。它具有耐压强度高、耐热性能好和使用寿命较长等优点,因此应用相当普遍。但是它工作时其中的浸渍油会流动,因此其两端的安装高度差有一定的限制,否则电缆低的一端可能因油压过大而使端头胀裂漏油,而高的一端则可能因油流失而使绝缘干枯,致使其耐压强度下降,甚至击穿损坏。

(2) 塑料绝缘电力电缆

塑料绝缘电力电缆有聚氯乙烯绝缘及护套电缆和交联聚乙烯绝缘电力电缆两种类型。塑料绝缘电力电缆具有结构简单、制造加工方便、重量较轻、敷设安装方便、不受敷设高度差限制以及能抵抗酸碱腐蚀等优点,交联聚乙烯绝缘电力电缆(图 4-34)的电气性能更优异,因此在工厂供电系统中有逐步取代油浸纸绝缘电缆的趋势。

图 4-33　油浸纸绝缘电力电缆

1—缆芯(铜芯或铝芯)；2—油浸纸绝缘层；3—麻筋(填料)；
4—油浸纸(统包绝缘)；5—铅包；6—涂沥青的纸带(内护层)；
7—浸沥青的麻被(内护层)；8—钢铠(外护层)；9—麻被(外护层)

图 4-34　交联聚乙烯绝缘电力电缆

1—缆芯(铜芯或铝芯)；2—交联聚乙烯绝缘层；
3—聚氯乙烯护套(内护层)；4—钢铠或铝铠(外护层)；
5—聚氯乙烯外套(外护层)

在考虑电缆缆芯材质时，一般情况下宜按"节约用铜、以铝代铜"原则，优先选用铝芯电缆。但在下列情况下应采用铜芯电缆。

① 振动剧烈、有爆炸危险或对铝有腐蚀等的严酷工作环境。

② 安全性、可靠性要求高的重要回路。

③ 耐火电缆及紧靠高温设备的电缆等。

（3）电力电缆类别代号

电力电缆全型号的表示和含义如图 4-35 所示。

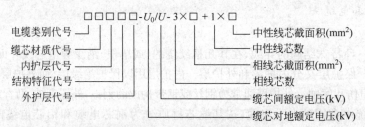

图 4-35　电力电缆全型号的表示与含义

① 电缆类别代号含义　Z：油浸纸绝缘电力电缆；V：聚氯乙烯绝缘电力电缆；YJ：交联聚乙烯绝缘电力电缆；X：橡皮绝缘电力电缆；JK：架空电力电缆(加在上列代号之前)；ZR 或 Z：阻燃型电力电缆(加在上列代号之前)。

② 缆芯材质代号含义　L：铝芯；LH：铝合金芯；T：铜芯(一般不标)；TR：软铜芯。

③ 内护层代号含义　Q：铅包；L：铝包；V：聚氯乙烯护套。

④ 结构特征代号含义　P：滴干式；D：不滴流式；F：分相铅包式。

⑤ 外护层代号含义　02：聚氯乙烯套；03：聚乙烯套；20：裸钢带铠装；22：钢带铠装聚氯乙烯套；23：钢带铠装聚乙烯套；30：裸细钢丝铠装；32：细钢丝铠装聚氯乙烯套；33：细钢丝铠装聚乙烯套；40：裸粗钢丝铠装；41：粗钢丝铠装纤维外被；42：粗钢丝铠装聚氯乙烯套；

43：粗钢丝铠装聚乙烯套；441：双粗钢丝铠装纤维外被；241：钢带-粗钢丝铠装纤维外被。

2）电缆头

电缆头就是电缆接头，包括电缆中间接头和电缆终端头。电缆头按使用的绝缘材料或填充材料分，有填充电缆胶的、环氧树脂浇注的、缠包式的和热缩材料的等。由于热缩材料电缆头具有施工简便、价格低廉和性能良好等优点而在现代电缆工程中得到推广应用。图 4-36 所示为 10kV 交联聚乙烯绝缘电缆热缩中间头剥切尺寸和安装示意图。

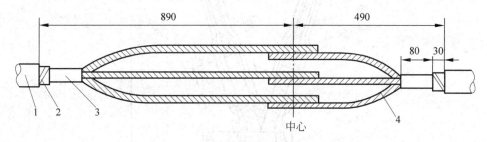

(a) 中间头剥切尺寸示意图

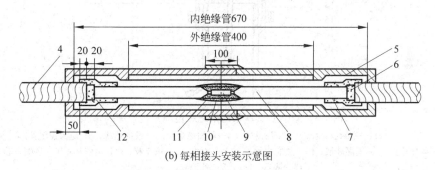

(b) 每相接头安装示意图

图 4-36 10kV 交联聚乙烯绝缘电缆热缩中间头

1—聚氯乙烯外护套；2—钢铠；3—内护套；4—铜屏蔽层(内有缆芯绝缘)；5—半导电管；6—半导电层；
7—应力管；8—缆芯绝缘；9—压接管；10—填充胶；11—四氟带；12—应力疏散胶

图 4-37 所示为 10kV 交联聚乙烯绝缘电缆户内热缩终端头结构示意图。而作为户外热缩终端头，还必须在户内热缩终端头上套上三孔防雨热缩伞裙，并在各相套入单孔防雨热缩伞裙，如图 4-38 所示。

运行经验说明：电缆头是电缆线路中的薄弱环节，电缆线路的大部分故障都发生在电缆接头处。由于电缆头本身的缺陷或安装质量上的问题，往往造成短路故障。因此电缆头的安装质量十分重要，密封要好，其耐压强度不应低于电缆本身的耐压强度，要有足够的机械强度，且体积尺寸要尽可能小，结构简单，安装方便。

2．电缆的敷设

1）电缆敷设路径的选择

选择电缆敷设路径时，应考虑以下原则：①避免电缆遭受机械性外力、过热和腐蚀等的危害；②在满足安全要求条件下应使电缆较短；③便于敷设和维护；④应避开将要挖掘施工的地段。

2）电缆的敷设方式

工厂中常见的电缆敷设方式有直接埋地敷设(图 4-39)、利用电缆沟(图 4-40)和电缆

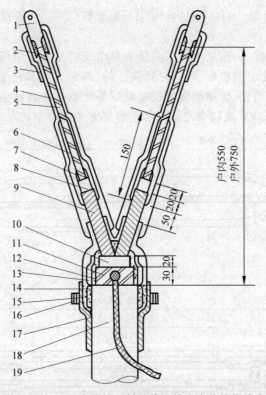

图 4-37 10kV 交联聚乙烯绝缘电缆户内热缩终端头

1—缆芯接线端子；2、14—密封胶；3、17—热缩密封管；4—热缩绝缘管；5—缆芯绝缘；6—应力控制管；7—应力疏散管；
8—半导体层；9—铜屏蔽层；10—热缩内护层；11—钢铠；12—填充胶；13—热缩环；15—热缩三芯手套；
16—喉箍；18—PVC 外护套；19—接地线

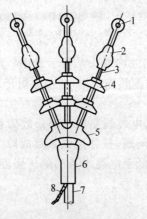

图 4-38 户外热缩电缆终端头

1—缆芯接线端子；2—热缩密封管；3—热缩绝缘管；
4—单孔防雨伞裙；5—三孔防雨伞裙；6—热缩三芯手套；
7—PVC 外护套；8—接地线

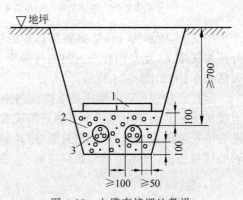

图 4-39 电缆直接埋地敷设

1—保护盖板；2—砂；3—电力电缆

桥架设（图 4-41）等几种。而在发电厂、某些大型工厂和现代化城市中，还有电缆排管
（图 4-42）和电缆隧道（图 4-43）等敷设方式。

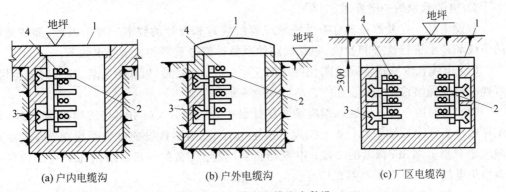

(a) 户内电缆沟　　　(b) 户外电缆沟　　　(c) 厂区电缆沟

图 4-40　电缆在电缆沟内敷设

1—盖板；2—电缆支架；3—预埋铁件；4—电缆

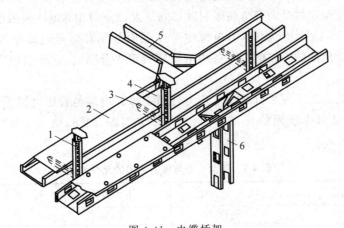

图 4-41　电缆桥架

1—支架；2—盖板；3—支臂；4—线槽；5—水平分支线槽；6—垂直分支线槽

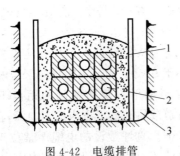

图 4-42　电缆排管

1—水泥排管；2—电缆孔(穿电缆)；3—电缆沟

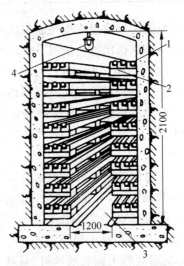

图 4-43　电缆隧道

1—电缆；2—支架；3—维护走廊；4—照明灯具

3）电缆敷设的一般要求

敷设电缆一定要严格遵守有关技术规程的规定和设计的要求。竣工以后，要按规定的手续和要求进行检查和验收，确保线路的质量。部分重要的技术要求如下。

（1）电缆长度宜按实际线路长度增加5％～10％的裕量，以作为安装、检修时的备用。直埋电缆应做波浪形埋设。

（2）下列场合的非铠装电缆应采取穿管保护：电缆引入或引出建筑物或构筑物；电缆穿过楼板及主要墙壁处；从电缆沟引出至电杆，或沿墙敷设的电缆距地面2m高度及埋入地下小于0.3m深度的一段；电缆与道路、铁路交叉的一段。所用保护管的内径不得小于电缆外径或多根电缆包络外径的1.5倍。

（3）多根电缆敷设在同一通道中位于同侧的多层支架上时，应按下列敷设要求进行配置：①应按电压等级由高至低的电力电缆、强电至弱电的控制和信号电缆、通信电缆的顺序排列；②支架层数受通道空间限制时，35kV及以下的相邻电压级的电力电缆可排列在同一层支架上，1kV及以下电力电缆也可与强电控制和信号电缆配置在同一层支架上；③同一重要回路的工作电缆与备用电缆实行耐火分隔时，宜适当配置在不同层次的支架上。

（4）明敷的电缆不宜平行敷设于热力管道上方。电缆与管道之间无隔板防护时，相互间距应符合表4-1所列的允许距离（据GB 50217—2018《电力工程电缆设计规范》规定）。

表4-1　明敷电缆与管道之间的允许间距　　　　　　　　　　单位：mm

电缆与管道之间走向		电力电缆	控制和信号电缆
热力管道	平行	1000	500
	交叉	500	250
其他管道	平行	150	100

（5）电缆应远离爆炸性气体释放源。敷设在爆炸性危险较小的场所时，应符合下列要求：①易爆气体比空气重时，电缆应在较高处架空敷设，且对非铠装电缆采取穿管敷设，或置于托盘、槽盒等内进行机械性保护；②易爆气体比空气轻时，电缆应敷设在较低处的管、沟内，沟内的非铠装电缆应埋砂。

（6）电缆沿输送易燃气体的管道敷设时，应配置在危险程度较低的管道一侧，且应符合下列要求：①易燃气体比空气重时，电缆宜在管道上方；②易燃气体比空气轻时，电缆宜在管道下方。

（7）电缆沟的结构应考虑到防火和防水。电缆沟从厂区进入厂房处应设置防火隔板。为了顺畅排水，电缆沟的纵向排水坡度不得小于0.5％，而且不能排向厂房内侧。

（8）直埋敷设于非冻土地区的电缆，其外皮至地下构筑物基础的距离不得小于0.3m；至地面的距离不得小于0.7m；当位于车行道或耕地的下方应适当加深，且不得小于1m。电缆直埋于冻土地区时，宜埋入冻土层以下。直埋敷设的电缆严禁位于地下管道的正上方或正下方。有化学腐蚀性的土壤中，电缆不宜直埋敷设。直埋电缆之间，直埋电缆与管道、道路、建筑物等之间平行和交叉时的最小净距应符合GB 50168—2006《电气装

置安装工程　电缆线路施工及验收规范》的规定。

（9）直埋电缆在直线段每隔50～100m处、电缆接头处、转弯处、进入建筑物等处应设置明显的方位标志或标桩。

（10）电缆的金属外皮、金属电缆头及保护钢管和金属支架等均应可靠地接地。

4.4.3　车间线路的结构和敷设

车间线路包括室内配电线路和室外配电线路。室内配电线路大多采用绝缘导线，但配电干线则多采用裸导线（母线），少数采用电缆。室外配电线路是指沿车间外墙或屋檐敷设的低压配电线路，一般采用绝缘导线。

1. 绝缘导线的结构和敷设

绝缘导线按芯线材质分，有铜芯和铝芯两种。重要回路，例如办公楼、图书馆、实验室、住宅内等的线路及振动场所或对铝线有腐蚀的场所，均应采用铜芯绝缘导线，其他场所可选用铝芯绝缘导线。

绝缘导线按绝缘材料划分，有橡皮绝缘导线和塑料绝缘导线两种。塑料绝缘导线的绝缘性能好，耐油和抗酸碱腐蚀，价格较低，且可节约大量橡胶和棉纱，因此在室内明敷和穿管敷设中应优先选用塑料绝缘导线。但是塑料绝缘材料在低温时要变硬、变脆，高温时又易软化、老化，因此室外敷设宜优先选用橡皮绝缘导线。

绝缘导线全型号的表示和含义如图4-44所示。

图4-44　绝缘导线全型号的表示和含义

（1）橡皮绝缘导线型号含义　BX(BLX)：铜（铝）芯橡皮绝缘棉纱或其他纤维编织导线；BXR：铜芯橡皮绝缘棉纱或其他纤维编织软导线；BXS：铜芯橡皮绝缘双股软导线。

（2）聚氯乙烯绝缘导线型号含义　BV(BLV)：铜（铝）芯聚氯乙烯绝缘导线；BVV(BLVV)：铜（铝）芯聚氯乙烯绝缘聚氯乙烯护套圆型导线；BVVB(BLVVB)：铜（铝）芯聚氯乙烯绝缘聚氯乙烯护套平型导线；BVR：铜芯聚氯乙烯绝缘软导线。

绝缘导线的敷设方式分为明敷和暗敷两种。明敷是导线直接敷设或在穿线管、线槽内敷设于墙壁、顶棚的表面及桁架、支架等处。暗敷是导线在穿线管、线槽等保护体内，敷设于墙壁、顶棚、地坪及楼板等内部，或者在混凝土板孔内敷线等。

绝缘导线的敷设要求应符合有关规程的规定，其中下列几点特别值得注意。

（1）线槽布线和穿管布线的导线中间不允许直接接头，接头必须经专门的接线盒。

（2）穿金属管或金属线槽的交流线路，应将同一回路的所有相线和中性线（如有中性线时）穿于同一管、槽内；否则，由于线路电流不平衡而在金属管、槽内产生铁磁损耗，使管、槽发热，导致其中导线过热甚至烧毁。

（3）电线管路与热水管、蒸汽管同侧敷设时，应敷设在热水管、蒸汽管的下方；如有困难时，可敷设在热水管、蒸汽管的上方，但相互间距应适当增大或采取隔热措施。

2. 裸导线的结构和敷设

车间内配电的裸导线大多数采用裸母线的结构，其截面形状有圆形、管形和矩形等，其材质有铜、铝和钢。车间内以采用 LMY 型硬铝母线最为普遍。现代化的生产车间大多采用封闭式母线（又称母线槽）布线，如图 4-45 所示。封闭式母线安全、灵活、美观，但耗用的钢材较多，投资较大。

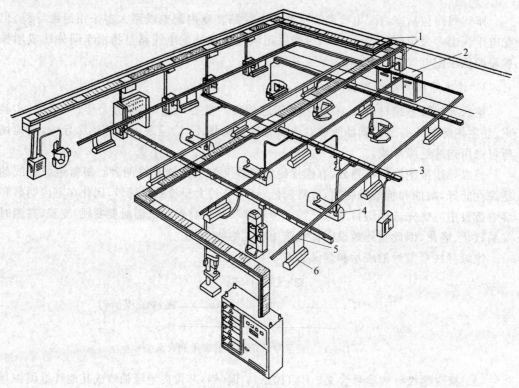

图 4-45　封闭式母线在车间内的应用

1—馈电母线槽；2—配电装置；3—插接式母线槽；4—机床；5—照明母线槽；6—灯具

封闭式母线水平敷设时，至地面的距离不宜小于 2.2m。垂直敷设时，其距地面 1.8m 以下部分应采取防止机械损伤的措施，但敷设在电气专用房间内（如配电室、电机房等）时除外。

封闭式母线水平敷设的支持点间距不宜大于 2m。垂直敷设时，应在通过楼板处专用附件支承。当进线盒及末端悬空时，垂直敷设的封闭式母线，应采用支架固定。封闭式母线终端无引出或引入线时，端头应封闭。

封闭式母线的插接分支点应设在安全及安装维护方便的地方。为了识别裸导线的相序，以利于运行维护和检修，GB/T 6995.2—2008《电工成套装置中的导线颜色》规定交流三相系统中的裸导线应规定涂色。裸导线涂色不仅有利于识别相序，而且有利于防腐蚀及改善散热条件。其中，A 相为黄色；B 相为绿色；C 相为红色；N 线、PEN 线为淡蓝色；PE 线为黄绿双色。

本 章 小 结

　　本章主要介绍企业变电所常用主接线的基本形式，企业变电所的位置、布局和结构；电力线路的三种接线方式：放射式、树干式和环形接线，以及三种接线方式的特点及适用场合；随后介绍了架空和电缆线路的概念、结构和敷设；车间线路的结构和敷设等。

　　通过对本章的学习，使学生能区别三种接线方式的不同使用范围，架空与电缆的不同运用。了解架空和电缆以及车间配电线路的运行维护，使学生了解一些运行与维护的基本知识，培养学生的理论意识。

思考题与习题

　　4-1　企业供电系统是由什么组成的？

　　4-2　企业变配电站的作用和类型是什么？

　　4-3　企业变配电所的电气主接线有哪些类型？

　　4-4　线路—变压器组单元接线有什么优缺点？

　　4-5　什么是内桥式接线和外桥式接线？各适用于什么场合？

　　4-6　试分别比较高压和低压的放射式接线和树干式接线的优缺点，并分别说明高低压配电系统各适宜采用哪种接线方式。

　　4-7　试比较架空线路和电缆线路的优缺点，并分别说明它们各适用于哪种场合。

　　4-8　铜、铝和钢三种材质的导线各有哪些优缺点？各用于哪些场合？

　　4-9　LJ-95 表示什么导线？其中的 95 代表什么？

　　4-10　什么叫架空线路的档距？什么叫弧垂？为什么弧垂不宜过大和过小？

第5章

电力变压器

知识点

1. 电力变压器的结构、型号及联结组别。
2. 电力变压器的容量和过负荷能力。
3. 变电所主变压器台数和容量的选择。
4. 电力变压器的并列运行条件。
5. 变压器运行中的检查与维护。

5.1 电力变压器的结构、型号及联结组别

5.1.1 电力变压器概述

电力变压器(T 或 TM)是变电所中最关键的一次设备,其功能是将电力系统中的电能电压升高或降低,以利于电能的合理输送、分配和使用。

按功能分为升压变压器和降压变压器。工厂变电所都采用降压变压器。直接供电给用电设备的终端变电所变压器,通常称为配电变压器。

容量分为 R8 和 R10 两大系列。R8 老系列容量等级按 $R8 = \sqrt[8]{10} \approx 1.33$ 的倍数递增,例如(100、135、180、240、320、420、560、750、1000……)kV·A 等;R10 新系列容量等级按 $R10 = \sqrt[10]{10} \approx 1.26$ 的倍数递增,例如容量(100、125、160、200、250、315、400、500、630、800、1000…)kV·A 等。

按相数分为单相变压器和三相变压器。工厂变电所通常都采用三相电力变压器。按调节方式分为无载调压变压器和有载调压变压器。工厂变电所大多采用无载调压型变压器。按绕组导体材质分为铜绕组变压器和铝绕组变压器。工厂变电所过去大多采用铝绕组变压器,现代工厂变电所已广泛采用低损耗的铜绕组变压器。

按绕组绝缘和冷却方式分为油浸式变压器、干式变压器和充气(SF6)式变压器等,其中油浸式变压器又分自冷式、风冷式和强迫油循环冷却式等。工厂变电所大多采用油浸自冷式变压器,干式变压器和充气(SF6)式变压器适于安全防火要求高的场所。

按用途分为普通变压器、全封闭和防雷变压器等。工厂变电所大多采用普通变压器,有防火防爆要求或有腐蚀性物质的场所应采用全封闭变压器,多雷区宜采用防雷变压器。

5.1.2　电力变压器的结构、型号及联结组别

1. 电力变压器的结构和型号

电力变压器的基本结构包括铁心和一、二次绕组。

图 5-1 是一般三相油浸式电力变压器的结构图;图 5-2 是环氧树脂浇注绝缘的三相干式电力变压器的结构图。

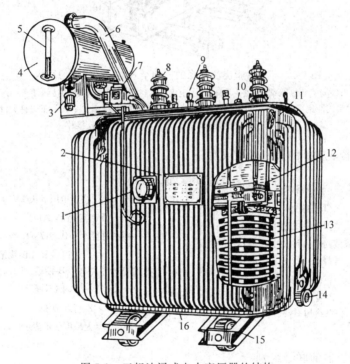

图 5-1　三相油浸式电力变压器的结构

1—温度计;2—铭牌;3—吸湿器;4—油枕(储油柜);5—油位指示器(油标);6—防爆管;
7—瓦斯继电器;8—高压套管和接线端子;9—低压套管和接线端子;10—分接开关;
11—油箱及散热油管;12—铁心;13—绕组及绝缘;14—放油阀;15—小车;16—接地端子

例如 S9-800/10 型,表示为三相铜绕组油浸式电力变压器,性能水平代号为 9,额定容量为 800kV·A,高压绕组电压等级为 10kV。

2. 电力变压器的联结组别

电力变压器联结组别是指变压器一、二次绕组因采取不同的联结方式而形成变压器一、二次侧对应线电压之间的不同相位关系。

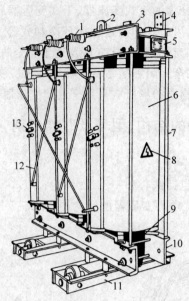

图 5-2　环氧树脂浇注绝缘的三相干式电力变压器的结构

1—高压出线套管和接线端子；2—吊环；3—上夹件；4—低压出线套管和接线端子；5—铭牌；
6—环氧树脂浇注绝缘绕组；7—上下夹件拉杆；8—警示标牌；9—铁心；10—下夹件；11—小车；
12—高压绕组间连接导体；13—高压分接头连接片

电力变压器全型号的表示及含义如下。

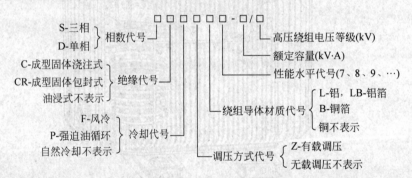

1）配电变压器的联结组别

6～10kV 配电变压器（二次侧 220/380V）有 Yyn0 和 Dyn11 两种常见的联结组。

Yyn0 联结组（图 5-3）：一次线电压与对应二次线电压之间的相位关系，如同时钟在零点（12 点）时分针与时针的相互关系一样（图 5-3 中一、二次绕组标"·"的端子为对应的同名端，即同极性端）。

Dyn11 联结组（图 5-4）：一次线电压与对应的二次线电压之间的相位关系，如同时钟在 11 点时分针与时针的相互关系一样。

注：我国过去差不多全采用 Yyn0 联结组别的配电变压器。近 20 年来，Dyn11 联结的配电变压器已得到推广应用。

配电变压器 Dyn11 联结相比于 Yyn0 联结具有下列优点。

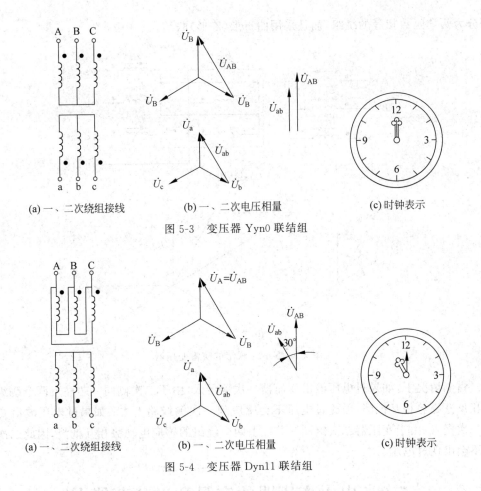

(a) 一、二次绕组接线　　(b) 一、二次电压相量　　(c) 时钟表示

图 5-3　变压器 Yyn0 联结组

(a) 一、二次绕组接线　　(b) 一、二次电压相量　　(c) 时钟表示

图 5-4　变压器 Dyn11 联结组

(1) Dyn11 联结的变压器,$3n$ 次(n 为正整数)谐波励磁电流在其三角形接线的一次绕组内形成环流,不致注入公共的高压电网中去。这相比于一次绕组星形接线的 Yyn0 联结变压器更有利于抑制高次谐波电流。

(2) Dyn11 联结变压器的零序阻抗相比于 Yyn0 联结要小得多,更有利于低压单相接地短路故障的保护和切除。

(3) 对于单相不平衡负荷,Yyn0 联结变压器要求中性线电流不超过二次绕组额定电流的 25%,Dyn11 联结变压器的中性线电流允许达到相电流的 75% 以上,因此承受单相不平衡负荷的能力远比 Yyn0 联结变压器大。GB 50052—2016《供配电系统设计规范》规定:低压 TN 系统及 TT 系统宜选用 Dyn11 联结的变压器。

由于 Yyn0 联结变压器一次绕组的绝缘强度要求比 Dyn11 联结变压器稍低,从而制造成本稍低于 Dyn11 联结变压器,因此在 TN 及 TT 系统中由单相不平衡负荷引起的中性线电流不超过低压绕组额定电流的 25%,且其任一相的电流在满载时不致超过额定电流时,仍可选用 Yyn0 联结的变压器。

2) 防雷变压器的联结组别(图 5-5)

防雷变压器通常采用 Yzn11 联结组接线,其结构特点是每一铁心柱上的二次绕组都等分为两个匝数相等的绕组，而且采用曲折形（Z 形）联结。

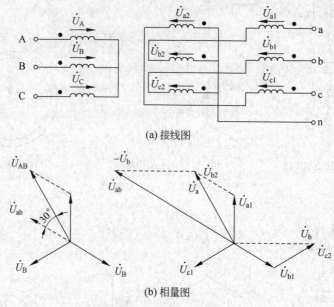

(a) 接线图

(b) 相量图

图 5-5　Yzn11 联结的防雷变压器

雷电情况下，如果过电压波沿变压器二次侧侵入，由于二次侧同一芯柱上两个绕组电流相反其磁势相互抵消，因此过电压不会感应到一次侧线路上去；如果过电压波沿变压器一次侵入，由于变压器二次侧同一芯柱上两个绕组的感应电动势相互抵消，因此二次侧也不会出现过电压。

5.2　电力变压器的容量和过负荷能力

1. 电力变压器的额定容量和实际容量

额定容量（铭牌容量）：在规定的环境温度条件下，室外安装时，在规定的使用年限内（一般按 20 年计）所能连续输出的最大视在功率。

变压器的使用年限主要取决于变压器的绝缘老化速度，而绝缘老化速度又取决于绕组最热点的温度。变压器的绕组导体和铁心一般可以长期经受较高的温升而不至于损坏。但绕组长期受热时，其绝缘的弹性和机械强度要逐渐减弱，这就是绝缘的老化现象。绝缘老化严重时，就会变脆，容易裂纹和剥落。试验表明：在规定的环境温度条件下，如果变压器绕组最热点的温度一直维持在 95℃，则变压器可连续运行 20 年。如果其绕组温度升高到 120℃时，则变压器只能运行 2 年 2 个月，使用寿命大大缩短。这说明绕组温度对变压器的使用寿命有极大的影响。而绕组温度不仅与变压器负荷大小有关，而且受周围环境温度影响。

GB 1094—2013《电力变压器》规定，电力变压器正常使用的环境温度条件为：最高气温为＋40℃，最热月平均气温为＋30℃，最高年平均气温为＋20℃，最低气温对于户外变压器为$-25℃$,最低气温对于户内变压器为$-5℃$。油浸式变压器的顶层油温不得超过周围气温$55℃$。如果按最高气温$+40℃$计,则变压器顶层油温不得超过$+95℃$。

如果变压器安装地点的环境温度超过上述规定温度最大值中的一个,则变压器顶层油温限值应予以降低。当环境温度超过规定温度不大于$5℃$时,顶层油温限值应降低$5℃$;超过温度大于$5℃$而不大于$10℃$时,顶层油温限值应降低$10℃$。因此,变压器的实际容量相比于其额定容量要相应地有所降低。反之,如果变压器安装地点的环境温度比规定值低,则从绕组绝缘老化程度减轻而又保证变压器使用年限不变来考虑,变压器的实际容量相比于其额定容量可以适当提高,或者说,变压器在某些时候可允许一定的过负荷。

一般规定,如果变压器安装地点的年平均气温$\theta_{0.aV} \neq 20℃$,则年平均气温每升高$1℃$,变压器的容量应相应减小1%。因此变压器的实际容量(出力)应计入一个温度修正系数K_θ。

对室外变压器,其实际容量为(以℃为单位)

$$S_T = K_\theta S_{NT} = \left(1 - \frac{\theta_{0.aV} - 20}{100}\right) S_{NT} \tag{5-1}$$

式中,S_{NT}为变压器的额定容量。

对室内变压器,由于散热条件较差,故变压器室的出风口与进风口有大约$15℃$的温度差,从而使处在室中央的变压器环境温度比室外温度大约高出$8℃$,因此其容量还要减少8%,故室内变压器的实际容量为

$$S'_T = K'_\theta S_{NT} = \left(0.92 - \frac{\theta_{0.aV} - 20}{100}\right) S_{NT} \tag{5-2}$$

2. 电力变压器的正常过负荷

电力变压器在运行中,其负荷总是变化的,不均匀的。就一昼夜来说,很大一部分时间的负荷都低于最大负荷,而变压器容量又是按最大负荷(计算负荷)来选择的,因此变压器运行时实际上没有充分发挥出负荷能力。从维持变压器规定的使用寿命(20 年)来考虑,变压器在必要时完全可以过负荷运行。

对油浸式电力变压器,其允许过负荷包括以下两部分。

(1) 由于昼夜负荷不均匀而考虑的过负荷

可根据典型日负荷曲线的填充系数即日负荷率β和最大负荷持续时间t查图 5-6所示曲线,得到油浸式变压器的允许过负荷系数$K_{ol(1)}$值。

(2) 由于季节性负荷变化而考虑的过负荷

假如夏季的平均日负荷曲线中的最大负荷S_{max}低于变压器的实际容量S_T时,则每低1%,可在冬季过负荷1%;反之亦然。

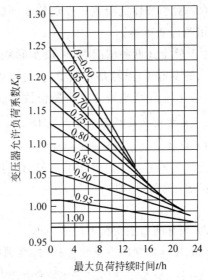

图 5-6 油浸式变压器的允许过负荷系数与日负荷率及最大负荷持续时间的关系曲线

但此项过负荷不得超过 15%，即其允许过负荷系数为

$$K_{\mathrm{ol}(2)} = 1 + \frac{S_{\mathrm{T}} - S_{\max}}{S_{\mathrm{T}}} \leqslant 1.15 \tag{5-3}$$

以上两部分过负荷可以同时考虑，即变压器总的过负荷系数为

$$S_{\mathrm{T(ol)}} \approx S_{\mathrm{ol}(1)} + K_{\mathrm{ol}(2)} - 1 \tag{5-4}$$

但一般规定室内油浸式变压器总的过负荷不得超过 20%，室外油浸式变压器总的过负荷不得超过 30%。因此，油浸式变压器在冬季（或夏季）的正常过负荷能力即最大出力为

$$S_{\mathrm{T(ol)}} \approx S_{\mathrm{ol}(1)} S_{\mathrm{T}} \leqslant (1.20 - 1.30) S_{\mathrm{T}} \tag{5-5}$$

式中，系数 1.20 适用于室内油浸式变压器，1.30 适用于室外油浸式变压器。

干式电力变压器一般不考虑正常过负荷。

5.3 变电所主变压器台数和容量的选择

5.3.1 主变压器的选择

1. 变电所主变压器台数的选择

选择主变压器台数时应考虑下列原则。

（1）应满足用电负荷对供电可靠性的要求。对供有大量一、二级负荷的变电所应采用两台变压器，以便一台变压器发生故障或检修时，另一台变压器能对一、二级负荷继续供电。对只有二级负荷而无一级负荷的变电所，可以只用一台变压器，但必须在低压侧敷设与其他变电所相连的联络线作为备用电源，或自备电源。

（2）对季节性负荷或昼夜负荷变动较大而宜于采用经济运行方式的变电所，也可考虑采用两台变压器。

（3）除上述两种情况外，一般车间变电所宜采用一台变压器。但是负荷集中而容量相当大的变电所，虽然是三级负荷，也可采用两台或多台变压器。

（4）在确定变电所主变压器台数时，应适当考虑负荷的发展，留有一定的余地。

2. 变电所主变压器容量的选择

1）只装一台主变压器的变电所

主变压器容量 S_{T}（设计中一般概略地取其额定容量 S_{NT}）应满足全部用电设备总计算负荷 S_{30} 的需要，即

$$S_{\mathrm{T}} \approx S_{\mathrm{NT}} \geqslant S_{30} \tag{5-6}$$

2）装有两台主变压器的变电所

（1）任一台变压器单独运行时，宜满足总计算负荷 S_{30} 的 60%～70% 的需要，即

$$S_{\mathrm{T}} \approx S_{\mathrm{NT}} = (0.6 \sim 0.7) S_{30(\mathrm{I}+\mathrm{II})} \tag{5-7}$$

（2）任一台变压器单独运行时，应满足全部一、二级负荷 $S_{30(\mathrm{I}+\mathrm{II})}$ 的需要，即

$$S_{\mathrm{T}} \approx S_{\mathrm{NT}} \geqslant S_{30(\mathrm{I}+\mathrm{II})} \tag{5-8}$$

3）车间变电所主变压器的单台容量上限

车间变电所主变压器单台容量一般不宜大于 1000kV・A（或 1250kV・A）。这一方面是受以往低压开关电器断流能力和短路稳定度要求的限制，另一方面也是考虑到可以使变压器更接近于车间的负荷中心，以减少低压配电线路的电能损耗、电压损耗和有色金属消耗量。我国自 20 世纪 80 年代以来已能生产一些断流能力更大、短路稳定度更好的低压开关电器如 DW15、ME 等型低压断路器，因此，如果车间负荷容量较大、负荷集中且运行合理时，也可选用单台容量为 1250（或 1600）～2000kV・A 的配电变压器，这样可减少主变压器台数及高低压开关电器和电缆等。

住宅小区变电所油浸式变压器单台容量不宜大于 630kV・A。因为油浸式变压器容量大于 630kV・A 时，按规定应装设瓦斯保护，而这类变电所电源侧的断路器往往不在变压器附近，因此瓦斯保护很难实施，而且如果变压器容量、供电半径均增大，势必造成供电末端电压偏低。

4）适当考虑今后负荷的发展

应适当考虑今后 5～10 年电力负荷的增长，留有一定的余地，同时可考虑变压器一定的正常过负荷能力。

注意：变电所主变压器台数和容量的最后确定应结合变电所主接线方案的选择，对几个较合理的方案做技术经济比较，择优而定。

例 5-1　某 10/0.4kV 变电所，总计算负荷为 1400kV・A，其中一、二级负荷为 780kV・A。试初步选择其主变压器的台数和容量。

解：根据该变电所有一、二级负荷情况，确定选两台主变压器，每台容量 $S_{NT} = (0.6\sim0.7)\times1400 = 840\sim980$（kV・A），且 $S_{NT} \geqslant 780$kV・A，因此初步确定每台主变压器容量为 1000kV・A。

5.3.2　电力变压器的并列运行条件

两台或多台电力变压器并列运行时，必须满足下列三个基本条件。

1. 并列变压器的额定一次电压和二次电压必须对应相等

所有并列变压器的电压比必须相同，允许差值不得超过 ±5%。如果并列变压器的电压比不同，则并列变压器二次绕组的回路内将出现环流，即二次电压较高的绕组将向二次电压较低的绕组供给电流，引起电能损耗，导致绕组过热甚至烧毁。

2. 并列变压器的短路电压（即阻抗电压）必须相等

由于并列变压器的负荷是按其阻抗电压值（或阻抗标幺值）成反比例分配的，如果阻抗电压相差过大，可能导致阻抗电压较小的变压器发生过负荷现象。所以并列运行的变压器阻抗电压必须相等，允许差值不得超过 ±10%。

3. 并列变压器的联结组别必须相同

所有并列变压器的一次电压和二次电压的相序和相位都应分别对应相同，否则不能并列运行。假设两台并列运行的变压器，一台为 Yyn0 联结，另一台为 Dyn11 联结，则它们的二次电压将出现 30°的相位差，从而在两台变压器的二次绕组间产生电位差 ΔU，如

图 5-7 所示。这一 ΔU 将在两台变压器的二次侧产生
一个很大的环流,可能使变压器绕组烧毁。

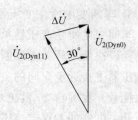

此外,并列运行的变压器容量应尽量相同或相近,
其最大容量与最小容量之比一般不宜超过 3∶1。如果
容量相差悬殊,不仅运行很不方便,而且在变压器特性
稍有差异时,变压器间的环流往往相当显著,特别是很
容易造成小容量变压器的过负荷。

图 5-7　Yyn0 联结变压器与 Dyn11
联结变压器并列运行时
的二次电压相量图

　　例 5-2　现有一台 S9-800/10 型变压器与一台 S9-
2000/10 型变压器并列运行,两台均为 Dyn11 联结。问
负荷达到 2500kV·A 时,各台变压器分担多少负荷? 哪一台变压器可能过负荷?

　　解：并列运行的变压器之间的负荷分配是与变压器的阻抗标幺值成反比例的,因此
先计算各台变压器的阻抗标幺值。变压器的阻抗标幺值按下式计算,即

$$|Z_{T1}^*| = \frac{5 \times 10^5}{100 \times 800} = 6.25$$

$$|Z_T^*| = \frac{U_k\% S_d}{100 S_N}$$

式中,$U_k\%$ 为变压器的短路电压(阻抗电压)百分值;S_N 为变压器的额定容量(kV·A);
S_d 为标幺值的基准容量,通常取 $S_d = 100\text{MV·A} = 10^5\text{kV·A}$。

$$|Z_{T2}^*| = \frac{6 \times 10^5}{100 \times 2000} = 3.00$$

由此可求得两台变压器在负荷达 2500kV·A 时各自负担的负荷为

$$S_{T1} = 2500 \times \frac{3.00}{6.25 + 3.00} = 810.8(\text{kV·A})$$

$$S_{T2} = 2500 \times \frac{6.25}{6.25 + 3.00} = 1689.2(\text{kV·A})$$

由此可知 S9-800 型变压器将过负荷 10.8kV·A。

本 章 小 结

　　本章介绍了电力变压器的结构、型号及联结组别,电力变压器的容量和过负荷能力。
变电所主变压器台数和容量的选择以及电力变压器的并列运行条件。通过本章的学习,
可以使同学们对电力变压器有一个深刻的认识,掌握电力变压器的基本知识,为以后的工
作打下基础。

思考题与习题

　　5-1　我国工厂变电所中应用的电力变压器,按其绕组绝缘及冷却方式划分,有哪些
类型? 各适用于什么场合? 按其绕组的联结组别分,有哪些联结组别? 又各自适用于什
么场合?

5-2　什么是电力变压器的额定容量？其实际容量（出力）如何计算？什么叫正常过负荷和事故过负荷？各与哪些因素有关？油浸式变压器的正常过负荷，对室内最多可过负荷多少？对室外最多可过负荷多少？

5-3　工厂或车间变电所的主变压器台数和容量各如何选择？变压器并列运行应满足哪些条件？

5-4　某 10/0.4kV 的车间变电所，总计算负荷为 780kV·A，其中一、二级负荷为 460kV·A。当地年平均气温为 25℃。试初步选择该车间变电所主变压器的台数和容量。

5-5　某 10/0.4kV 的车间变电所，装有一台 S9-1000/10 型变压器。现负荷增长，计算负荷达到 1300kV·A。问增加一台 S9-315/10 型变压器与 S9-1000/10 型变压器并列运行，有没有什么问题？如果引起过负荷，将是哪一台过负荷？（变压器均为 Yyn0 联结）

第6章

电气设备及导线截面的选择及校验

 知识点

1. 一次设备的选择计算及校验。
2. 互感器的选择计算及校验。
3. 导线和电缆截面的选择。

6.1 一次设备的选择计算及校验

6.1.1 高压一次设备的选择及校验

高压一次设备的选择必须满足一次电路在正常条件下和短路故障条件下工作的要求,同时设备应工作安全可靠,运行维护方便,投资经济合理。

正常条件下的工作要求:应考虑电气装置的环境条件和电气要求。环境条件就是指电气装置所处的位置(室内或室外)、环境温度、海拔以及有无防尘、防腐、防火、防爆等要求。电气要求是指电气装置对设备的电压、电流、频率(一般为 50Hz)等方面的要求;对一些断流电器,如开关、熔断器等,还应考虑断流能力。

短路故障条件下的工作要求:应按最大可能的短路故障时的动稳定度和热稳定度进行校验。但对于熔断器及装有熔断器保护的电压互感器等,不必进行短路动稳定度和热稳定度的校验。对于电力电缆,也不必进行动稳定度的校验。

高压一次设备的选择校验项目和条件见表 6-1。

例 6-1 试选择某 10kV 高压进线侧的高压户内真空断路器的型号规格。已知该进线的计算电流为 340A,10kV 母线的三相短路电流周期分量有效值 $I_k^{(3)} = 5.7$kA,继电保护的动作时间为 1.2s。

解:根据 $I_{30} = 340$A 和 $U_N = 10$kV,先试选 ZN5-10/630 型高压真空断路器。又按题

给 $I_k^{(3)} = 5.7\text{kA}$ 和 $t_{op} = 1.2\text{s}$ 进行校验,其选择校验表见表 6-2。真空断路器的数据由表查得。

表 6-1 高压一次设备的选择校验项目和条件[①]

电气设备名称	电压	电流	断流能力	短路电流校验	
				动稳定度	热稳定度
高压熔断器	√	√	√	—	—
高压隔离开关	√	√	—	√	√
高压负荷开关	√	√	√	√	√
高压断路器	√	√	√	√	√
电流互感器	√	√	—	√	√
电压互感器	√	—	—	—	—
并联电容器	√	√	—	—	—
母线	—	√	—	√	√
电缆	√	√	—	—	√
支柱绝缘子	√	—	—	√	—
套管绝缘子	√	√	—	√	√
选择校验条件	设备的额定电压应不小于它所在系统的额定电压或最高电压[②]	设备的额定电流应不小于通过设备的计算电流[③]	设备最大开断电流或功率应不小于它可能开断的最大电流或功率[④]	按三相短路冲击电流校验,校验公式见式(3-52)~式(3-55)	按三相短路稳态电流校验,校验公式见式(3-63)~式(3-65)

注:

① 表中"√"表示必须校验,"—"表示无须校验。

② GB/T 11022—2011《高压开关设备和控制设备的共同技术要求》规定,高压设备的额定电压,按其所在系统的最高电压上限确定。因此原来额定电压为 3kV、6kV、10kV、35kV 等的高压开关电器,按此新标准,许多新生产的高压开关电器额定电压都相应地改为 3.6kV、7.2kV、12kV、40.5kV 等(见表 1-2)。

③ 选择变电所高压侧的设备和导体时,其计算电流应取主变压器高压侧额定电流。

④ 对高压负荷开关,其最大开断电流应不小于它可能开断的最大过负荷电流;对高压断路器,其最大开断电流应不小于实际开断时间(继电保护动作时间加断路器固有分闸时间)的短路电流周期分量。关于熔断器断流能力的校验条件,与熔断器的类型有关,详见第 7.2 节。

表 6-2 例 6-1 中高压真空断路器的选择校验表

序号	安装地点的电气条件		ZN5-10/630 型真空断路器		
	项目	数据	项目	数据	结论
1	U_N	10kV	$U_{N.QF}$	10kV	合格
2	I_{30}	340A	$I_{N.QF}$	630A	合格
3	$I_k^{(3)}$	5.7kA	I_{oc}	20kA	合格
4	$i_{sh}^{(3)}$	$2.55 \times 5.7 \approx 14.5$(kA)	i_{max}	50kA	合格
5	$I_\infty^{(3)} t_{ima}$	$5.7^2 \times (1.2 + 0.2) \approx 45.5$	$I_t^2 t$	$20^2 \times 2 = 800$	合格

6.1.2 低压一次设备的选择及校验

低压一次设备与高压一次设备的选择一样,必须满足其正常条件和短路故障条件下的工作要求,同时设备工作应安全可靠,运行维护方便,投资经济合理。

低压一次设备的选择校验项目见表 6-3。关于低压电流互感器、电压互感器、电容器及母线、电缆和绝缘子等的选择校验项目与表 6-1 相同。

表 6-3　低压一次设备的选择校验项目

电气设备名称	电压	电流	断流能力	短路电流校验	
				动稳定度	热稳定度
低压熔断器	√	√	√	—	—
低压刀开关	√	√	√	*	*
低压负荷开关	√	√	√	*	*
低压断路器	√	√	√	*	*

注：
(1)"√"表示必须校验，"*"表示一般可不校验，"—"表示无须校验。
(2)关于选择校验的条件与表 2-1 相同。

6.2　互感器的选择计算及校验

6.2.1　电流互感器的选择及校验

电流互感器应按装设地点的条件及额定电压、一次电流、二次电流（一般为 5A）、准确度等级等条件进行选择，并校验其短路动稳定度和热稳定度。

需要注意的是，电流互感器的准确度等级与其二次负荷容量有关。电流互感器的二次负荷 S_2 不得大于其准确度等级所限定的额定二次负荷 S_{2N}，电流互感器满足准确度等级要求的条件为

$$S_{2N} \geqslant S_2 \tag{6-1}$$

电流互感器的二次负荷 S_2 由其二次回路阻抗 $|Z_2|$ 决定，$|Z_2|$ 应包括二次回路中所有串联仪表、继电器电流线圈的阻抗 $\sum |Z_i|$、连接导线的阻抗 $|Z_{WL}|$ 和所有接头的接触电阻 R_{XC} 等。由于 $\sum |Z_i|$ 和 $|Z_{WL}|$ 中的感抗远比其电阻小，因此二次回路阻抗为

$$|Z_2| \approx \sum |Z_i| + |Z_{WL}| + R_{XC} \tag{6-2}$$

式中，$|Z_i|$ 可从有关仪表、继电器的产品样本中查得；$|Z_{WL}| \approx R_{WL} l/(\gamma A)$，其中 γ 为导线的电导率，铜线 $\gamma_{Cu} = 53 \text{m}/(\Omega \cdot \text{mm}^2)$，铝线 $\gamma_{Al} = 32 \text{m}/(\Omega \cdot \text{mm}^2)$，$A$ 为导线截面积（mm^2），l 为二次回路连接导线的计算长度（m）。假设电流互感器到仪表、继电器的纵向长度为 l，则电流互感器星形接线时 $l = l_1$；两相 V 形接线时 $l = \sqrt{3} l_1$；一相式接线时 $l = 2l_1$。R_{XC} 很难准确确定而且是可变的，一般近似地取 $R_{XC} = 0.1\Omega$。

电流互感器的二次负荷 S_2 计算式为

$$S_2 \approx I_{2N}^2 \left(\sum |Z_i| + R_{WL} + R_{XC} \right) \quad 或 \quad S_2 \approx \sum S_i + I_{2N}^2 (R_{WL} + R_{XC}) \tag{6-3}$$

保护用电流互感器通常采用 10P 准确度等级，其复合误差限值为 10%。由式(6-3)得出，在互感器准确度等级一定即允许的二次负荷 S_2 值一定的条件下，二次负荷阻抗与其二次电流或一次电流的平方成反比。因此一次电流越大则允许的二次阻抗越小；反

之,一次电流越小则允许的二次阻抗越大。互感器的生产厂家一般按出厂试验数据绘制电流互感器的误差为 10% 时一次电流倍数 K_1(即 I_1/I_{1N})与最大允许二次负荷阻抗 $|Z_{2.al}|$ 的关系曲线(简称 10% 误差曲线或 10% 倍数曲线),如图 6-1 所示。如果已知互感器的一次电流倍数,就可从相应的 10% 误差曲线上查得对应的允许二次负荷阻抗。因此,电流互感器满足保护的 10% 误差要求的条件为

$$| Z_{2.al} | \geqslant | Z_2 |$$ (6-4)

假如电流互感器不满足式(6-1)或式(6-4)的要求,则应改选较大变流比或具有较大的 S_{2N} 的电流互感器,或者加大二次接线的截面。电流互感器的二次接线按规定应采用电压不低于 500V、截面不小于 2.5mm^2 的铜芯绝缘导线。

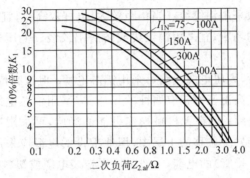

图 6-1 某型号电流互感器的 10% 误差曲线

关于电流互感器短路稳定度的校验,现在不少新产品直接给出了动稳定电流峰值和 1s 热稳定电流有效值。因此其动稳定度可按式(6-5)校验,其热稳定度可按式(6-6)校验。但过去电流互感器的大多数产品是给出的动稳定倍数和热稳定倍数。

动稳定倍数 $K_{es} = i_{max}/(\sqrt{2} I_{1N})$,因此其动稳定度校验条件为

$$\sqrt{2} K_{es} I_{2N} \geqslant i_{sh}^{(3)}$$ (6-5)

热稳定倍数 $K_t = I_t/I_{1N}$,因此其热稳定度校验条件为

$$(K_t I_{1N})^2 t \geqslant I_\infty^{(3)} t_{ima} \quad \text{或} \quad K_t I_{1N} \geqslant I^{(3)} \sqrt{\frac{t_{ima}}{t}}$$ (6-6)

一般电流互感器的热稳定试验时间 $t = 1\text{s}$,因此其热稳定度校验条件可改写为

$$K_t I_{1N} \geqslant I_\infty^{(3)} \sqrt{t_{ima}}$$ (6-7)

6.2.2 电压互感器的选择及校验

电压互感器应按装设地点的条件及一次电压、二次电压(一般为 100V)、准确度等级等条件进行选择。

电压互感器的准确度等级也与其二次负荷容量有关,满足条件也是 $S_{2N} \geqslant S_2$,这里 S_2 为其二次侧所有仪表、继电器电压线圈所消耗的总视在功率,即

$$S_2 = \sqrt{(\sum P_u)^2 + (\sum Q_u)^2}$$ (6-8)

式中，$\sum P_u = \sum (S_u \cos\varphi_u)$ 和 $\sum Q_u = \sum (S_u \sin\varphi_u)$ 分别为仪表、继电器电压线圈消耗的总有功功率和总无功功率。

6.3 导线和电缆截面的选择

导线和电缆的选择是供配电设计中的重要内容之一。导线和电缆是分配电能的主要器件，选择得合理与否，直接影响到有色金属的消耗量与线路投资，以及电网的安全经济运行。

6.3.1 导线和电缆形式的选择

高压架空线路一般采用铝绞线。当档距较大、电杆较高时，宜采用钢芯铝绞线。沿海地区及有腐蚀性介质的场所，宜采用铜绞线或防腐铝绞线。低压架空线路一般也采用铝绞线。

在一般环境和场所，高压电缆线路可采用铝芯电缆；但在有特殊要求的场所，例如在振动剧烈、有爆炸危险、高温及对铝有腐蚀的场所，应采用铜芯电缆。埋地敷设的电缆应采用有外护层的铠装电缆；但在无机械操作可能的场所，可采用塑料护套电缆或带外护层的铅包电缆。在可能发生位移的土层中，埋地敷设的电缆应采用钢丝铠装电缆。敷设在电缆沟、桥架或穿管（排管）的电缆，一般采用裸铠装电缆或塑料护套电缆。交联电缆宜优先采用。

低压电缆线路一般也采用铝芯电缆，但特别重要的或有特殊要求的线路可采用铜芯绝缘线。

6.3.2 导线和电缆截面选择的条件

为了保证供配电线路安全、可靠、优质、经济地运行，供配电线路的导线和电缆截面的选择必须满足下列条件。

1. 发热条件

导线和电缆（包括母线）在通过正常最大负荷电流（即计算电流）时产生的发热温度不应超过其正常运行时的最高允许温度。

2. 电压损耗条件

导线和电缆在通过正常最大负荷电流即线路计算电流时产生的电压损耗不应超过正常运行时允许的电压损耗。

3. 经济电流密度

35kV 及以上高压线路及电压在 35kV 以下但距离长、电流大的线路，其导线和电缆截面按经济电流密度选择，以使线路的年费用支出最小。企业内的 10kV 及以下线路，通常不按此原则选择。

4. 机械强度

导线（包括裸导线和绝缘导线）截面积应不小于其最小允许截面积。架空裸导线的最小允许截面积见附表 18,绝缘导线线芯的最小允许截面积见附表 19。对于电缆,由于它有内外护套,机械强度一般满足要求,不需校验;但需校验短路热稳定度。母线也应校验短路稳定度。对于绝缘导线和电缆,还应满足工作电压的要求。

6.3.3 按发热条件选择导线和电缆的截面

1. 三相系统相线截面的选择

按发热条件选择三相系统中的相线截面时,应使其允许载流量不小于通过相线的计算电流,即 $I_{al} \geqslant I_{30}$。

如果导线敷设地点的环境温度与导线允许载流量所采用的环境温度不同时,则导线的允许载流量应乘以温度校正系数,即

$$K_\theta = \sqrt{\frac{\theta_{al} - \theta'_0}{\theta_{al} - \theta_0}}$$ (6-9)

式中,θ_{al} 为导线额定负荷时的最高运行温度;θ_0 为导线的允许载流量所采用的环境温度;θ'_0 为导线敷设地点实际的环境温度。

对于电容器的引入线,由于电容器充电时有较大的涌流,因此其计算电流应取为电容器额定电流的 1.35 倍。

注意:按发热条件选择导线和电缆截面时,还必须校验导线和电缆截面与其保护装置(熔断器或低压断路器保护)是否配合得当。

2. 中性线、保护线和保护中性线截面的选择

1) 中性线(N 线)截面的选择

三相四线制线路中的 N 线,要通过不平衡电流或零序电流,因此 N 线的允许载流量不应小于三相系统中的最大不平衡电流,同时应考虑谐波电流的影响。

(1) 一般三相四线制的中性线截面应不小于相线截面 A_φ 的 50%,即 $A_0 \geqslant 0.5A_\varphi$。

(2) 由三相四线制线路分支的两相三线线路和单相线路,由于其中性线电流与相线电流相等,因此其中性线截面 A_0 应与相线截面 A_φ 相同,即 $A_0 = 0.5A_\varphi$。

(3) 三次谐波电流相当突出的三相四线制线路,由于各相的三次谐波电流都要通过中性线,使得中性线电流可能接近甚至超过相电流,因此这种情况下,中性线截面 A_0 宜等于或大于相线截面 A_φ,即 $A_0 \geqslant 0.5A_\varphi$。

2) 保护线(PE 线)截面的选择

PE 线要考虑三相线路发生单相短路故障时的单相短路热稳定度。

根据短路热稳定度的要求,PE 线的截面 A_{PE},按 GB 50054—2011《低压配电设计规范》规定。

(1) 当 $A_\varphi \leqslant 16\text{mm}^2$ 时,$A_{PE} \geqslant A_\varphi$。

(2) 当 $16\text{mm}^2 < A_\varphi \leqslant 35\text{mm}^2$ 时,$A_{PE} \geqslant 16\text{mm}^2$。

(3) 当 $A_\varphi > 35\text{mm}^2$ 时,$A_{PE} \geqslant 0.5A_\varphi$。

3) 保护中性线(PEN 线)截面的选择

PEN 线兼有 PE 线和 N 线的双重功能,因此其截面选择应同时满足上述 PE 线和 N

线的要求,取其中的最大值。

例 6-2 有一条采用 BLV-500 型铝芯塑料线室内明敷的 220/380V 的 TN-S 线路,计算电流为 50A。当地最热月的日最高温度平均值为+30℃。试按发热条件选择此线路的导线截面。

解:此 TN-S 线路除三根相线外,尚有 N 线和 PE 线。

(1) 相线截面的选择

环境温度相对于室内应为 30+5＝35(℃)。查附表 28 得,35℃时明敷的 BLV-500 型铝芯塑料线截面为 10mm² 时的 $I_{al}=51A>I_{30}=50A$,满足发热条件,因此相线截面选 $A_\varphi=10mm^2$。

(2) N 线截面的选择

按 $A_0 \geqslant 0.5A_\varphi$,选 $A_0=6mm^2$。

(3) PE 线截面的选择

由于 $A_\varphi \leqslant 16mm^2$,故选 $A_{PE}=A_\varphi=10mm^2$。

所选线路的导线型号规格可表示为 BLV-500-(3×10+1×6+PE10)。

例 6-3 如例 6-2 所示线路采用 BLV-500 型铝芯塑料线穿硬塑料管(VG)埋地敷设。当地最热月平均气温为 25℃。试按发热条件选择此线路的导线截面及穿线管内径。

解:已知 25℃时 5 根单芯线穿硬塑料管的 BLV-500 型导线截面为 25mm² 的 $I_{al}=57A>I_{30}=50A$。因此按发热条件,选 $A_\varphi=25mm^2$。

N 线截面按 $A_0 \geqslant 0.5A_\varphi$,选 $A_0=16mm^2$。PE 线截面按式(5-15),选 $A_{PE}=16mm^2$。穿线的硬塑料管(VG)内径,得穿线管径 $D=50mm$。

所选导线和管径可表示为 BLV-500-(3×25+1×16+PE16)-PC50。

6.3.4 按经济电流密度选择导线和电缆的截面

导线(或电缆)的截面越大,电能损耗就越小,但是线路投资、维修管理费用和有色金属消耗量却要增加。因此,从经济方面考虑,导线应选择一个比较合理的截面,既使电能损耗小,又不致过分增加线路投资、维修管理费用和有色金属消耗量。

我国现行经济电流密度规定见表 6-4。按经济电流密度 j_{ec} 计算经济截面 A_{ec} 的公式,即

$$A = \frac{I_{30}}{j_{ec}} \tag{6-10}$$

式中,I_{30} 为线路的计算电流。

表 6-4 导线和电缆经济电流密度

线路类别	导线材质	年最大负荷利用小时		
		3000h 以下	300～5000h	5000h 以上
架空线路/(A/mm)	铜	3.00	2.25	1.75
	铝	1.65	1.15	0.90
电缆线路/(A/mm)	铜	2.50	2.25	2.00
	铝	1.92	1.73	1.54

例 6-4　有一条用 LGJ 型钢芯铝绞线架设的 35kV 架空线路,计算负荷 4500kW,
$\cos\varphi=0.8$,$T_{\max}=5600$h。试选择其经济截面,并校验发热条件和机械强度(当地最热月
平均最高气温为 35℃)。

解:

(1) 选择经济截面

$$I_{30}=\frac{P_{30}}{\sqrt{3}U_{\mathrm{N}}\cos\varphi}=\frac{4500}{\sqrt{3}\times35\times0.8}\approx92.8(\mathrm{A})$$

由表 6-8 查得 $j_{\mathrm{ec}}=0.90\mathrm{A/mm^2}$,因此可得

$$A_{\mathrm{ec}}=\frac{92.8}{0.90}=103(\mathrm{mm^2})$$

选标准截面 95mm²,即选 LGJ-95 型钢芯铝绞线。

(2) 校验发热条件

查附表 24 得 LGJ-95 的 $I_{\mathrm{al}}=335\mathrm{A}$(环境温度 35℃)。由于 $I_{\mathrm{al}}>I_{30}=92.8\mathrm{A}$,因此所
选截面满足发热条件。

(3) 校验机械强度

查附表 20 得 35kV 架空 LGJ 线的最小截面 $A_{\min}=35\mathrm{mm^2}$。由于 $A=95\mathrm{mm^2}>A_{\min}$,
因此所选截面满足机械强度要求。

6.3.5　线路电压损耗的计算

由于线路存在阻抗,所以线路通过电流时就是产生电压损耗。按规定,高压配电线路
的电压损耗一般不超过线路额定电压的 5%;从变压器低压侧母线到用电设备受电端的
低压配电线路的电压损耗一般不超过用电设备额定电压的 5%;对视觉要求较高的照明
线路,则为 2%~3%。如线路的电压损耗值超过了允许值,则应适当加大导线截面积,使
之满足允许的电压损耗要求。

1. 集中负荷的三相线路电压损耗的计算

图 6-2 所示为带有两个集中负荷的三相线路。线路图中的负荷电流用小写 i 表示,
各线段的长度、每相电阻和电抗分别用小写 l、r 和 x 表示。各负荷点至线路首段的长度、
每相电阻和电抗分别用大写 L、R 和 X 表示。

以线路末端的相电压为参考轴,绘制线路的电压、电流相量图。

线路电压降的定义为:线路首端电压与末端电压的相量差。线路电压损耗的定义
为:线路首端电压与末端电压的代数差。电压降在参考轴上的水平投影用 ΔU_{φ} 表示。
在企业供电系统中,由于线路的电压降相对于线路电压来说很小,因此,可近似地认为就
是 ΔU_{φ} 电压损耗,即

$$\begin{aligned}
\Delta U_{\varphi}&=\overrightarrow{ab'}+\overrightarrow{b'c'}+\overrightarrow{c'd'}+\overrightarrow{d'e'}+\overrightarrow{e'f'}+\overrightarrow{f'g'}\\
&=i_2r_2\cos\varphi_2+i_2x_2\sin\varphi_2+i_2r_1\cos\varphi_2+i_2x_1\sin\varphi_2+i_1r_1\cos\varphi_1+i_1x_1\sin\varphi_1\\
&=i_2(r_1+r_2)\cos\varphi_2+i_2(x_1+x_2)\sin\varphi_2+i_1r_1\cos\varphi_1+i_1x_1\sin\varphi_1\\
&=i_2R_2\cos\varphi_2+i_2X_2\sin\varphi_2+i_1R_1\cos\varphi_1+i_1X_1\sin\varphi_1
\end{aligned}$$

将相电压损耗 ΔU_{φ} 换算为线电压损耗 ΔU 为

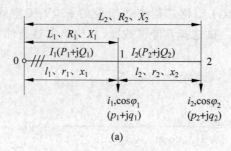

(a)

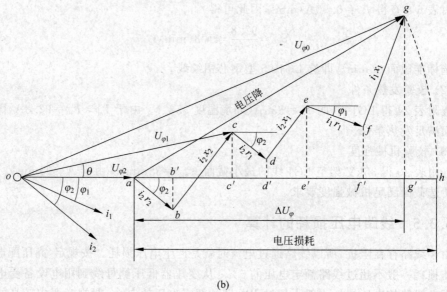

(b)

图 6-2　带有两个集中负荷的三相线路

$$\Delta U = \sqrt{3}\,\Delta U_\varphi = \sqrt{3}\,(i_2 R_2 \cos\varphi_2 + i_2 X_2 \sin\varphi_2 + i_1 R_1 \cos\varphi_2 + i_1 X_1 \sin\varphi_1)$$

对带多个集中负荷的一般电压损耗的计算公式为

$$\Delta U = \sqrt{3}\sum (ir\cos\varphi + ix\sin\varphi) = \sqrt{3}\sum (i_a r + i_r x) \tag{6-11}$$

式中，i_a 为负荷电流的有功分量；i_r 为负荷电流的无功分量。

若电压损耗用各线段的负荷电流、负荷功率、线段功率来表示，其计算公式如下。

（1）用各线段中的负荷电流表示，则

$$\Delta U = \sqrt{3}\sum (Ir\cos\varphi + Ix\sin\varphi) = \sqrt{3}\sum (I_a r + I_r x) \tag{6-12}$$

式中，I_a 为线段电流的有功分量；I_r 为线段电流的无功分量。

（2）如果用负荷功率 p、q 来计算，则利用 $i = p/(\sqrt{3}\,U_N\cos\varphi) = q/(\sqrt{3}\,U_N\sin\varphi)$ 代入式（6-3），即可得电压损耗计算公式，即

$$\Delta U = \frac{\sum (pR + qX)}{U_N} \tag{6-13}$$

如果用线段功率 P、Q 来计算，则利用 $I = P/(\sqrt{3}\,U_N\cos\varphi) = Q/(\sqrt{3}\,U_N\sin\varphi)$ 代入式（6-4），即可得电压损耗计算公式，即

$$\Delta U = \frac{\sum(Pr + Qx)}{U_N} \tag{6-14}$$

对于"无感"线路,即线路感抗可略去不计或负荷 $\cos\varphi \approx 1$ 的线路,则电压损耗计算公式为

$$\Delta U = \sqrt{3}\sum(iR) = \sqrt{3}\sum(Ir) = \frac{\sum(pR)}{U_N} = \frac{\sum(Pr)}{U_N} \tag{6-15}$$

对于"均一无感"线路,即全线的导线型号规格一致且可不计感抗或负荷 $\cos\varphi \approx 1$ 的线路,则电压损耗计算公式变为

$$\Delta U = \frac{\sum(pL)}{\gamma A U_N} = \frac{\sum(Pl)}{\gamma A U_N} = \frac{\sum M}{\gamma A U_N} \tag{6-16}$$

线路电压损耗的百分比值为

$$\Delta U\% = \frac{\Delta U}{U_N} \times 100\% \tag{6-17}$$

"均一无感"的三相线路电压损耗百分比值为

$$\Delta U\% = \frac{\sum M}{\gamma A U_N^2} \times 100\% = \frac{\sum M}{CA} \tag{6-18}$$

式中,C 为计算系数,见表 6-5。

表 6-5　公式 $\Delta U\% = \sum\dfrac{M}{CA}$ 中的计算系数 C 值

线路额定电压/V	线路类型	C 的计算式	计算系数 $C/(\mathrm{kW \cdot m/mm^2})$	
			铜线	铝线
220/380	三相四线	$\gamma U_N^2/100$	76.5	46.2
	两相三线	$\gamma U_N^2/225$	34.0	20.5
220	单相及直流	$\gamma U_N^2/200$	12.8	7.74
110			3.21	1.94

对于"均一无感"的单相交流线路和直流线路,由于其负荷电流(或功率)要通过来回两根导线,所以其总的电压损耗应为一根导线上电压损耗的 2 倍,而三相线路的电压损耗实际上只是一相(一根)导线上的电压损耗,所以这种单相和直流线路的电压损耗百分比值为

$$\Delta U\% = \frac{200\sum M}{\gamma A U_N^2} = \frac{\sum M}{CA} \tag{6-19}$$

式中,U_N 为线路额定电压,对单相线路为额定相电压;C 为计算系数,见表 6-4。

例 6-5　有一条用 LGJ-95 型铝绞线架设的 5km 长的 10kV 架空线路,计算负荷为 1380kW,$\cos\varphi = 0.75$。线路导线为等距水平排列,线距为 1m。试验算此线路是否满足允许电压损耗 5% 的要求。

解: 由 $P_{30} = 1380\mathrm{kW}$ 和 $\cos\varphi = 0.75$,得

$$Q_{30} = P_{30}\tan\varphi = 1380 \times 0.88 = 1214(\mathrm{kvar})$$

又由 $a = 1\mathrm{m}$ 和等距水平排列,得

$$a_{av} = 1.26a = 1.26m$$

根据 $A = 95mm^2$ 及 $a_{av} = 1.26m$ 查附表 5 得 $R_0 = 0.36\Omega/km$，$X_0 = 0.35\Omega/km$。因此线路的电压损耗为

$$\Delta U = \frac{pR + qX}{U_N} = \frac{1380 \times (5 \times 0.36) + 1214 \times (5 \times 0.35)}{10} = 461(V)$$

线路的电压损耗百分比值为

$$\Delta U\% = \frac{\Delta U}{U_N} \times 100\% = \frac{461}{10000} \times 100\% = 4.61\% < \Delta U_{al}\% = 5\%$$

所以该线路的电压损耗满足要求。

2. 均匀分布负荷的三相线路电压损耗的计算

均匀分布负荷的三相线路是指三相线路单位长度上的负荷是相同的，图 6-3 所示为负荷均匀分布的线路，其单位长度线路上负荷电流为 i_0，根据数学推导（略），它所产生的电压损耗相当于全部分布负荷集中于分布线段的中点所产生的电压损耗，即

$$\Delta U = \sqrt{3}IR_0\left(L_1 + \frac{L_2}{2}\right) \tag{6-20}$$

由此可见，带有均匀分布负荷的线路，在计算电压损耗时，可将均匀分布负荷集中于分布线段的中点，按集中负荷来计算。

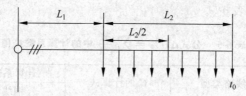

图 6-3　负荷均匀分布的线路

例 6-6　某 220/380V 的 TN-C 线路。线路拟采用 BLX 型导线明敷，环境温度为 35℃，允许电压损耗为 5%。试选择导线截面。

解:

（1）线路等效变换

将带均匀分布负荷的线路等效为带集中负荷的线路。

原集中负荷 $P_1 = 20kW$，$\cos\varphi_1 = 0.8$，因此

$$Q_1 = P_1\tan\varphi_1 = 20\tan(\arccos 0.8) = 15(kvar)$$

原分布负荷变换为集中负荷，即

$$P_2 = 0.5 \times 60 = 30(kW)，\quad \cos\varphi_2 = 0.7$$

因此

$$Q_2 = P_2\tan\varphi_2 = 30\tan(\arccos 0.7) = 30(kvar)$$

（2）按发热条件选择导线截面

线路的总负荷为

$$P = P_1 + P_2 = 20 + 30 = 50(kW)$$

$$Q = Q_1 + Q_2 = 15 + 30 = 45(kvar)$$

$$S = \sqrt{P^2 + Q^2} = \sqrt{50^2 + 45^2} \approx 67.3 (\text{kV} \cdot \text{A})$$

$$I = \frac{S}{\sqrt{3} U_N} = \frac{67.3}{\sqrt{3} \times 0.38} \approx 102 (\text{A})$$

按 $I = 102\text{A}$ 查附表 23，得 BLX 导线 $A = 35\text{mm}^2$ 在 35℃时的 $I_{al} = 119\text{A} > I = 102\text{A}$，因此按发热条件选 BLX-500-1×35 型导线三根作相线，另选 BLX-500-1×25 型导线一根作 PEN 线明敷。

（3）校验机械强度

查附表 23，按明敷在绝缘支持件上，且按支持点间距为最大来考虑，其最小允许截面积为 10mm^2。现所选相线和 PEN 线截面积均大于 10mm^2，故满足机械强度要求。

（4）校验电压损耗

按 $A = 35\text{mm}^2$ 查有关资料，得 $R_0 = 1.06\Omega/\text{km}$，$X_0 = 0.241\Omega/\text{km}$。

因此线路的电压损耗为

$$\Delta U = \frac{(p_1 L_1 + p_2 L_2) R_0 + (p_1 L_1 + p_2 L_2) X_0}{U_N}$$

$$= \frac{(20 \times 0.03 + 30 \times 0.05) \times 1.06 + (15 \times 0.03 + 30 \times 0.05) \times 0.24}{0.38}$$

$$\approx 7.09 (\text{V})$$

$$\Delta U\% = \frac{\Delta U}{U_N} \times 100\% = \frac{7.09}{380} \times 100\% \approx 1.87\%$$

由于

$$\Delta U\% = 1.87\% < \Delta U_{al} = 5\%$$

因此，以上所选导线也满足允许电压损耗要求。

本 章 小 结

本章介绍了一次设备和互感器的选择计算及校验，导线和电缆截面积选择原则；按发热条件、电压损失、经济电流密度以及机械强度选择导线和电缆截面积的方法。通过对本章的学习，使学生能了解一次设备和互感器的选择计算及校验方式，在选择导线和电缆截面时，能掌握正确方法。

思考题与习题

6-1　高压熔断器、高压隔离开关、高压负荷开关、高压断路器及低压刀开关在选择时，哪些需要校验断流能力？哪些需要校验短路动、热稳定度？

6-2　导线和电缆截面的选择应考虑哪些条件？一般动力线路宜先按什么条件选择？照明线路宜先按什么条件选择？为什么？

6-3　怎样选择三相四线制低压动力线路的中性线截面积？

6-4　什么叫"经济截面"？什么情况下的线路导线或电缆要按"经济电流密度"选择？

6-5 在某一动力平面图上，某线路旁标注有 BLX-1000-(3×70+1×50)G70-QM。试问其中各符号和数字代表什么意思？

6-6 试按发热条件选择 BLV-500 型，220/380V 线路为 TN-S 系统，$I_{30}=60$A，当地环境温度为 30℃。试按发热条件选择其相线、N 线和 PE 线的导线截面积。

6-7 求如图 6-4 所示干线的电压损失 ΔU 及 $\Delta U\%$。已知 LGJ-35 型的 $R_0=0.92\Omega/$km，$X_0=0.366\Omega/$km。

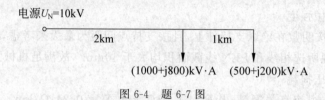

图 6-4 题 6-7 图

6-8 设有 10kV 线路，向两个负荷点供电。导线采用 U 形绞线，线间距离为 0.6m，其他参数如图 6-5 所示，允许电压损失 $\Delta U\%=5$。试选择导线截面，并按允许发热条件校验（在空气中敷设，环境温度为 35℃）。

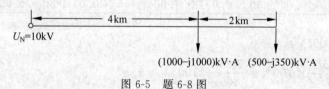

图 6-5 题 6-8 图

第7章

工厂供电系统的过电流保护

 知识点

1. 继电保护装置的作用。
2. 对保护装置的基本要求。
3. 常用保护继电器的结构、工作原理、动作特性、调节方法和应用。
4. 高压电力线路和电力变压器常用继电保护装置的构成、原理接线图、工作原理、整定计算以及灵敏度校验。
5. 低压熔断器保护和自动开关保护的配置、熔断器及熔体电流的选择、自动开关脱扣器动作电流整定等。

7.1 过电流保护的任务和要求

7.1.1 过电流保护装置的类型和任务

为了保证工厂供电系统的安全运行,避免过负荷和短路对系统的影响,因此在工厂供电系统中装有各种类型的过电流保护装置。

工厂供电系统的过电流保护装置有以下三种。

1. 熔断器保护

熔断器保护适用于高低压供电系统。由于其装置简单经济,所以在工厂供电系统中应用非常广泛。但是其断流能力较小,选择性较差,且其熔体熔断后要更换熔体才能恢复供电,因此在要求供电可靠性较高的场所不宜采用熔断器保护。

2. 低压断路器保护

低压断路器保护又称低压自动开关保护,适用于要求供电可靠性较高和操作灵活方便的低压供配电系统中。

3. 继电保护

继电保护适用于要求供电可靠性高、操作灵活方便，特别是自动化程度较高的高压供配电系统中。

熔断器保护和低压断路器保护都能在过负荷和短路时动作，断开电路，切除过负荷和短路部分，而使系统的其他部分恢复正常运行。但熔断器大多主要用于短路保护，而低压断路器则除了可作过负荷和短路保护外，有的还可作低电压或失压保护。

继电保护装置在过负荷时动作，一般只发出报警信号，引起运行值班人员注意，以便及时处理；只有当过负荷危及人身或设备安全时，才动作于跳闸。而在发生短路故障时，则要求有选择性地动作于跳闸，将故障部分切除。

7.1.2　对保护装置的基本要求

供电系统对保护装置有下列基本要求。

1. 选择性

当供电系统发生故障时，只离故障点最近的保护装置动作，切除故障，而供电系统的其他部分则仍然正常运行。保护装置满足这一要求的动作，称为选择性动作。如果供电系统发生故障时，靠近故障点的保护装置不动作（拒动），而离故障点远的前一级保护装置动作（越级动作），称为失去选择性。

2. 速动性

为了防止故障扩大，减轻其危害程度，并提高电力系统运行的稳定性，在系统发生故障时，保护装置应尽快地动作，切除故障。

3. 可靠性

保护装置在应该动作时就应该动作，不应该拒动；而不应该动作时就不应该误动。保护装置的可靠程度与保护装置的元件质量、接线方案以及安装、整定和运行维护等多种因素有关。

4. 灵敏度

灵敏度或灵敏系数是表征保护装置对其保护区内故障和不正常工作状态反应能力的一个参数。如果保护装置对其保护区内极轻微的故障都能及时地反应动作，就说明保护装置的灵敏度高。

过电流保护的灵敏度或灵敏系数用其保护区内在电力系统为最小运行方式[1]时的最小短路电流 $I_{k \cdot min}$ 与保护装置一次动作电流（即保护装置动作电流 I_{op} 换算到一次电路的值 I_{op1}）的比值来表示，即

$$S_P = \frac{I_{k \cdot min}}{I_{op1}} \tag{7-1}$$

在 GB 50062—1992《电力装置的继电保护和自动装置设计规范》中，对各种继电保护

---

[1]　电力系统的最小运行方式是指电力系统处于短路回路阻抗为最大、短路电流为最小的状态下的一种运行方式。例如双回路供电的系统在只有一回路运行时，就属于一种最小运行方式。

装置包括过电流保护的灵敏度都有一个最小值的规定,这将在后面讲述各种保护时再分别介绍。

以上所讲的对保护装置的四项基本要求,对一个具体的保护装置来说,不一定都是同等重要的,而往往有所侧重。例如对电力变压器,由于它是供电系统中最关键的设备,因此对其保护装置的灵敏度要求较高;而对一般电力线路的保护装置,灵敏度要求可低一些,但对其选择性要求较高。又例如,在无法兼顾保护选择性和速动性的情况下,为了快速切除故障,以保证某些关键设备,或者为了尽快恢复系统的正常运行,有时甚至牺牲选择性来保证速动性。

7.2　熔断器保护

7.2.1　熔断器在供配电系统中的配置

熔断器在供配电系统中的配置应符合选择性保护的原则,也就是熔断器要配置得能使故障范围缩小到最低限度。此外,应考虑经济性,即供电系统中配置的数量要尽量地少。

图 7-1 所示为熔断器在低压放射式配电系统中合理配置的方案,既可满足保护选择性的要求,又使配置的熔断器数量较少。图中熔断器 FU5 用来保护电动机及其支线。当k-5 处发生短路时,FU5 熔断。熔断器 FU4 主要用来保护动力配电箱母线。当 k-4 处发生短路时,FU4 熔断。同理,熔断器 FU3 主要用来保护配电干线,FU2 主要用来保护低压配电屏母线,FU1 主要用来保护电力变压器。在 k-1～k-3 处短路时,也都是靠近短路点的熔断器熔断。

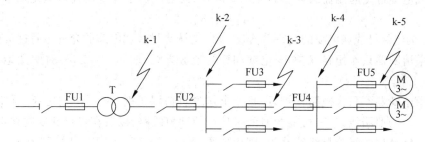

图 7-1　熔断器在低压放射式线路中的配置

注意:低压配电系统中的 PE 线和 PEN 线上不允许装设熔断器,以免 PE 线或 PEN线因熔断器熔断而断路时致使所有接 PE 线或接 PEN 线的设备外露可导电部分带电,危及人身安全。

7.2.2　熔断器熔体电流的选择

1. 保护电力线路的熔断器熔体电流的选择

保护电力线路的熔断器熔体电流应满足下列条件。

(1) 熔体额定电流 $I_{N.FE}$ 应不小于线路的计算电流 I_{30},以使熔体在线路正常运行时不致熔断,即

$$I_{N.FE} \geqslant I_{30} \tag{7-2}$$

（2）熔体额定电流 $I_{N.FE}$ 还应躲过[1]线路的尖峰电流 I_{pk}，以使熔体在线路上出现正常的尖峰电流时也不致熔断。由于尖峰电流是短时最大电流，而熔体加热熔断需一定时间，所以满足的条件为

$$I_{N.FE} \geqslant K I_{pk} \tag{7-3}$$

式中，K 为小于 1 的计算系数。

对供单台电动机的线路熔断器来说，此系数 K 应根据熔断器的特性和电动机的启动情况来决定。

- 启动时间在 3s 以下（轻载启动），宜取 $K=0.25\sim0.35$；
- 启动时间在 $3\sim8s$（重载启动），宜取 $K=0.35\sim0.5$；
- 启动时间超过 8s 或频繁启动、反接制动，宜取 $K=0.5\sim0.8$。

对供多台电动机的线路熔断器来说，此系数 K 应视线路上容量最大的一台电动机的启动情况、线路尖峰电流与计算电流的比值及熔断器的特性而定，取为 $K=0.5\sim1$；如果线路尖峰电流与计算电流的比值接近于 1，则可取 $K=1$。

由于熔断器品种繁多，特性各异，因此上述有关计算系数 K 的取值方法不一定都很恰当，故 GB 50055—1993《通用用电设备配电设计规范》规定：保护交流电动机的熔断器熔体额定电流"应大于电动机的额定电流，且其安秒特性曲线计及偏差后略高于电动机启动电流和启动时间的交点。当电动机频繁启动和制动时，熔体的额定电流应再加大 $1\sim2$ 级"。

（3）熔断器保护还应与被保护的线路相配合，使之不致发生因过负荷和短路引起绝缘导线或电缆过热起燃而熔体不熔断的事故，因此熔断器熔体电流还应满足以下条件，即

$$I_{N.FE} \leqslant K_{ol}/I_{ol} \tag{7-4}$$

式中，I_{ol} 为绝缘导线和电缆的允许载流量；K_{ol} 为绝缘导线和电缆的允许短时过负荷倍数。

如果熔断器只作短路保护，对电缆和穿管绝缘导线，取 $K_{ol}=2.5$；对明敷绝缘导线，取 $K_{ol}=1.5$。

如果熔断器不只作短路保护，而且要求作过负荷保护时，例如住宅建筑、重要仓库和公共建筑中的照明线路，有可能长时间过负荷的动力线路，以及在可燃建筑物构架上明敷的有延燃性外层的绝缘导线线路等，则应取 $K_{ol}=1$；当 $I_{N.FE} \leqslant 25A$ 时，则取 $K_{ol}=0.85$。对有爆炸性气体和粉尘的区域内的线路，应取 $K_{ol}=0.8$。

如果按式(7-2)和式(7-3)两个条件选择的熔体电流不满足式(7-4)的配合要求时，则应改选熔断器的型号规格，或者适当增大导线或电缆的芯线截面。

2. 保护电力变压器的熔断器熔体电流的选择

保护电力变压器的熔断器熔体电流，根据经验，应满足下式要求，即

$$I_{N.FE} \leqslant (1.5\sim2.0)I_{1NT} \tag{7-5}$$

式中，I_{1NT} 为变压器的额定一次电流。

式(7-5)考虑了以下三个因素。

---

[1] 这里的"躲过"不同于"大于"或"不小于"，而是指在所需躲过的电流作用下保护装置不至于动作。

（1）熔体电流要躲过变压器允许的正常过负荷电流。油浸式变压器的正常过负荷，室内为 20%，室外为 30%。正常过负荷下熔断器不应熔断。

（2）熔体电流要躲过来自变压器低压侧的电动机自启动引起的尖峰电流。

（3）熔体电流还要躲过变压器自身的励磁涌流。励磁涌流又称空载合闸电流，是变压器在空载投入时或者在外部故障切除后突然恢复电压时所产生的一个电流。

当变压器空载投入或突然恢复电压时，由于变压器铁心中的磁通不能突变，因此在变压器加上电压的初瞬间（$t=0$ 时），其铁心中的磁通 ϕ 应维持为 0，从而与三相电路突然短路时所发生的物理过程（参考 3.2 节）相类似，铁心中将同时产生两个磁通：一个是符合磁路欧姆定律的周期分量 ϕ_p（与短路的 i_p 相当）；另一个是符合楞次定律的非周期分量 ϕ_{np}（与短路的 i_{np} 相当）。这两个磁通分量在 $t=0$ 时大小相等，极性相反，使合成磁通 $\phi=0$，如图 7-2 所示。经半个周期即 0.01s 后，ϕ 达到最大值（与短路的 i_{sh} 相当）。这时铁心将严重饱和，励磁电流迅速增大，可达变压器额定一次电流的 8~10 倍，形成类似涌浪的冲击性电流，因此这一励磁电流称为励磁涌流。

由图 7-2 可以看出，励磁涌流中含有数值很大的非周期分量，而且衰减较慢（与短路电流非周期分量相比），因此其波形在过渡过程中相当长一段时间内，都偏向时间轴的一侧。很明显，熔断器的熔体电流如果不躲过励磁涌流，就可能在变压器空载投入时或电压突然恢复时使熔断器熔断，破坏了供电系统的正常运行。

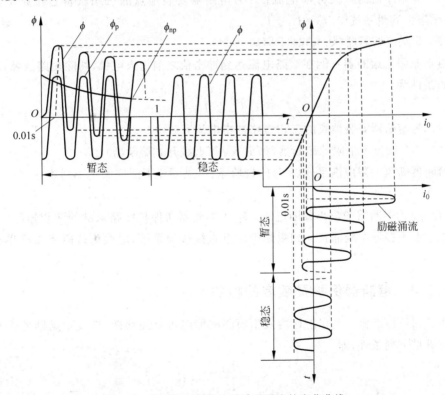

图 7-2　变压器空载投入时励磁涌流的变化曲线

3．保护电压互感器的熔断器熔体电流的选择

由于电压互感器二次侧的负荷很小，因此保护电压互感器的 RN2 型熔断器熔体额定电流一般为 0.5A。

7.2.3　熔断器的选择与校验

1．选择熔断器时应满足的条件

（1）熔断器的额定电压应不低于线路的额定电压。对高压熔断器，其额定电压应不低于线路的最高电压。

（2）熔断器的额定电流应不小于它所装熔体的额定电流。

（3）熔断器的类型应符合安装条件（户内或户外）及被保护设备对保护的技术要求。

2．熔断器断流能力的校验

（1）限流式熔断器（如 RN1、RT0 等型）

由于限流式熔断器能在短路电流达到冲击值之前完全熔断并熄灭电流，切除短路故障，因此满足的条件为

$$I_{oc} \geqslant I'' \tag{7-6}$$

式中，I_{oc} 为熔断器的最大分断电流；I'' 为熔断器安装地点的三相次暂态短路电流有效值，在无限大容量系统中，$I'' = I_{\infty} = I_k$。

（2）非限流熔断器（如 RW4、RM10 等型）

由于非限流熔断器不能在短路电流达到冲击值之前熄灭电弧，切除短路故障，因此需满足的条件为

$$I_{oc} \geqslant I_{sh} \tag{7-7}$$

式中，I_{sh} 为熔断器安装地点的三相短路冲击电流有效值。

（3）具有断流上下限的熔断器（如 RW4 等型跌开式熔断器）

熔断器断流上限应满足式（7-7）的校验条件，其断流下限应满足下列条件，即

$$I_{oc.min} \leqslant I_k \tag{7-8}$$

式中，$I_{oc.min}$ 为熔断器的最小分断电流；I_k 为熔断器所保护线路末端的两相短路电流（这是对中性点不接地系统而言。如果是中性点直接接地系统，应改为线路末端的单相短路电流）。

7.2.4　熔断器保护灵敏度的检验

为了保证熔断器在其保护区内发生短路故障时可靠地熔断，按规定熔断器保护的灵敏度应满足下列条件，即

$$S_p = \frac{I_{k \cdot min}}{I_{N.FE}} \geqslant K \tag{7-9}$$

式中，$I_{N.FE}$ 为熔断器熔体的额定电流；$I_{k \cdot min}$ 为熔断器所保护线路末端在系统最小运行方式下的最小短路电流（对 TN 系统和 TT 系统来说，为线路末端的单相短路电流或单相

接地故障电流;对 IT 系统和中性点不接地系统来说,为线路末端的两相短路电流;对保护变压器的高压熔断器来说,为低压侧母线的两相短路电流换算到高压侧之值);K 为灵敏度系数的最小比值,见表 7-1。

表 7-1　检验熔断器保护灵敏度的最小比值 K

熔体额定电流		4~10A	16~32A	40~63A	80~200A	250~500A
熔断时间	5s	4.5	5	5	6	7
	0.4s	8	9	10	11	—

注:表中 K 值适用于符合 IEC 标准的一些新型熔断器,如 RT12、RT14、RT15、NT 等。对于老型熔断器,可取 $K=4\sim7$,即近似地按表中熔断时间为 5s 的熔断器来取值。

例 7-1　有一台 Y 型电动机,其额定电压为 380V,额定容量为 18.5kW,额定电流为 35.5A,启动电流倍数为 7。现拟采用 BLV 型导线穿焊接钢管敷设。该电动机采用 RT0 型熔断器作短路保护,短路电流 I_k 最大可达 13kA。当地环境温度为 30℃。试选择熔断器及其熔体的额定电流,并选择导线截面积和钢管直径。

解:(1)选择熔断器及熔体的额定电流。

$$I_{N.FE} \geqslant I_{30} = 35.5A$$

且

$$I_{N.FE} \geqslant KI_{pk} = 0.3 \times 35.5 \times 7 = 74.55(A)$$

因此由附表 16 可得,可选 RT0-100 型熔断器,即 $I_{N.FU} = 100A$,而熔体选 $I_{N.FE} = 80A$。

(2)校验熔断器的断流能力。

得 RT0-100 型熔断器的 $I_{oc} = 50kA > I'' = 13kA$,其断流能力满足要求。

(3)选择导线截面和钢管直径。

按发热条件选择,查得 $A = 10mm^2$ 的 BLV 型铝芯塑料线三根穿钢管时,$I_{al(30℃)} = 41A > I_{30} = 35.5A$,满足发热条件。相应地选择穿线钢管 SC 20mm。

校验机械强度,穿管铝芯线的最小截面积为 $2.5mm^2$。现 $A = 10mm^2$,故满足机械强度要求。

(4)校验导线与熔断器保护的配合。

假设该电动机安装在一般车间内,熔断器只作短路保护用,因此导线与熔断器保护的配合条件为

$$I_{N.FE} \leqslant 2.5I_{al}$$

现 $I_{N.FE} = 80A < 2.5 \times 41 = 102.5(A)$,故满足熔断器保护与导线的配合要求。

注:因未给 $I_{k.min}$ 数据,熔断器灵敏度校验从略。

7.2.5　前、后熔断器之间的选择性配合

前、后熔断器之间的选择性配合,就是要求在线路发生故障时,靠近故障点的熔断器首先熔断,从而使系统的其他部分恢复正常运行。

前、后熔断器的选择性配合宜按它们的保护特性曲线(安秒特性曲线)进行检验。

如图 7-3(a)所示线路中,设支线 WL2 的首端 k 点发生三相短路,则三相短路电流

i_k 要通过 FU2 和 FU1。但保护选择性要求，应该是 FU2 的熔体首先熔断，切断故障线路 WL2，而 FU1 不再熔断，使干线 WL1 恢复正常运行。但是熔体实际熔断时间与其产品的标准特性曲线查得的熔断时间可能有 $\pm(30\%\sim50\%)$ 的偏差，从最不利的情况考虑，k 点短路时，FU1 的实际熔断时间 t_1' 比标准特性曲线查得的时间 t_1 小 50%（为负偏差），即 $t_1'=0.5t_1$；而 FU2 的实际熔断时间 t_2' 又比标准特性曲线查得的时间 t_2 大 50%（为正偏差），即 $t_2'=1.5t_2$。这时由图 7-3 所示熔断器保护特性曲线可以看出，要保证前后两熔断器 FU1 和 FU2 的保护选择性，必须满足的条件是 $t_1'>t_2'$，即 $0.5t_1>1.5t_2$，因此

$$t_1 > 3t_2 \tag{7-10}$$

上式说明：在后一熔断器所保护的首端发生最严重的三相短路时，前一熔断器按其保护特性曲线查得的熔断时间至少应为后一熔断器按其保护特性曲线查得的熔断时间的 3 倍，才能确保前后两熔断器动作的选择性。如果不能满足这一要求，则应将前一熔断器的熔体额定电流提高 1~2 级后再进行校验。

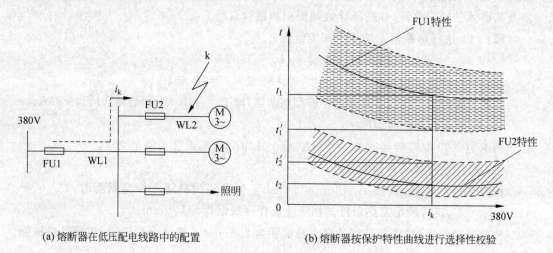

(a) 熔断器在低压配电线路中的配置　　　　(b) 熔断器按保护特性曲线进行选择性校验

图 7-3　熔断器保护的配置和选择性校验

注：曲线图中斜线区表示特性曲线的偏差范围。

如果不用熔断器的保护特性曲线来检验选择性，则一般只有前一熔断器的熔体电流大于后一熔断器的熔体电流的 2~3 级以上，才有可能保证其动作的选择性。

例 7-2　如图 7-3(a) 所示线路中，设 FU1（RT0 型）的 $I_{N.FE1}=100A$，FU2（RM10 型）的 $I_{N.FE2}=60A$。k 点的三相短路电流 $I_k=1000A$。试检验 FU1 与 FU2 之间是否能选择性配合。

解：用 $I_{N.FE1}=100A$ 和 $I_k=1000A$ 查附表 16 和曲线图 A-2 得 $t_1\approx0.3s$。

用 $I_{N.FE2}=60A$ 和 $I_k=1000A$ 查附表 16 和曲线图 A-2 得 $t_2\approx0.08s$。

因此，有

$$t_1=0.3s > 3t_2=3\times0.08=0.24(s)$$

由此可见 FU1 与 FU2 能保证选择性动作。

7.3　低压断路器保护

7.3.1　低压断路器在低压配电系统中的配置

低压断路器(自动开关)在低压配电系统中的配置,通常有下列三种方式。

1. 单独接低压断路器或低压断路器—刀开关的方式

(1) 对于只装一台主变压器的变电所,低压侧主开关采用低压断路器,如图 7-4(a)所示。

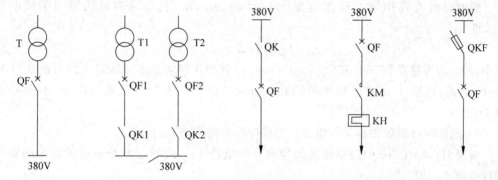

(a) 适合一台主变压器的变电所　(b) 适合两台主变压器的变电所　(c) 适合低压配电出线　(d) 适合频繁操作电路　(e) 适合需熔断器保护短路的电路

图 7-4　低压断路器的配置方式

QF—低压断路器;QK—刀开关;QKF—刀熔开关;KM—接触器;KH—热继电器

(2) 对于装有两台主变压器的变电所,低压侧主开关采用低压断路器时,低压断路器容量应考虑当一台主变压器退出工作时,另一台主变压器要供电给变电所 60%～70% 以上的负荷及全部一、二级负荷,而且这时两段母线都需带电。为了保证在检修主变压器和低压断路器时的安全,低压断路器的母线侧应装设刀开关或隔离开关,如图 7-4(b)所示,以隔离来自低压母线的反馈电源。

(3) 对于低压配电出线上装设的低压断路器,为了保证在检修配电出线和低压断路器时的安全,在低压断路器的母线侧应加装刀开关,如图 7-4(c)所示,以隔离来自低压母线的电源。

2. 低压断路器与磁力启动器或接触器配合的方式

对于频繁操作的低压电路,宜采用图 7-4(d)所示的接线方式。这里的低压断路器主要用于电路的短路保护,而磁力启动器或接触器用于电路频繁操作的控制,其上的热继电器用于过负荷保护。

3. 低压断路器与熔断器配合的方式

如果低压断路器的断流能力不足以断开电路的短路电流时,可采用如图 7-4(e)所示接线方式。这里的低压断路器作为电路的通断控制及过负荷和失压保护,只装热脱扣器和失压脱扣器,不装过流脱扣器,它利用熔断器或刀熔开关实现短路保护。

7.3.2　低压断路器脱扣器的选择和整定

1. 低压断路器过电流脱扣器额定电流的选择

过电流脱扣器（over-current release）的额定电流 $I_{N.OR}$ 应不小于线路的计算电流 I_{30}，即

$$I_{N.OR} \geqslant I_{30} \tag{7-11}$$

2. 低压断路器过电流脱扣器动作电流的整定

1）瞬时过电流脱扣器动作电流的整定

瞬时过电流脱扣器的动作电流（operating current）$I_{op(0)}$ 应躲过线路的尖峰电流 I_{pk}，即

$$I_{op(0)} \geqslant K_{rel} I_{pk} \tag{7-12}$$

式中，K_{rel} 为可靠系数（reliability coefficient）。对动作时间在 0.02s 以上的万能式（DW型）断路器，可取 1.35；对动作时间在 0.02s 及以下的塑料外壳式（DZ型）断路器宜取 2~2.5。

2）短延时过流脱扣器动作电流和动作时间的整定

短延时（short-delay）过电流脱扣器的动作电流 $I_{op(s)}$ 应躲过线路短时间出现的负荷尖峰电流 I_{pk}，即

$$I_{op(s)} \geqslant K_{rel} I_{pk} \tag{7-13}$$

式中，K_{rel} 为可靠系数，一般取 1.2。

短延时过流脱扣器的动作时间通常分 0.2s、0.4s 和 0.6s 三级，应按前后保护装置保护选择性的要求确定，即前一级保护的动作时间比后一级保护的动作时间至少长一个时间级差 0.2s。

3）长延时过流脱扣器动作电流和动作时间的整定

长延时（long-delay）过流脱扣器主要用于过负荷保护，因此其动作电流 $I_{op(l)}$ 只需躲过线路的最大负荷电流即计算电流 I_{30}，即

$$I_{op(l)} \geqslant K_{rel} I_{pk} \tag{7-14}$$

式中，K_{rel} 为可靠系数，一般取 1.1。

长延时过流脱扣器的动作时间，应躲过允许过负荷的持续时间。其动作特性通常是反时限的，即过负荷电流越大，其动作时间越短。一般动作时间可达 1~2h。

4）过流脱扣器与被保护线路的配合要求

为了防止发生因过负荷或短路引起绝缘导线或电缆过热起燃而低压断路器不跳闸的事故，低压断路器过流脱扣器的动作电流 I_{op} 还应满足以下条件

$$I_{op} = K_{OL} I_{al} \tag{7-15}$$

式中，I_{al} 为绝缘导线和电缆的允许载流量；K_{OL} 为绝缘导线和电缆的允许过负荷倍数：对瞬时和短延时的过流脱扣器，一般取 4.5；对长延时过流脱扣器，可取 1；对有爆炸性气体和粉尘区域的线路，应取 0.8。

如果不满足上式的配合要求，则应改选脱扣器的动作电流，或者适当加大导线或电缆

的线芯截面。

3. 低压断路器热脱扣器的选择和整定

1）热脱扣器额定电流的选择

热脱扣器（thermal release）的额定电流 $I_{N.TR}$ 应不小于线路的计算电流 I_{30}，即

$$I_{N.TR} \geqslant I_{30} \tag{7-16}$$

2）热脱扣器动作电流的整定

热脱扣器用于过负荷保护，其动作电流 $I_{op.TR}$ 按下式整定，即

$$I_{op.TR} \geqslant K_{rel} I_{30} \tag{7-17}$$

式中，K_{rel} 为可靠系数，可取 1.1，不过一般通过实际运行进行检验。

7.3.3　低压断路器的选择和校验

选择低压断路器时应满足下列条件：

（1）低压断路器的额定电压应不低于保护线路的额定电压；

（2）低压断路器的额定电流应不小于所安装的脱扣器的额定电流；

（3）低压断路器的类型应符合安装条件、保护性能及操作方式的要求，因此应同时选择其操作机构形式。

低压断路器还必须进行断流能力的校验。

（1）对动作时间在 0.02s 以上的万能式（DW 型）断路器，其极限分断电流 I_{oc} 应不小于通过它的最大三相短路电流周期分量有效值 $I_k^{(3)}$，即

$$I_{oc} \geqslant I_k^{(3)} \tag{7-18}$$

（2）对动作时间在 0.02s 及以下的塑料外壳式（DZ 型）断路器，其极限分断电流 I_{oc} 或 i_{oc} 应不小于通过它的最大三相短路冲击电流 $I_{sh}^{(3)}$ 或 $i_{sh}^{(3)}$，即

$$I_{oc} \geqslant I_{sh}^{(3)} \tag{7-19}$$

$$i_{oc} \geqslant i_{sh}^{(3)} \tag{7-20}$$

7.3.4　低压断路器过电流保护灵敏度的检验

为了保证低压断路器的瞬时或短延时过流脱扣器在系统最小运行方式下在其保护区内发生最轻微的故障时能可靠地动作，低压断路器保护的灵敏度必须满足下列条件，即

$$S_p = \frac{I_{k \cdot min}}{I_{op}} \geqslant K \tag{7-21}$$

式中，I_{op} 为瞬时或短延时过流脱扣器的动作电流；$I_{k \cdot min}$ 为其保护线路末端在系统最小运行方式下的单相短路电流（对 TN 和 TT 系统）或两相短路电流（对 IT 系统）；K 为灵敏系数的最小比值，一般取 1.3。

7.3.5　前、后低压断路器之间及低压断路器与熔断器之间的选择性配合

前、后两低压断路器之间是否符合选择性配合，应按其保护特性曲线进行检验，按产

品样本给出的保护特性曲线考虑其偏差范围为±（20％～30％）。如果在后一断路器出口发生三相短路时，前一断路器保护动作时间计入负偏差，而后一断路器保护动作时间计入正偏差的情况下，前一级的动作时间仍大于后一级的动作时间，则能实现选择性配合的要求。对于非重要负荷线路，保护电器允许无选择性动作。

一般来说，要保证前、后两低压断路器之间能选择性动作，前一级低压断路器宜采用带短延时的过流脱扣器，后一级低压断路器则采用瞬时过流脱扣器，而且动作电流前一级应大于后一级，前一级的动作电流至少不小于后一级动作电流的 1.2 倍，即

$$I_{op.1} \geqslant 1.2 I_{op.2} \tag{7-22}$$

通过低压断路器与熔断器之间的保护特性曲线，可以检验它们是否符合选择性配合。前一级低压断路器可按厂家提供的保护特性曲线考虑−30％～−20％的负偏差，后一级熔断器可按厂家提供的保护特性曲线考虑＋30％～＋50％的正偏差。在这种情况下，如果两条曲线不重叠也不交叉，且前一级的曲线总在后一级的曲线之上，则前后两级保护可实现选择性动作，而且两条曲线之间留有的裕量越大，则两者动作的选择性越有保证。

7.4　常用的保护继电器

继电器是一种在其输入的物理量（电气量或非电气量）达到规定值时，其电气输出电路被接通或被分断的自动电器。

继电器按其输入量的性质可分为电气继电器和非电气继电器两大类。按其用途可分为控制继电器和保护继电器两大类，前者用于自动控制电路中，后者用于继电保护电路中。这里只讲保护继电器。

保护继电器按其在继电保护电路中的功能，可分为测量继电器和有或无继电器两大类。测量继电器装设在继电保护电路中的第一级，用来反应被保护元件的特性变化。当其特性量达到动作值时即动作，它属基本继电器或启动继电器。有或无继电器是一种只按电气量是否在其工作范围内或者为零时而动作的电气继电器，包括时间继电器、信号继电器、中间继电器等。在继电保护装置中它用来实现特定的逻辑功能，属于辅助继电器，亦称逻辑继电器。

保护继电器按其组成元件可分为机电型、晶体管型和微机型等。由于机电型继电器具有简单可靠、便于维修等优点，因此工厂供电系统中普遍使用机电型继电器。

机电型继电器按其结构原理可分为电磁式、感应式等继电器。

保护继电器按其反应的物理量可分为电流继电器、电压继电器、功率继电器、瓦斯（气体）继电器等。

保护继电器按其反应的物理量数量变化可分为过量继电器和欠量继电器，例如过电流继电器、欠电压继电器等。

保护继电器按其在保护装置中的用途可分为启动继电器、时间继电器、信号继电器、中间（亦称出口）继电器等。图 7-5 所示为过电流保护装置的框图。当线路上发生短路时，启动用的电流继电器（current relay）KA 瞬时动作，使时间继电器（timing relay）KT 启动，经整定的一定时限（延时）后，接通信号继电器（signal relay）KS 和中间继电器

(medium relay)KM,KM 接通断路器的跳闸回路,使断路器 QF 自动跳闸。

保护继电器按其动作于断路器的方式可分为直接动作式(直动式)和间接动作式两大类。断路器操作机构中的脱扣器(跳闸线圈)实际上就是一种直动式继电器,而一般的保护继电器均为间接动作式。

保护继电器按其与一次电路的联系方式可分为一次式继电器和二次式继电器。一次式继电器的线圈是与一次电路直接相连的,例如低压断路器的过流脱扣器和失压脱扣器(图 7-5),实际上就是一次式继电器,并且也是直动式继电器。二次式继电器的线圈连接在电流互感器和电压互感器的二次侧,通过互感器与一次电路相联系。高压供电系统中的保护继电器都属于二次式继电器。

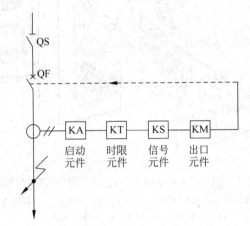

图 7-5 过电流保护装置框图

KA—电流继电器;KT—时间继电器;KS—信号继电器;KM—中间(出口)继电器

保护继电器型号的表示和含义如图 7-6 所示。

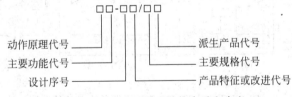

图 7-6 保护继电器型号的表示和含义

(1)动作原理代号 D:电磁式;G:感应式;L:整流式;B:半导体式;W:微机式。

(2)主要功能代号 L:电流;Y:电压;S:时间;X:信号;Z:中间;C:冲击;CD:差动。

(3)产品特征或改进代号 用阿拉伯数字或字母 A、B、C 等表示。

(4)派生产品代号 C:可长期通电;X:带信号牌;Z:带指针;TH:湿热带用。

(5)设计序号和规格代号 用阿拉伯数字表示。

下面分别介绍工厂供电系统中常用的几种机电型保护继电器。

7.4.1 电磁式电流继电器和电压继电器

电磁式电流继电器和电压继电器在继电保护装置中均为启动元件,属测量继电器类。

电流继电器的文字符号为 KA,电压继电器的文字符号为 KV。

　　1. 电磁式电流继电器

　　工厂供电系统中常用的 DL-10 系列电磁式电流继电器的内部基本结构如图 7-7 所示,其内部接线和图形符号如图 7-8 所示。

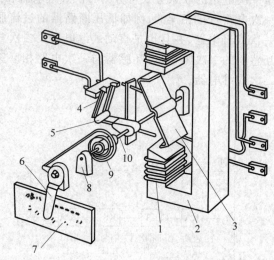

图 7-7　DL-10 系列电磁式电流继电器的内部基本结构

1—线圈；2—电磁铁；2—钢舌片；4—静触点；5—动触点；6—启动电流调节转杆；
7—标度盘(铭牌)；8—轴承；9—反作用弹簧；10—轴

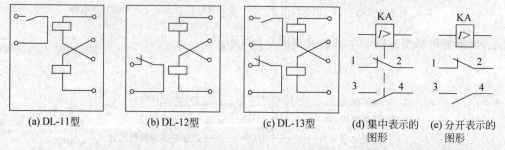

(a) DL-11型　　(b) DL-12型　　(c) DL-13型　　(d) 集中表示的图形　(e) 分开表示的图形

图 7-8　DL-10 系列电磁式电流继电器的内部接线和图形符号

　　由图 7-7 可知,当继电器线圈 1 通过电流时,电磁铁 2 中产生磁通,使 Z 形钢舌片 3 向凸出磁极偏转。与此同时,轴 10 上的反作用弹簧 9 又会阻止钢舌片偏转。当继电器线圈中的电流增大到使钢舌片所受的转矩大于弹簧的反作用力矩时,钢舌片便被吸近磁极,使常开触点闭合,常闭触点断开,这就叫作继电器动作。

　　过电流继电器线圈中的使继电器动作的最小电流,称为继电器的动作电流(operating current),用 I_{op} 表示。

　　过电流继电器动作后,减小其线圈电流到一定值时,钢舌片在弹簧作用下返回起始位置。使过电流继电器由动作状态返回到起始位置的最大电流,称为继电器的返回电流(returning current),用 I_{re} 表示。

继电器的返回电流与动作电流的比值,称为继电器的返回系数(returning ratio),用 K_{re} 表示,即

$$K_{re} = \frac{I_{re}}{I_{op}} \tag{7-23}$$

对于过量继电器(例如过电流继电器),K_{re} 总小于 1,一般为 0.8。K_{re} 越接近于 1,说明继电器越灵敏。如果过电流继电器的 K_{re} 过低时,还可能使保护装置发生误动作,这将在后面讲述过电流保护的电流整定要求时进一步说明。

电磁式电流继电器的动作电流有两种调节方法:①平滑调节,即拨动转杆 6(图 7-6)来改变弹簧 9 的反作用力矩。②级进调节,即利用线圈 1 的串联或并联。当线圈由串联改为并联时,相当于线圈匝数减小一半。由于继电器动作所需的电磁力是一定的,即所需的磁动势(IN)是一定的,因此动作电流将增大一倍。反之,当线圈由并联改为串联时,动作电流将减小一半。

这种电流继电器的动作极为迅速,可认为是瞬时动作的,因此它是一种瞬时继电器。

2. 电磁式电压继电器

供电系统中常用的电磁式电压继电器的结构和动作原理,与上述电磁式电流继电器基本相同,只是电压继电器的线圈为电压线圈,且多做成低电压(欠电压)继电器。低电压继电器的动作电压 U_{op} 是其线圈上的使继电器动作的最高电压;返回电压 U_{re} 为其线圈上的使继电器由动作状态返回到起始位置的最低电压。低电压继电器的返回系数为

$$K_{re} = \frac{U_{re}}{U_{op}} > 1 \tag{7-24}$$

式中,K_{re} 值越接近 1,说明继电器越灵敏。低电压继电器的 K_{re} 一般为 1.25。

7.4.2　电磁式时间继电器

电磁式时间继电器在继电保护装置中用来使保护装置获得所要求的延时(时限)。它属于机电式有或无继电器。时间继电器的文字符号为 KT。

供电系统中 DS-110、120 系列电磁式时间继电器的基本结构如图 7-9 所示,其内部接线和图形符号如图 7-10 所示。DS-110 系列用于直流,DS-120 系列用于交流。

当继电器线圈接上工作电压时,铁心被吸入,被卡住的一套钟表机构被释放,同时切换瞬时触点。在拉引弹簧的作用下,经过整定的时限使主触点闭合。

继电器延时的时限可借改变主静触点的位置即主静触点与主动触点的相对位置来调节。调节的时限范围可在标度盘上标出。

当继电器的线圈断电时,继电器在弹簧作用下返回起始位置。

为了缩小继电器的尺寸和节约材料,时间继电器的线圈通常不按长时间接上额定电压来设计,因此凡需长时间接上电压工作的时间继电器(如 DS-111C 型等,图 7-9(b)),应在它动作后,利用其常闭瞬时触点的断开,使其线圈串入限流电阻,以限制线圈的电流,避免线圈过热烧毁,同时又能维持继电器的动作状态。

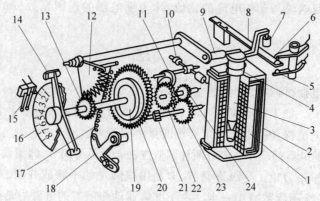

图 7-9 DS-110、DS-120 系列时间继电器的内部结构

1—线圈；2—电磁铁；3—可动铁心；4—返回弹簧；5、6—瞬时静触点；7—绝缘件；
8—瞬时动触点；9—压杆；10—平衡锤；11—摆动卡板；12—扇形齿轮；13—传动齿轮；
14—主动触点；15—主静触点；16—动作时限标度盘；17—拉引弹簧；18—弹簧拉力调节器；
19—摩擦离合器；20—主齿轮；21—小齿轮；22—掣轮；23、24—钟表机构传动齿轮

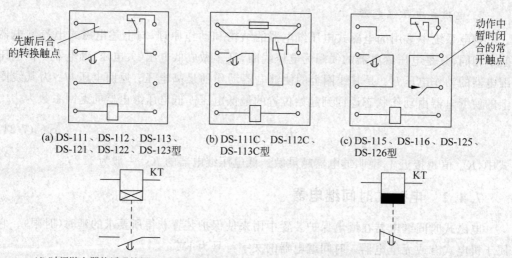

(a) DS-111、DS-112、DS-113、
DS-121、DS-122、DS-123型

(b) DS-111C、DS-112C、
DS-113C型

(c) DS-115、DS-116、DS-125、
DS-126型

(d) 时间继电器的缓吸线圈及延时闭合触点

(e) 时间继电器的缓放线圈及延时断开触点

图 7-10 DS-110、DS-120 系列时间继电器的内部接线和图形符号

7.4.3 电磁式信号继电器

电磁式信号继电器在继电保护装置中用来发出保护装置动作的指示信号。它也属于机电式有或无继电器。信号继电器的文字符号为 KS。

供电系统中常用的 DX-11 型电磁式信号继电器，有电流型和电压型两种。电流型信号继电器的线圈为电流线圈，阻抗小，串联在二次回路内，不影响其他二次元件（如中间继电器）的动作。电压型信号继电器的线圈为电压线圈，阻抗大，在二次回路中必须并联使用。

DX-11 型信号继电器的内部结构如图 7-11 所示。它在正常状态时，其信号牌是被衔

铁撑住的。当继电器线圈通电时,衔铁被吸向铁心而使信号牌掉下,显示其动作信号,同时带动转轴旋转 90°,使固定在转轴上的动触点(导电条)与静触点接通,从而接通信号回路,发出音响和灯光信号。要使信号停止,可旋转外壳上的复位旋钮,断开信号回路,同时使信号牌复位。

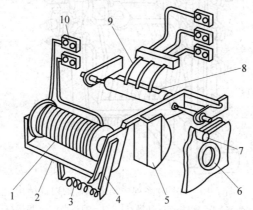

图 7-11　DX-11 型信号继电器的内部结构

1—线圈;2—电磁铁;3—弹簧;4—衔铁;5—信号牌;

6—观察窗口;7—复位旋钮;8—动触点;9—静触点;10—接线端子

DX-11 型信号继电器的内部接线和图形符号如图 7-12 所示。信号继电器的图形符号在 GB/T 4728.7—2000《电气简图用图形符号》及 GB 4728—1985《电气图用图形符号》中均未直接给出,这里的图形符号是根据 GB 4728—1985(也符合 GB/T 4728.7—2000 的要求)提出的图形符号绘制和派生原则进行派生的。由于该继电器的操作器件具有机械保持的功能,因此继电器线圈采用 GB 4728 中机电式有或无继电器类的"机械保持继电器"的线圈符号,而且由于该继电器的触点不能

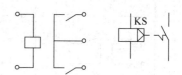

图 7-12　DX-11 型信号继电器的
内部接线和图形符号

自动返回,因此在其触点符号上附加一个 GB 4728 规定的(也是 GB/T 4728 规定的)"非自动复位"的限定符号。

7.4.4　电磁式中间继电器

电磁式中间继电器(auxiliary relay)在继电保护装置中用作辅助继电器,以弥补主继电器触点数量或触点容量的不足。它通常装设在保护装置的出口回路中,用以接通断路器的跳闸线圈,所以又称为出口继电器。中间继电器也属于机电式有或无继电器,其文字符号建议采用 KM。

供电系统中常用的 DZ-10 系列中间继电器的基本结构如图 7-13 所示。当其线圈通电时,衔铁被快速吸向电磁铁,使触点切换。当其线圈断电时,继电器快速释放衔铁,使触点全部返回起始位置。

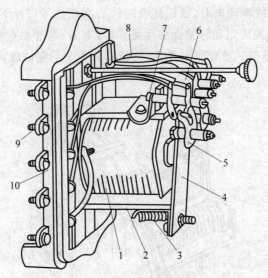

图 7-13　DZ-10 系列中间继电器的内部结构

1—线圈；2—电磁铁；3—弹簧；4—衔铁；5—动触点；6、7—静触点；8—连接线；9—接线端子；10—底座

这种快吸快放的电磁式中间继电器的内部接线和图形符号如图 7-14 所示。这里的线圈符号采用 GB/T 4728.7—2000 中的机电式有或无继电器类的"快速（快吸和快放）继电器"的线圈符号。

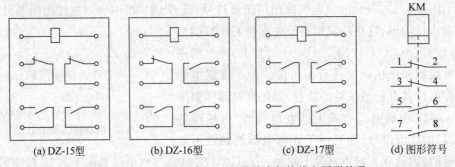

(a) DZ-15型　　　(b) DZ-16型　　　(c) DZ-17型　　　(d) 图形符号

图 7-14　DZ-10 系列中间继电器的内部接线和图形符号

7.4.5　感应式电流继电器

在工厂供电系统中，广泛采用感应式电流继电器作为过电流保护兼电流速断保护。因为感应式电流继电器兼有上述电磁式电流继电器、时间继电器、信号继电器和中间继电器的功能，从而可大大简化继电保护装置。而且采用感应式电流继电器组成的保护装置采用交流操作，可进一步简化二次系统，减少投资，因此它在中小型变配电所中应用非常普遍。

1. 基本结构

工厂供电系统中常用的 GL-10、GL-20 系列感应式电流继电器的内部结构如图 7-15 所示。这种电流继电器由两组元件构成，一组为感应元件，另一组为电磁元件。感应元件主要包括线圈 1、带短路环 3 的电磁铁 2 及装在可偏转框架 6 上的转动铝盘 4。电磁元件主要包括线圈 1、电磁铁 2 和衔铁 15。线圈 1 和电磁铁 2 是两组共用的元件。

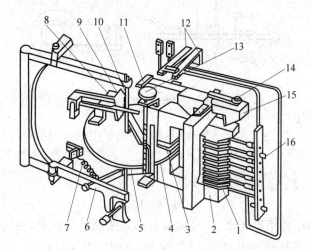

图 7-15　GL-10、GL-20 系列感应式电流继电器内部结构

1—线圈；2—电磁铁；3—短路环；4—铝盘；5—钢片；6—可偏转框架；7—调节弹簧；
8—制动永久磁铁；9—扇形齿轮；10—蜗杆；11—扁杆；12—继电器触点；
13—时限调节螺杆；14—速断电流调节螺钉；15—衔铁；16—动作电流调节插销

GL-15、GL-25、GL-16、GL-26 型电流继电器有两对相连的常开和常闭触点，根据继电保护的要求，其动作程序是常开触点先闭合，常闭触点后断开，即构成一组"先合后断的转换触点"，如图 7-16 所示。

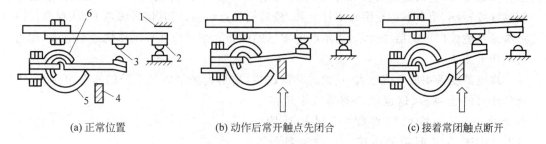

(a) 正常位置　　　　　(b) 动作后常开触点先闭合　　　　　(c) 接着常闭触点断开

图 7-16　GL-15、GL-25、GL-16、GL-26 型电流继电器"先合后断转换触点"的动作说明

1—上止点；2—常闭触点；3—常开触点；4—衔铁；5—下止点；6—簧片

2. 工作原理和特性

感应式电流继电器的工作原理可通过图 7-17 进行说明。

当线圈有电流通过时，电磁铁在短路环的作用下，产生相位一前一后的两个磁通 ϕ_1 和 ϕ_2，穿过铝盘。这时作用于铝盘的转矩为

$$M \propto \phi_1 \phi_2 \sin\varphi \tag{7-25}$$

式中，φ 为 ϕ_1 与 ϕ_2 之间的相位差。

式(7-25)通常称为感应式机构的基本转矩方程。

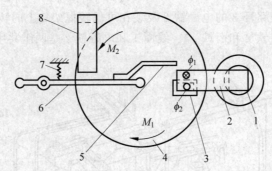

图 7-17　感应式电流继电器的转矩 M_1 和制动力矩 M_2

1—线圈；2—电磁铁；3—短路环；4—铝盘；5—钢片；6—铝框架；7—调节弹簧；8—制动永久磁铁

由于 $\phi_1 \propto I_{KA}$，$\phi_2 \propto I_{KA}$，而 ϕ 为常数，因此

$$M_1 \propto I_{KA}^2 \tag{7-26}$$

铝盘在转矩 M_1 作用下转动，同时切割制动永久磁铁的磁通，在铝盘上感应出涡流，涡流又与永久磁铁的磁通作用，产生一个与 M_1 反向的制动力矩 M_2。制动力矩 M_2 与铝盘转速 n 成正比，即

$$M_2 \propto n \tag{7-27}$$

当铝盘转速 n 增大到某一定值时，$M_1 = M_2$，这时铝盘匀速转动。

继电器的铝盘在 M_1 和 M_2 的共同作用下，铝盘受力有使框架绕轴顺时针方向偏转的趋势，但受到调节弹簧的阻力。

当继电器线圈电流增大到继电器的动作电流值 I_{op} 时，铝盘受到的力也增大到可克服弹簧的阻力，使铝盘带动框架前偏，蜗杆与扇形齿轮啮合，这就叫作继电器动作。由于铝盘继续转动，使扇形齿轮沿着蜗杆上升，最后使触点切换，同时信号牌掉下，从观察窗口可看到红色或白色的信号指示，表示继电器已经动作。使感应元件动作的最小电流，称为其动作电流 I_{op}。

继电器线圈中的电流越大，铝盘转动得越快，扇形齿轮沿蜗杆上升的速度也越快，因此动作时间也越短，这也就是感应式电流继电器的"反时限特性"（也称"反比延时特性"）。如图 7-17 所示的曲线 abc，这一特性是其感应元件所产生的。

当继电器线圈进一步增大到整定的速断电流（quick break current）时，电磁铁瞬时将衔铁吸下，使触点瞬时切换，同时信号牌掉下。电磁元件的"电流速断特性"如图 7-18 所示曲线 $bb'd$，因此该电磁元件又称电流速断元件。使电磁元件动作的最小电流，称为其速断电流 I_{qb}。

速断电流 I_{qb} 与感应元件动作电流 I_{op} 的

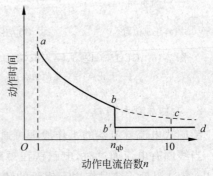

图 7-18　感应式电流继电器的动作特性曲线

abc—感应元件的反时限特性曲线；

$bb'd$—电磁元件的速断特性曲线

比值称为速断电流倍数,即

$$n_{qb} = \frac{I_{qb}}{I_{op}} \tag{7-28}$$

GL-10、GL-20 型系列电流继电器的速断电流倍数 $n_{qb} = 2 \sim 8$。

感应式电流继电器的上述有一定限度的反时限动作特性称为有限反时限特性。

3. 动作电流和动作时限的调节

继电器的动作电流(整定电流)I_{op},可利用插销改变线圈匝数来进行级进调节,也可以利用调节弹簧的拉力进行平滑的细调。

继电器的速断电流倍数 n_{qb},可通过螺钉来改变衔铁与电磁铁之间的气隙进行调节。气隙越大,n_{qb} 越大。

继电器感应元件的动作时限,可利用时限调节螺杆来改变扇形齿轮顶杆行程的起点,以使动作特性曲线上下移动。不过要注意,继电器的动作时限调节螺杆的标度尺,是以 10 倍动作电流的动作时间来标度的,因此继电器的实际动作时间与实际通过继电器线圈的电流大小有关,需从相应的动作特性曲线上查得。

附表 22 列出了 GL-11、GL-21、GL-15、GL-25 型电流继电器的主要技术数据,GL-11、GL-21、GL-15、GL-25 型电流继电器的内部接线和图形符号如图 7-19 所示。

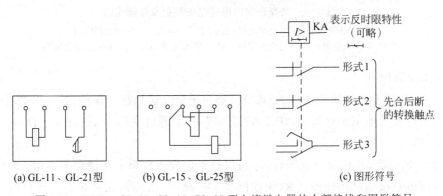

(a) GL-11、GL-21型   (b) GL-15、GL-25型   (c) 图形符号

图 7-19   GL-11、GL-21、GL-15、GL-25 型电流继电器的内部接线和图形符号

7.5 高压电力线路继电保护

供配电系统的电力线路其电压等级一般为 $3 \sim 63kV$。由于线路较短,容量也不是很大,因此所装设的继电保护通常也比较简单。

高压配电线路通常装设的保护装置有:定时限的过流保护、电流速断保护、过负荷保护、单相接地保护等。本节只叙述最常用的定时限的过电流保护和电流速断保护。

7.5.1 过电流保护

1. 定时限过电流保护

定时限过电流保护是指保护装置的动作时间固定不变,与故障电流的大小无关的一种保护。

1）原理接线图

线路的定时限过电流保护的原理接线图如图 7-20 所示。它主要由检测元件的电流互感器、启动元件的电流继电器、时限元件的时间继电器、信号元件的信号继电器和出口元件的中间继电器等组成。

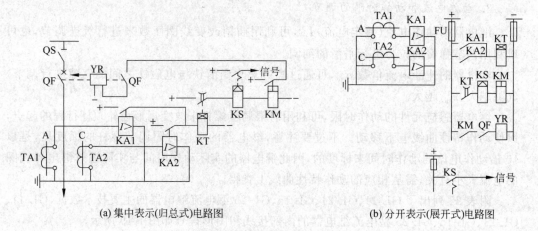

(a) 集中表示(归总式)电路图   (b) 分开表示(展开式)电路图

图 7-20   线路的定时限过电流保护原理接线图

QF—断路器；KA—电流继电器；KS—信号继电器；KT—时间继电器；
KM—中间继电器；TA—电流互感器；YR—跳闸线圈；QF1,2—断路器辅助触头

2）工作原理

当一次电路发生相间短路时，短路电流流过电流互感器的一次侧，其二次侧电流成比例增大，此电流使电流继电器 KA1、KA2 至少有一个瞬时动作，常开触点闭合，启动时间继电器 KT。

KT 经延时后，其延时触点闭合，接通信号继电器 KS 和中间继电器 KM。KM 动作后，其常开触点接通跳闸线圈 YR，使断路器 QF 跳闸，切除短路故障。与此同时，KS 动作，常开触点接通信号回路，发出声、光指示信号。断路器 QF 跳闸时，其辅助触点 QF1,2 随之断开跳闸回路，以减轻中间继电器触点和跳闸线圈的负担。在短路故障被切除后，KS 需要手动复归，其他各继电器均自动返回初始状态。

3）动作电流整定

如图 7-21(a)所示，对于定时限过电流保护装置而言，它所保护的线路 WL1 在什么情况下有最大负荷电流流过，在此电流下，定时限过电流保护装置又不应该动作呢？回答是，如果在线路 WL2 故障后被切除，母线电压恢复，所有接到母线上的设备启动，必然在线路 WL1 上出现最大负荷电流，此时要求定时限过电流保护装置绝对不应该动作。

如果线路 WL1 的最大负荷电流小于保护装置的返回电流，保护装置就不会动作。即

$$I_{re.1} > I_{L.max} \tag{7-29}$$

式中，$I_{re.1}$ 为定时限保护装置的返回电流(一次侧电流)；$I_{L.max}$ 为被保护线路 WL1 的最大负荷电流。

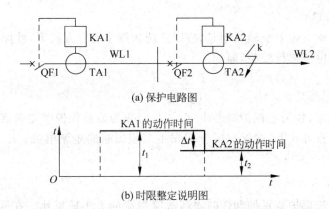

(a) 保护电路图

(b) 时限整定说明图

图 7-21　线路的定时限过电流保护动作电流整定原理图

如果将式(7-29)写成等式,有

$$I_{rel} = K_{rel} \cdot I_{L.max}$$

按返回系数的定义,有

$$K_{re} = \frac{I_{rel}}{I_{op.1}}$$

所以保护装置一次动作电流为

$$I_{op.1} = \frac{I_{rel}}{K_{re}} = \frac{K_{rel}}{K_{re}} \cdot I_{L.max} \tag{7-30}$$

而继电器的动作电流与一次动作电流之间的关系为

$$I_{op.KA} = \frac{K_w}{K_i} \cdot I_{op.1}$$

所以继电器的动作电流为

$$I_{op.KA} = I_{op1} \cdot \frac{K_w}{K_i} = \frac{K_w \cdot K_{rel}}{K_{re} \cdot K_i} \cdot I_{L.max} \tag{7-31}$$

式中,K_{rel} 为可靠系数,对 DL 型继电器取 1.2;K_w 为接线系数,对两相两或三相三继电器式接线为 1,对两相差式接线为 $\sqrt{3}$;K_{re} 为返回系数,对 DL 型继电器取 0.85;K_i 为电流互感器变比;$I_{L.max}$ 为被保护线路的最大负荷电流,当无法确定时,取 $(1.5 \sim 3)I_{30}$。

4) 动作时限整定

如图 7-21(b)所示,当线路 WL2 上 k 点发生短路故障时,由于短路电流流经保护装置 1、2,所以能使各保护装置的继电器启动。按照选择性要求,只应保护装置 2 动作,将 QF_2 跳闸。故障切除后,保护装置 1 应返回,为了达到这一目的,各保护装置的动作时限应满足 $t_1 > t_2$。因此可以看出,离电源近的上一级保护的动作时限比离电源远的下一级保护的动作时限要长,即

$$t_n = t_{n+1} + \Delta t \tag{7-32}$$

式中,Δt 为时限阶段,取定时限保护 0.5s。

5）灵敏度校验

定时限过电流灵敏度校验原则是,应以系统在最小运行方式下,被保护线路末端发生二相短路的短路电流进行校验,即

$$K_p = \frac{I_{k \cdot min}^{(2)}}{I_{op.1}} \geq 1.25 \sim 1.5 \qquad (7-33)$$

式中,K_p 为灵敏度,作为主保护时要求 $K_p \geq 1.5$,作为后备保护时要求 $K_p \geq 1.25$;$I_{k \cdot min}^{(2)}$ 为系统在最小运行方式下,被保护区末端发生二相短路的短路电流;$I_{op.1}$ 为保护装置的一次动作电流。

2. 反时限过电流保护

反时限过电流保护装置的动作时限与故障电流的大小成反比。在同一条线路上,当靠近电源侧的始端发生短路时,短路电流大,其动作时限短;反之当末端发生短路时,短路电流小,其动作时限较长。

图 7-22 是一个交流操作的反时限过流保护装置,KA1、KA2 为 GL 型感应式电流继电器,由于继电器本身动作带有时限,并有动作指示掉牌信号,所以该保护装置不需要接时间继电器和信号继电器。

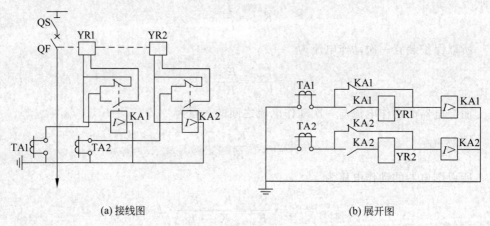

(a) 接线图　　　　　　　　　　　(b) 展开图

图 7-22　线路的反时限过电流保护原理接线图

QF—断路器；QS—隔离开关；TA1、TA2—电流互感器；KA1、KA2 —电流继电器(GL 型)；YR1、YR2—跳闸线圈

当线路发生短路故障时,KA1、KA2 动作,经过一定时限后,其常开触点闭合,常闭触点断开,这时断路器 QF 的交流操作跳闸线圈 YR1、YR2 通电动作,断路器 QF 跳闸,切除故障部分。在继电器分流的同时,其信号牌自动掉下,指示保护装置已经动作。当故障切除后,继电器 KA1、KA2 返回,但其信号牌需手动复归。

关于反时限过电流保护的整定计算可参考其他书籍,这里就不再赘述了。

7.5.2　电流速断保护

上述带时限的过流保护是靠牺牲时间来满足选择性的。而对单侧电源来说,越靠近电源,短路电流越大,动作时限也越长。当定时限的过流保护的动作时限大于 0.7s 时还应装设电流速断保护,作为快速动作的主保护。这种保护装置实际上是一种瞬时动作的

过流保护。

1. 原理接线图

线路的定时限过电流保护和电流速断保护原理接线图如图 7-23 所示。其中 KA1、KA2、KT、KS1 和 KM 是定时限的过电流保护元件,而 KA3、KA4、KS2 和 KM 是电流速断保护元件。

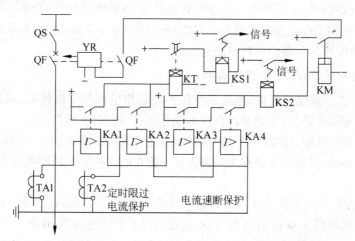

图 7-23　线路的定时限过电流保护和电流速断保护原理接线图

2. 工作原理

当一次电路在速断保护区发生相间短路时,反映到电流互感器的二次电流使电流继电器 KA3、KA4 至少有一个瞬时动作,常开触点闭合,直接接通信号继电器 KS2 和中间继电器 KM。KM 动作后,其常开触点接通跳闸线圈 YR,使断路器 QF 跳闸,切除短路故障。与此同时,KS2 动作,接通速断信号回路。

3. 动作电流整定及灵敏度校验

1) 动作电流整定

为了保证上、下两级瞬动的电流速断保护的选择性,电流速断保护装置一次侧的动作电流应该躲过系统在最大运行方式下,它所保护线路的末端的三相短路电流,即

$$I_{qb.1} = K_{rel} \cdot I_{k.max}^{(3)} \qquad (7-34)$$

而继电器的动作电流与一次动作电流之间的关系为

$$I_{qb.KA} = \frac{K_w}{K_i} \cdot I_{qb.1}$$

所以继电器的动作电流为

$$I_{qb.KA} = \frac{K_{rel} \cdot K_w}{K_i} \cdot I_{k.max}^{(3)} \qquad (7-35)$$

式中,K_{rel} 为可靠系数,对 DL 型继电器取 1.2～1.3,对于 GL 型继电器取 1.4～1.5;$I_{qb.KA}$ 为电流速断保护的继电器动作电流;$I_{qb.1}$ 为电流速断保护的一次侧动作电流;$I_{k.max}^{(3)}$ 为系统在最大运行方式下,被保护线路的末端的三相短路电流。

2）灵敏度校验

电流速断保护的灵敏度校验原则是，应以系统在最小运行方式下，被保护线路首端（保护装置安装处）发生的两相短路的短路电流进行校验，即

$$K_{\text{p}} = \frac{I_{\text{k. min}}^{(2)}}{I_{\text{qb. 1}}} \geqslant 1.5 \sim 2 \tag{7-36}$$

式中，K_{p} 为灵敏度，按 GB 50062—2008《电力装置的继电保护和自动装置设计规范》，$K_{\text{p}} \geqslant 1.5$；按《机械工厂电力设计规范》（JBJ 6—1996），$K_{\text{p}} \geqslant 2$；$I_{\text{k. max}}^{(2)}$ 为系统在最小运行方式下，被保护线路的首端的两相短路电流。

4. 电流速断保护的"死区"及其弥补

应该指出，为了满足选择性，电流速断保护的动作电流整定值较大，因此电流速断保护是不能保护全部线路的，也就是说存在不动作区（一般叫"死区"）。

为了弥补这一缺陷，应该与定时限保护装置配合使用。在电流速断的保护区内，电流速断保护为主保护，过电流保护作为后备保护；而在电流速断保护的死区内，则过电流保护为基本保护。

例 7-3 如图 7-24 所示为无限大容量系统供电的 35kV 放射式线路。已知线路 WL1 的负荷为 150A，取最大负荷倍数为 1.8，线路 WL1 上的电流互感器 TA1 的变比选为 300/5，线路 WL2 上定时限过电流保护的动作时限为 2.0s，其他参数见表 7-2。如果在线路 WL1 上装设两相两式接线的定时限过电流保护和电流速断保护，试计算各保护的动作电流、动作时限并进行灵敏度校验。

表 7-2　例 7-3 参数数据　　　　　　　　　　　　单位：A

短 路 点	k-1	k-2	k-3
最大运行方式下三相短路电流	3450	1330	610
最小运行方式下三相短路电流	3080	1210	580

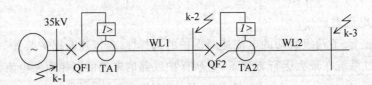

图 7-24　例 7-3 电力线路图

解：

1）WL1 线路的定时限保护

保护装置的一次侧动作电流可按公式（7-30）求得，即

$$I_{\text{op1}} = \frac{K_{\text{rel}}}{K_{\text{re}}} \cdot I_{\text{L. max}} = \frac{1.2}{0.85} \times 1.8 \times 150 \approx 381(\text{A})$$

继电器的动作电流可按式（7-31）求得，即

$$I_{\text{op. KA}} = \frac{K_{\text{w}}}{K_{\text{i}}} \cdot I_{\text{op. 1}} = \frac{1}{300/5} \times 381 \approx 6.35(\text{A})$$

可选取电流整定范围为 2.5～10A 的 DL 型电流继电器,并整定在 6.5A 上。

此时

$$I_{op1} = \frac{300}{5} \times 6.5 = 390(A)$$

动作时限可按式(7-32)计算,即

$$t_1 = t_2 + \Delta t = 2.0 + 0.5 = 2.5(s)$$

可选取时间整定范围为 1.2～5s 的 DS 型时间继电器,并整定在 2.5s 上。

灵敏度校验如下。

(1) 作为 WL1 的主保护时,按式(7-33)进行,即

$$K_p = \frac{I_{k \cdot min}^{(2)}}{I_{op.1}} = \frac{\sqrt{3}}{2} \cdot \frac{1210}{390} \approx 2.68 \geqslant 1.5$$

(2) 作为 WL1 的后备保护时,按式(7-33)进行,即

$$K_p = \frac{I_{k \cdot min}^{(2)}}{I_{op.1}} = \frac{\sqrt{3}}{2} \cdot \frac{580}{390} \approx 1.28 \geqslant 1.25$$

可见,均满足灵敏度要求。

2) WL1 线路的电流速断保护

保护装置的一次侧动作电流可按式(7-34)求得,即

$$I_{qb.1} = K_{rel} \cdot I_{k.max}^{(3)} = 1.3 \times 1330 = 1729(A)$$

继电器的动作电流可按式(7-35)求得,即

$$I_{qb.KA} = \frac{K_{rel} \cdot K_w}{K_i} \cdot I_{k.max}^{(3)} = \frac{1.3 \times 1}{300/5} \times 1330 \approx 28.8(A)$$

可选取电流整定范围为 12.5～50A 的 DL 型电流继电器,并整定在 28A 上。

灵敏度校验可按式(7-36)进行,即

$$K_p = \frac{I_{k \cdot min}^{(2)}}{I_{qb.1}} = \frac{\sqrt{3}}{2} \times \frac{3080}{1729} \approx 1.54 \geqslant 1.5 \sim 2$$

7.6　变压器继电保护

电力变压器在供配电系统中应用得非常普遍,占有很重要的地位。因此,提高变压器工作的可靠性,对保证供电系统的安全、稳定运行具有十分重要的意义。

7.6.1　变压器故障类型

变压器的故障可分为内部故障和外部故障两大类。内部故障主要有相间短路、绕组的匝间短路和单相接地短路。发生内部故障是很危险的,因为短路电流产生的电弧不仅会破坏绕组的绝缘,烧毁铁心,而且由于绝缘材料和变压器油受热分解会产生大量气体,还可能引起变压器油箱爆炸。变压器最常见的外部故障是引出线上绝缘套管的故障,这种故障可能导致引出线的相间短路和接地(对变压器外壳)短路。

变压器的不正常工作状态主要有:由于外部短路和过负荷引起过电流,油面的极度

降低和温度升高等。根据上述情况，变压器一般应装设下列继电保护装置。

7.6.2 变压器保护配置

为了保证电力系统安全可靠地运行，针对变压器的上述故障和不正常工作状态，电力变压器应装设以下保护，见表 7-3。

表 7-3　变压器保护装置的配置

保护名称	配置原则
瓦斯保护	用以防御变压器油箱内部故障和油面降低的瓦斯保护，常用于保护容量在 800kV·A 及以上（车间内变压器容量在 400kV·A 及以上）的油浸式变压器
过电流保护	变压器的容量无论大小，都应该装设过电流保护。400kV·A 以下的变压器多采用高压熔断器保护，400kV·A 及以上的变压器高压侧装有高压断路器时，应装设带时限的过电流保护装置
差动保护	差动保护用以防御变压器绕组内部以及两侧绝缘套管和引出线上所出现的各种短路故障。变压器从一次进线到二次出线之间的各种相间短路，绕组匝间短路，中性点直接接地系统的电网侧绕组和引出线的接地短路等。差动保护属于瞬时动作的主保护。规程规定，单独运行的容量在 10000kV·A 及以上（并联运行时，容量在 6300kV·A 及以上的变压器），或者容量在 2000kV·A 以上装设电流速断保护灵敏度不合格的变压器，应装设差动保护
电流速断保护	对于车间变压器来说，过电流保护可作为主保护。如果过电流保护的时限超过 0.5s，而且容量不超过 8000kV·A，应装设电流速断作为主保护，而过电流保护则作为电流速断的后备保护
过负荷保护	用以防御变压器对称过负荷的过负荷保护，该保护多装在 400kV·A 以上并联运行的变压器上，对单台运行易于发生过载的变压器也应装设过负荷保护。变压器的过负荷保护通常只动作于信号

7.6.3 瓦斯保护

这是一种非电量保护，它是以气体继电器（也叫瓦斯继电器）为核心元件的保护装置。

1. 瓦斯继电器的安装

当变压器油箱内部发生任何短路故障时，箱内绝缘材料和绝缘油在高温电弧的作用下分解出气体。如果故障轻微（如匝间短路），产生的气体上升较慢；若故障严重（如相间短路），会迅速产生大量气体，同时产生很大的压力，使变压器油向油枕中急速冲击。为了保证设备安全，应在油枕和变压器油箱之间的联通管上装设反应气体保护的瓦斯继电器，如图 7-25 所示。

2. 瓦斯继电器的结构和工作原理

图 7-26 所示为 FJ3-80 型瓦斯继电器的结构示意图。

1）变压器正常

在变压器正常运行时，油箱内由于没有气体产生，瓦斯继电器的上、下油杯中都充满油，油杯因其平衡锤的作用使其上下触点断开，故瓦斯保护不动作。

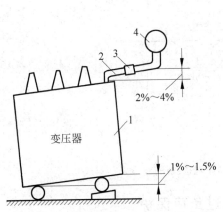

图 7-25　瓦斯继电器在变压器上的安装

1—变压器油箱；2—连通管；
3—瓦斯继电器；4—油枕

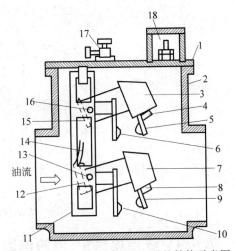

图 7-26　FJ3-80 型瓦斯继电器的结构示意图

1—盖；2—容器；3、7—上、下油杯；4、8—永久磁铁；
5、9—上、下动触点；6、10—上、下静触点；11—支架；
14—挡板；15、12—上、下油杯平衡锤；
16、13—上、下油杯转轴；17—放气阀；18—接线盒

2）轻瓦斯动作

当变压器内部发生轻微故障时（如匝间短路），局部高温作用在绝缘材料和变压器油上，使其在油箱内产生少量气体，迫使瓦斯继电器油面下降，上油杯因其中盛有剩余的油使其力矩大于平衡锤的力矩而下降，使瓦斯继电器的轻瓦斯触点（上触点）动作，发出轻瓦斯动作信号，但不动作于断路器跳闸。

3）重瓦斯动作

当变压器内部发生严重故障时（如相间短路），瞬间产生大量气体，在变压器油箱和油枕之间的联通管中出现强烈的油流，大量的油气混合体经过瓦斯继电器时，使瓦斯继电器的重瓦斯触点动作，使断路器跳闸，同时发出重瓦斯动作信号。

如果变压器漏油，油面过度降低时也有可能使瓦斯继电器动作，发出预告信号或将断路器跳闸。

4）原理接线图

图 7-27 所示为变压器瓦斯保护的原理接线图。当变压器内部发生轻瓦斯故障时，瓦斯继电器 KG 的上触点 KG1-2 闭合，作用于预告（轻瓦斯动作）信号；当变压器内部发生严重故障时，KG 的下触点 KG3-4 闭合，经中间继电器 KM 作用于断路器 QF 的跳闸机构 YR，使 QF 跳闸。同时通过信号继电器 KS 发出跳闸（重瓦斯动作）信号。图中的切换片 XB 是在瓦斯继电器非工作情况（如试验瓦斯继电器）切换到动作于信号的位置。

瓦斯保护的主要优点是结构简单、动作迅速、灵敏度高、能保护变压器油箱内各种短路故障，特别是对绕组的匝间短路反应极为灵敏，是其他保护装置不能比拟的。所以说瓦斯保护是变压器内部故障的主保护。它的缺点是不能反映变压器油箱外部的故障，因此还需要和其他保护装置如过电流、电流速断或差动保护配合使用。

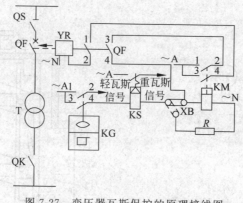

图 7-27 变压器瓦斯保护的原理接线图

7.6.4 过电流保护、电流速断保护和过负荷保护

图 7-28 所示为变压器的过电流保护、电流速断保护和过负荷保护的综合接线原理图。

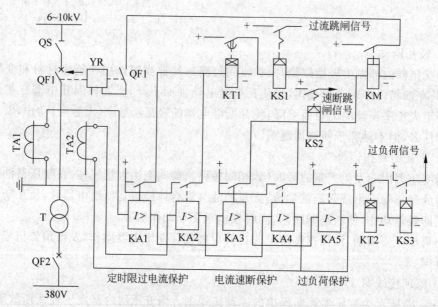

图 7-28 变压器的过电流保护、电流速断保护和过负荷保护的综合接线原理图

变压器的过电流保护的组成和原理与线路过电流保护完全相同,变压器的速断保护的组成和原理与线路速断保护也完全相同。变压器的过负荷保护可以反映变压器正常运行时的过载情况,一般动作于信号。由于变压器的过负荷电流大多是三相对称增大的,因此过负荷保护只需在一相电流互感器二次接一个电流继电器(图 7-28 中的 KA5)即可。

关于变压器的定时限过电流保护、电流速断保护的整定计算方法与高压线路的定时限过电流保护、电流速断保护的整定计算方法基本相同,这里就不赘述了。至于过负荷保护的整定计算也相对简单,需要时可参看相关书籍。

变压器的过电流保护装置是用于防御内、外部各种相间短路，并作为瓦斯和差动保护的后备保护（或电流速断保护）。

本 章 小 结

企业供电系统的继电器保护装置的主要任务是借助于断路器，自动地、迅速地、有选择地将故障元件从供电系统中切除；能正确的反映电气设备的不正常运行状态，并根据要求发出信号。对继电器保护的要求要具有选择性、快速性、可靠性和灵敏性。

企业常用的典型继电器有电流继电器、时间继电器、信号继电器、中间继电器和瓦斯继电器等。

企业高压电力线路的定时限过流和速断保护接线图、工作原理、动作电流和动作时间的整定、灵敏度校验。

变压器保护是根据变压器容量和重要程度确定。变压器的故障分为内部故障和外部故障两种。主要介绍变压器的故障类型、保护装置的配置原则、瓦斯保护、差动保护、过电流保护、电流速断保护和过负荷保护等。

低压系统中的保护是熔断器保护和自动开关保护。熔断器的保护特性曲线反映出通过熔体的电流与熔断时间的关系具有反时限特性。自动开关也称为低压断路器，是一种能自动切断故障的低压保护电器，适用于正常情况下不频繁操作的电路中。

思考题与习题

7-1　继电保护装置的作用是什么？对继电保护装置有哪些基本要求？

7-2　电磁式电流继电器由哪几个部分组成？它是怎样动作？怎样返回的？

7-3　电磁式时间继电器由哪几个部分组成？它的动作原理是什么？内部的附加电阻的作用是什么？

7-4　电磁式中间继电器由哪几个部分组成？它的触点数量和触点容量与其他继电器有什么区别？

7-5　电磁式信号继电器由哪几个部分组成？信号继电器接入电路的方式有几种？一旦动作后，怎样进行复归？

7-6　感应式电流继电器由哪几个部分组成？它是怎样动作？怎样返回的？它有几个动作特性？都叫什么动作特性？

7-7　什么是电磁式电流继电器的动作电流？什么是继电器的返回电流？什么是继电器的返回系数？

7-8　写出电磁式电流继电器、时间继电器、中间继电器、信号继电器以及感应式电流继电器的文字符号，并画出它们的图形符号。

7-9　线路的定时限过流保护的动作电流和动作时限是怎样进行整定的？灵敏度应怎样校验？

7-10 线路的反时限过流保护用什么电流继电器？反时限是指什么？

7-11 线路的电流速断保护的动作电流是怎样整定的？灵敏度是怎样校验的？

7-12 变压器的故障类型和不正常工作状态是什么？

7-13 变压器继电保护装设的原则是什么？

7-14 变压器瓦斯保护装设的原则是什么？在什么情况下轻瓦斯动作？什么情况下重瓦斯动作？

7-15 变压器差动保护的特点是什么？

7-16 变压器的定时限过电流和电流速断保护与线路的保护有什么相同点和不同点？

7-17 选择熔断器时应考虑哪些条件？什么是熔体的额定电流？什么是熔断器（熔管）的额定电流？

7-18 自动开关（低压断路器）在低压系统中主要有哪些配置方式？

7-19 中、小容量（可以认为 5600kV·A 以下）电力变压器通常装设哪些继电保护装置？20000kV·A 及以上容量的变压器通常装设哪些继电保护装置？

7-20 有一台 380V 电动机，$I_{N.M}=20.2A$，$I_{st.M}=141A$；该电动机端子处的三相短路电流 $I_k^{(3)}=16kA$，试选择保护该电动机的 RT$_0$ 型熔断器及其熔体的额定电流，并选择该电动机配电线（采用的 BLV 型导线穿塑料管）的导线截面及管径。环境温度按 30℃ 考虑。

7-21 某 380V 架空线路，$I_{30}=280A$，最大工作电流为 600A，线路首端三相短路电流为 1.7kA，末端单相短路电流为 1.4kA，它小于末端两相短路电流。试选择首端装设 DW10 型断路器，整定其动作电流，校验其灵敏度。

7-22 如图 7-29 所示，已知 WL 的总负荷为 $S_{30}=1100kV·A$。该线路设有定时限过流保护装置及电流速断保护装置。系统两点的三短路电流见表 7-4（k_i 在 15/5,100/5,600/5 中选取）。

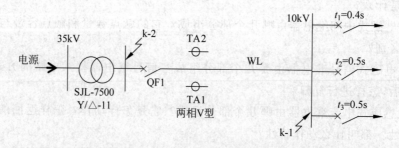

图 7-29 题 7-22 供电系统图

试求：

（1）继电器动作电流及保护装置的动作电流；

（2）保护装置的动作时限；

（3）灵敏度校验。

表 7-4 题 7-22 参数表　　　　　　　　　　　　　　　单位：A

短 路 点	k-1	k-2
$I_{k.max}^{(3)}$	1300	2690
$I_{k.min}^{(3)}$	570	2850

7-23　如图 7-30 所示供电系统的 10kV 线路,已知线路 WL1 的负荷为 148A,取最大负荷电流为 243A,线路 WL1 上的电流互感器变比选为 300/5,线路 WL2 上定时限过电流保护的动作时限为 0.5s,其他参数见表 7-5。如果在线路 WL1 上装设两相两式接线的定时限过电流保护和电流速断保护,试计算各保护的动作电流、动作时限并进行灵敏度校验。

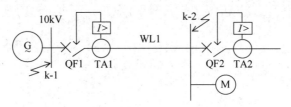

图 7-30　题 7-23 供电系统图

表 7-5 题 7-23 参数表　　　　　　　　　　　　　　　单位：A

短 路 点	k-1	k-2
最大运行方式下三相短路电流	3200	2500
最小运行方式下三相短路电流	2800	2200

第8章

供电系统的二次回路和自动装置

 知识点

1. 供电系统二次回路和自动装置概述。
2. 交直流操作电源的种类和工作原理。
3. 高压断路器的控制和信号回路。
4. 自动装置简介。
5. 变电站综合自动化系统。

8.1 供电系统二次回路和自动装置概述

8.1.1 二次回路及其分类

企业供电系统或变配电所的二次回路(即二次电路)指用来控制、指示、监测和保护一次电路运行的电路,亦称二次系统。具体包括控制系统、信号系统、监测系统及继电保护系统和自动化系统等。

二次回路按其电源性质分为直流回路和交流回路。交流回路又分为交流电流回路和交流电压回路。交流电流回路由电流互感器供电,交流电压回路由电压互感器供电。

二次回路按其用途可分为断路器控制(操作)回路、信号回路、测量和监视回路、继电保护回路和自动装置回路等。

二次回路在供电系统中虽然是一次电路的辅助系统,但是它对一次电路的安全、可靠、优质和经济地运行有十分重要的作用,因此必须予以充分的重视。

8.1.2 操作电源及其分类

二次回路的操作电源是高压断路器分、合闸回路和继电保护装置、信号回路、监测系

统及其他二次回路所需的电源,因此对操作电源的可靠性要求很高,容量要求足够大,且要求尽可能不受供电系统运行的影响。

操作电源分为直流和交流两大类。直流操作电源分为由蓄电池组供电的电源和由整流装置供电的电源两种。交流操作电源分为由所(站)用变压器供电和通过电流、电压互感器供电两种。

8.1.3　高压断路器的控制和信号回路

高压断路器的控制回路是指控制(操作)高压断路器分、合闸的回路。它取决于断路器操作机构的形式和操作电源的类别。电磁操作机构只能采用直流操作电源,弹簧操作机构和手动操作机构可交、直流两用,不过一般采用交流操作电源。

信号回路是用来指示一次系统设备运行状态的二次回路。信号按用途可分为断路器位置信号、事故信号和预告信号等。

断路器位置信号用来显示断路器正常工作的位置状态。一般是红灯亮表示断路器处在合闸位置;绿灯亮表示断路器处在分闸位置。

事故信号用来显示断路器在一次系统事故情况下的工作状态。一般是红灯闪光表示断路器自动合闸;绿灯闪光表示断路器自动跳闸。此外,还有事故音响信号和光字牌等。

预告信号是在一次系统出现不正常工作状态时或在故障初期发出的报警信号。例如变压器过负荷或者轻瓦斯动作时,会发出区别于上述事故音响信号的另一种预告音响信号,同时光字牌亮,指示出故障的性质和地点,值班员可根据预告信号及时处理。

对断路器的控制和信号回路有以下几点要求。

(1) 应能监视控制回路的保护装置(如熔断器)及其分、合闸回路的完好性,以保证断路器的正常工作。通常采用灯光监视的方式。

(2) 合闸或分闸完成后,应能使命令脉冲解除,即能切断合闸或分闸的电源。

(3) 应能指示断路器正常合闸和分闸的位置状态,并在自动合闸和自动跳闸时有明显的指示信号。

(4) 断路器的事故跳闸信号回路应按"不对应原理"接线。当断路器采用手动操作机构时,利用操作机构的辅助触点与断路器的辅助触点构成"不对应"关系,即操作机构手柄在合闸位置而断路器已经跳闸时,发出事故跳闸信号。当断路器采用电磁操作机构或弹簧操作机构时,则利用控制开关的触点与断路器的辅助触点构成"不对应"关系,即控制开关手柄在合闸位置而断路器已经跳闸时,发出事故跳闸信号。

(5) 对有可能出现不正常工作状态或故障的设备,应装设预告信号。预告信号应能使控制室或值班室的中央信号装置发出音响或灯光信号,并能指示故障地点和性质。通常预告音响信号用电铃,而事故音响信号用电笛,两者应有所区别。

8.1.4　供电系统的自动装置

1. 自动重合闸装置(ARD)

运行经验表明,电力系统中的不少故障特别是架空线路上的短路故障大多是暂时性的,这些故障在断路器跳闸后,多数能自行消除。

单端供电线路的三相 ARD,按其不同特性有不同的分类方法。按自动重合闸的方法可分为机械式 ARD 和电气式 ARD;按组合元件可分为机电型、晶体管型和微机型;按重合次数可分为一次重合式、二次重合式和三次重合式等。

机械式 ARD 适于采用弹簧操作机构的断路器,可在具有交流操作电源或虽有直流跳闸电源但没有直流合闸电源的变配电所中使用。电气式 ARD 适于采用电磁操作机构的断路器,可在具有直流操作电源的变配电所中使用。

运行经验证明 ARD 的重合成功率随着重合次数的增加而显著降低。对架空线路来说,一次重合成功率可达 60%～90%,二次重合成功率只有 15%左右,三次重合成功率仅为 3%左右。因此企业供电系统中一般只采用一次 ARD。

2. 备用电源自动投入装置(APD)

在要求供电可靠性较高的企业变配电所中,通常设有两路及以上的电源进线。在车间变电站低压侧,一般也设有与相邻车间变电站相连的低压联络线。如果在作为备用电源的线路上装设备用电源自动投入装置(APD),则在工作电源线路突然停电时,利用失压保护装置可使该线路的断路器跳闸,并在 APD 作用下,使备用电源线路的断路器迅速合闸,备用电源投入使用恢复供电,从而大大提高供电可靠性。

8.2　操　作　电　源

8.2.1　由蓄电池组供电的直流操作电源

1. 铅酸蓄电池

铅酸蓄电池的正极二氧化铅(PbO_2)和负极铅(Pb)插入稀硫酸(H_2SO_4)溶液中会发生化学变化,在两极板上会产生不同的电位,这两个电位在外电路断开时的电位差就是蓄电池的电势。

一般来说,单个铅蓄电池的额定端电压为 2V,放电后端电压由 2V 降到 1.8～1.9V;在充电终了时,端电压可升高到 2.6～2.7V。为了获得 220V 的直流操作电压,电池端电压按高于直流母线 5%来考虑,即按 230V 计算蓄电池的个数。故所需蓄电池的上限个数为 $n_1 = 230/1.8 \approx 128$ 个;所需蓄电池的下限个数为 $n_2 = 230/2.7 \approx 85$ 个。因此有 $n = n_1 - n_2 = 128 - 85 = 43$ 个蓄电池用于调节直流输出电压。它是通过双臂电池调节器来完成的。

采用铅酸蓄电池组的直流操作电源,是一种特定的操作电源系统,无论供电系统发生任何事故,甚至在交流电源全部停电的情况下,仍能保证控制回路、信号回路、继电保护及自动装置等可靠工作,同时还能保证事故照明用电,这是它的突出优点。但铅酸蓄电池组也有许多缺点,比如它在充电时会排出氢和氧的混合气体,有爆炸危险;而且随着气体带出硫酸蒸气,有强腐蚀性,危害着人身健康和设备安全。因此铅酸蓄电池组要求单独装设在专用房间内,而且要进行防腐、防爆处理,投资较大。

2. 镉镍蓄电池

镉镍蓄电池的正极为氢氧化镍($Ni(OH)_3$)或三氧化二镍(Ni_2O_3)的活性物,负极为镉(Cd),溶液为氢氧化钾(KOH)或氢氧化钠(NaOH)等碱溶液。

镉镍蓄电池单个额定端电压为1.2V,充电终了时端电压可达1.75V。

采用镉镍蓄电池组的直流操作电源,除不受供电系统运行情况的影响、工作可靠外,还有大电流放电性能好、使用寿命长、腐蚀性小、占地面积小、充放电控制方便以及无须专用房间等优点,因此在企业供电系统中有逐渐取代铅酸蓄电池的趋势。

8.2.2 由整流装置供电的直流操作电源

目前在企业供电系统的变配电所中,直流操作电源主要采用带电容储能的直流装置或带镉镍电池储能的直流装置。

图8-1所示为带有两组不同容量的硅整流装置。硅整流器的交流电源由不同的所用变压器供给,一路工作,一路备用,用接触器自动切换。在正常情况下,两台硅整流器同时工作,较大容量的硅整流器(U_1)供断路器合闸;较小容量的硅整器(U_2)只供控制、保护(跳闸)及信号电源。在2号硅整流器故障时,1号硅整流器可以通过逆止元件VD_3向控制母线供电。

当电力系统发生故障,380V交流电源电压下降时,直流220V母线电压也相应下降。此时利用并联在保护回路中的电容C_1和C_2的储能使继电保护装置动作,达到断路器跳闸的目的。

在正常情况下,各断路器的直流控制系统中的信号灯及重合闸继电器由信号回路供电,所以这些元件不消耗电容器中储存的电能。在保护回路中装设逆止元件VD_1及VD_2的目的也是为了使电容器中储存的电能仅用来维持保护回路的电源,而不向其他与保护(跳闸)无关的元件放电。

8.2.3 交流操作电源

采用交流操作电源时,对控制、信号、自动装置及事故照明等,均由所用变压器供电。对某些继电保护装置则通常由电流互感器所传递的短路电流作为操作电源。目前最常见的几种交流操作如图8-2所示。

由直动式脱扣器跳闸,常将瞬时电流脱扣器装在断路器手动操作机构中,直接由电流互感器供电。当主电路发生短路故障时,短路电流流过电流互感器让瞬时脱扣器动作,断路器跳闸。这种方式结构简单,不需要其他附加设备。但灵敏度较低,只适用于单电源放射式末端线路或小容量变压器的保护。

去分流方式也是由电流互感器直接向脱扣器供电,见图8-2(b)。正常运行时,脱扣器YR被继电器常闭触点短接,无电流通过。当发生短路故障时,继电器动作,使触点切换,将脱扣器接入电流互感器二次侧,利用短路电流的能量使断路器跳闸。

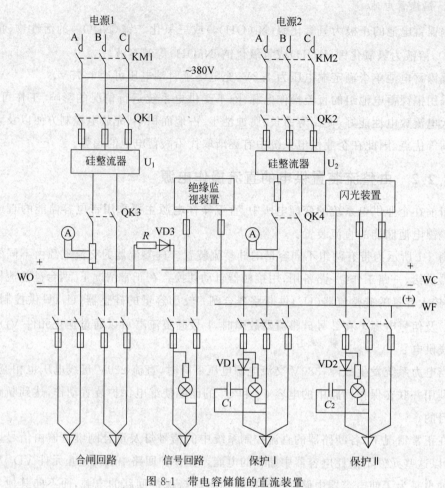

图 8-1　带电容储能的直流装置

C_1、C_2—储能电容器；WC—控制小母线；WF—闪光信号小母线；WO—合闸小母线

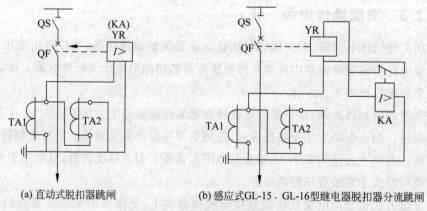

(a) 直动式脱扣器跳闸　　　　　(b) 感应式GL-15、GL-16型继电器脱扣器分流跳闸

图 8-2　几种交流操作的原理电路图

8.3 高压断路器的控制和信号回路

8.3.1 手动操作的断路器控制和信号回路

图 8-3 所示为手动操作的断路器控制和信号回路的原理图。

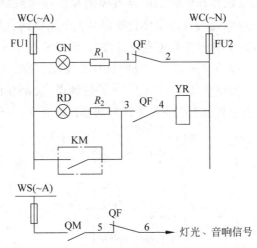

图 8-3　手动操作的断路器控制和信号回路

WC—控制小母线；WS—信号小母线；GN—绿色指示灯；RD—红色指示灯；R—限流电阻；YR—跳闸线圈(脱扣器)；KM—继电保护出口继电器触点；QF1～QF6—断路器 QF 的辅助触点；QM—手动操作机构辅助触点

合闸时,推上操作机构手柄使断路器合闸。这时断路器的辅助触点 QF3-4 闭合,红灯 RD 亮,指示断路器 QF 已经合闸。由于有限流电阻 R,跳闸线圈 YR 虽有电流通过,但电流很小,不会动作。红灯 RD 亮,表示跳闸线圈 YR 回路及控制回路的熔断器 FU_1、FU_2 完好,即红灯 RD 同时起着监视跳闸回路完好性的作用。

分闸时,扳下操作机构手柄使断路器分闸。这时断路器的辅助触点 QF3-4 断开,切断跳闸回路,同时辅助触点 QF1-2 闭合,绿灯 GN 亮,指示断路器 QF 已经分闸。绿灯 GN 亮,还表示控制回路的熔断器 FU1、FU2 作用。

在正常操作断路器分、合闸时,由于操作机构辅助触点 QM 与断路器的辅助触点 QF5-6 是同时切换的,总是一开一合,所以事故信号回路总是不通的,因此不会错误地发出事故信号。

当一次电路发生短路故障时,继电保护装置动作,其出口继电器 KM 的触点闭合,接通跳闸线圈 YR 的回路(触点 QF3-4 原已闭合),使断路器 QF 跳闸。随后触点 QF3-4 断开,使红灯 RD 灭,并切断 YR 的跳闸电源。与此同时,触点 QF1-2 闭合,使绿灯 GN 亮。这时操作机构的操作手柄虽然仍在合闸位置,但其黄色指示牌掉下,表示断路器已自动跳闸。同时事故信号回路接通,发出音响和灯光信号。事故信号回路正是按"不对应原理"来接线的,由于操作机构仍在合闸位置,其辅助触点 QM 闭合,而断路器因已跳闸,其辅助触点 QF5-6 也返回闭合,因此事故信号回路接通。当值班员看到事故跳闸信号后,可将操作手柄扳下至分闸位置,这时黄色指示牌返回,事故信号也随之解除。

控制回路中分别与指示灯 GN 和 RD 串联的电阻 R_1 和 R_2,主要用来防止指示灯的灯座短路时造成控制回路短路或断路器误跳闸。

8.3.2 电磁操作的断路器控制和信号回路

图 8-4 所示为采用电磁操作机构的断路器控制和信号回路原理图,其操作电源采用图 8-1 所示的硅整流电容储能的直流系统。控制开关采用双向自复式并具有保持触点的 LW_5 型万能转换开关,其手柄正常为垂直位置(0)。顺时针扳转 $45°$ 为合闸(ON)操作,手松开即自动返回(复位),保持合闸状态。反时针扳转 $45°$ 为分闸(OFF)操作,手松开也自动返回,保持分闸状态。图中虚线上打黑点(•)的触点,表示在此位置时触点接通;虚线上标出的箭头(→),表示控制开关 SA 手柄自动返回的方向。

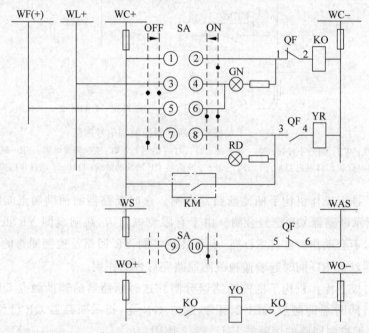

图 8-4　采用电磁操作机构的断路器控制和信号回路

WC—控制小母线；WL—灯光信号小母线；WF—闪光信号小母线；WS—信号小母线；
WAS—事故音响信号小母线；WO—合闸小母线；SA—控制开关；KO—合闸接触器；
YO—电磁合闸线圈；YR—跳闸线圈；KM—继电保护出口继电器触点；$QF_1 \sim QF_6$—断路器 QF 的辅助触点；
GN—绿色指示灯；RD—红色指示灯；ON—合闸操作方向；OFF—分闸操作方向

合闸时,将控制开关 SA 手柄顺时针扳转 $45°$,这时触点 SA1-2 接通,合闸接触器 KO 通电(回路中触点 QF1-2 原已闭合),其主触点闭合,使电磁合闸线圈 YO 通电,断路器 QF 合闸。断路器合闸完成后,SA 自动返回,其触点 SA1-2 断开,QF1-2 也断开,切断合闸回路;同时 QF3-4 闭合,红灯 RD 亮,指示断路器已经合闸,并监视跳闸线圈 YR 回路的完好性。

分闸时,将控制开关 SA 手柄反时针扳转 $45°$,这时其触点 SA7-8 接通,跳闸线圈 YR

通电(回路中触点 QF3-4 原已闭合),使断器 QF 分闸。断路器分闸后,SA 自动返回,其触点 SA7-8 断开,QF3-4 也断开,切断跳闸回路;同时 SA3,4 闭合,QF1,2 也闭合,绿灯 GN 亮,指示断路器已经分闸,并监视着合闸接触器 KO 回路的完好性。

由于红绿指示灯也有监视分闸、合闸回路完好性的作用,需长时间运行,因此耗电较多。为了减少操作电源中储能电容器能量的过多消耗,需另设灯光指示小母线 WL(+),专门用来接入红绿指示灯,储能电容器的能量只给控制小母线 WC 供电。

当一次电路发生短路故障时,继电器保护动作,其出口继电器触点 KM 闭合,接通跳闸线圈 YR 回路(回路中触点 QF3-4 原已闭合),使断路器 QF 跳闸。随后 QF3-4 断开,使红灯 RD 灭,并切断跳闸回路,同时 QF1-2 闭合,因 SA 在合闸位置,其触点 SA5-6 也闭合,从而接通闪光电源 WF(+),使绿灯闪光,表示断路器 QF 自动跳闸。由于 QF 自动跳闸,SA 在合闸位置,其触点 SA9-10 闭合,而 QF 已经跳闸,其触点 QF5-6 也闭合,因此事故音响信号回路接通,又发出音响信号。当值班员得到事故跳闸信号后,可将控制开关 SA 的操作手柄扳向分闸位置(反时针扳转 45°后松开),使 SA 的触点与 QF 的辅助触点恢复对应关系,全部事故信号立即解除。

8.3.3　弹簧操作机构的断路器控制和信号回路

图 8-5 所示为采用 CT7 型弹簧操作机构的断路器控制和信号回路原理图,其控制开关 SA 采用 LW$_2$ 或 LW$_5$ 型万能转换开关。

合闸时,先按下按钮 SB,使储能电动机 M 通电运转(位置开关 SQ2 原已闭合),从而使合闸弹簧储能。弹簧储能完成后,SQ2 自动断开,切断电动机 M 的回路,同时位置开关 SQ1 闭合,为合闸做好准备。将控制开关 SA 手柄扳向合闸(ON)位置,其触点 SA3-4 接通,合闸线圈 YO 通电,使弹簧释放,通过传动机构使断路器 QF 合闸。合闸后,其辅助触点 QF1-2 断开,绿灯 GN 灭,并切断合闸回路;同时 QF3-4 闭合,红灯 RD 亮,指示断路器在合闸位置,并监视跳闸回路的完好性。

分闸时,将控制开关 SA 手柄扳向分闸(OFF)位置,其触点 SA1-2 接通,跳闸线圈 YR 通电(回路中触点 QF3-4 原已闭合),使断路器 QF 分闸。分闸后,其辅助触点 QF3-4 断开,红灯 RD 灭,并切断跳闸回路;同时 QF1-2 闭合,绿灯 GN 亮,指示断路器在分闸位置,并监视合闸回路的完好性。

当一次电路发生短路故障时,保护装置动作,其出口继电器 KM 触点闭合,接通跳闸线圈 YR 回路(回路中触点 QF3-4 原已闭合),使断路器 QF 跳闸。随后 QF3-4 断开,红灯 RD 灭,并切断跳闸回路。由于断路器是自动跳闸,SA 手柄仍在合闸位置,其触点 SA9-10 闭合,而断路器 QF 已经跳闸,QF5-6 闭合,因此事故音响信号回路接通,发出事故跳闸音响信号。值班员得到此信号后,可将控制开关 SA 手柄扳向分闸(OFF)位置,使 SA 触点与 QF 的辅助触点恢复对应关系,从而使事故跳闸信号解除。

储能电动机 M 由按钮 SB 控制,从而保证在发生短路故障的一次电路上,断路器自动跳闸后不致重合闸,因此无须另设电气"防跳"装置。

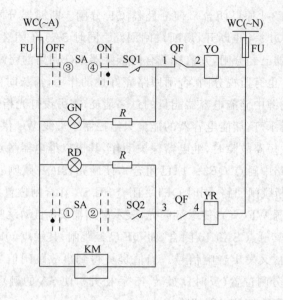

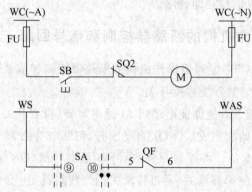

图 8-5　采用弹簧操作机构的断路器控制和信号回路

WC—控制小母线；WS—信号小母线；WAS—事故音响信号小母线；SA—控制开关；SB—按钮；
SQ—储能位置开关；YO—电磁合闸线圈；YR—跳闸线圈；QF₁~QF₆—断路器辅助触点；M—储能电动机；
GN—绿色指示灯；RD—红色指示灯；KM—继电保护出口继电器触点

8.4 自动装置简介

8.4.1 电力线路的自动重合闸装置（ARD）

1. 电气一次自动重合闸装置的基本原理

图 8-6 所示为电气一次自动重合闸装置基本原理说明简图。

手动合闸时，按下合闸按钮 SB1，使合闸接触器 KO 通电动作，合闸线圈 YO 动作，使断路器 QF 合闸。

手动跳闸时，按下跳闸按钮 SB2，使跳闸线圈 YR 通电动作，使断路器 QF 跳闸。

当一次电路发生短路故障时，继电保护装置动作，其出口继电器触点 KM 闭合，接通

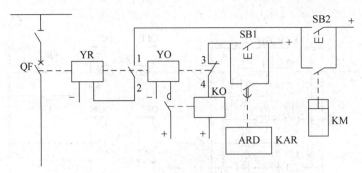

图 8-6　电气一次自动重合闸装置基本原理说明简图

QF—断路器；YR—跳闸线圈；YO—合闸线圈；KO—合闸接触器；KAR—重合闸继电器；
KM—继电保护出口继电器触点；SB1—合闸按钮；SB2—跳闸按钮

跳闸线圈 YR 回路，使断路器 QF 自动跳闸。与此同时，断路器辅助触点 QF3-4 闭合，重合闸继电器 KAR 启动，经整定的时间后其延时闭合的常开触点闭合，使合闸接触器 KO 通电动作，从而使断路器 QF 重合闸。如果一次电路上的故障是瞬时性的，已经消除，则重合成功。如果短路故障尚未消除，则保护装置继续动作，KM 的触点使断路器 QF 再次跳闸。由于一次 ARD 采取了防跳措施（防止多次反复跳闸、合闸，图 7-10 中未表示），因此不会再次重合闸。

2. 电气一次自动重合闸装置示例

图 8-7 所示为采用 DH-2 型重合闸继电器的电气一次自动重合闸装置（ARD）展开式原理电路图（图中仅绘出与 ARD 有关的部分）。该电路的控制开关 SA1 采用 LW_2 型万能转换开关，其合闸（ON）和分闸（OFF）操作各有三个位置：预备分、合闸，正在分、合闸，分、合闸后。SA1 两侧的箭头"→"指向就是这种操作程序。选择开关 SA2 采用 LW_2-1.1/F4-X 型，只有合闸（ON）和分闸（OFF）两个位置，用来投入和解除 ARD。

1）一次自动重合闸装置（ARD）的工作原理

系统正常运行时，控制开关 SA_1 和选择开关 SA_2 都扳到合闸（ON）位置，ARD 投入工作。这时重合闸继电器 KAR 中的电容器 C 经 R_4 充电，同时指示灯 HL 亮，表示控制小母线 WC 的电压正常，电容器 C 处于充电状态。

当一次电路发生短路故障而使断路器 QF 自动跳闸时，断路器辅助触点 QF1-2 闭合，而控制开关 SA1 仍处在合闸位置，从而接通 KAR 的启动回路，使 KAR 中的时间继电器 KT 经它本身的常闭触点 KT1-2 动作。KT 动作后，其常闭触点 KT1-2 断开，串入电阻 R_5，使 KT 保持动作状态。串入 R_5 的目的是限制通过 KT 线圈的电流，防止线圈过热烧毁。

时间继电器 KT 动作后，经一定延时，其延时闭合的常开触点 KT3-4 闭合。这时电容器 C 对 KAR 中的中间继电器 KM 的电压线圈放电，使 KM 动作。

中间继电器 KM 动作后，其常闭触点 KM1-2 断开，指示灯 HL 熄灭，表示 KAR 已经动作，其出口回路已经接通。合闸接触器 KO 由控制小母线 WC 经 SA2、KAR 中的

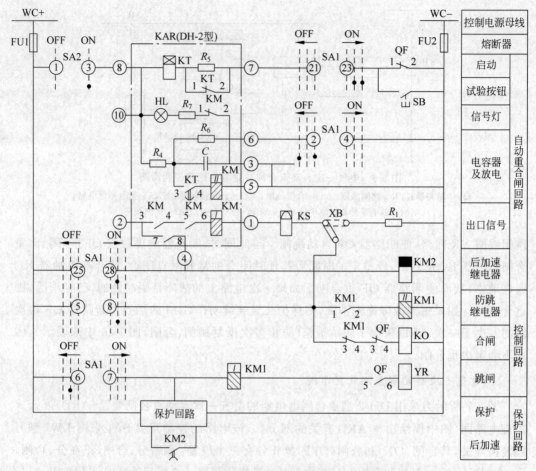

图 8-7　电气一次自动重合闸装置（ARD）展开式原理电路图

WC—控制小母线；SA1—控制开关；SA2—选择开关；

KAR—DH—2 型重合闸继电器（内含时间继电器（KT）、中间继电器（KM）、指示灯（HL）及电阻 R、电容器 C 等）；

KM1—防跳继电器（DZB-115 型中间继电器）；KM2—后加速继电器（DZS-145 型中间继电器）；

KS—DX-11 型信号继电器；KO—合闸接触器；YR—跳闸线圈；XB—连接片；QF—断路器辅触点

KM3-4、KM5-6 两对触点及 KM 的电流线圈、KS 线圈、连接片 XB、触点 KM1 3-4 和断路器辅助触点 QF3-4 获得电源，从而使断路器 QF 重合闸。

中间继电器 KM 是由电容器 C 放电动作的，但 C 的放电时间不长，因此为了使 KM 能够自保持，所以在 KAR 的出口回路中串入了 KM 的电流线圈，凭借 KM 本身的常开触点 KM3-4 和 KM5-6 闭合使之接通，以保持 KM 的动作状态。在断路器 QF 合闸后，其辅助触点 QF3-4 断开而使 KM 的自保持解除。

为了记录 KAR 的动作，并为 KAR 动作发出灯光信号和音响信号，在 KAR 的出口回路中串联信号继电器 KS。

断路器重合成功以后，所有继电器自动返回，电容器 C 恢复充电。

要使 ARD 退出工作，可将 SA2 扳到分闸（OFF）位置，同时将出口回路中的连接片 XB 断开。

2) 一次自动重合闸装置(ARD)的基本要求

(1) 一次 ARD 只重合一次

如果一次电路故障是永久性的,断路器在 KAR 作用下重合闸后,继电保护继续动作,使断路器再次自动跳闸。断路器第二次跳闸后,KAR 又要启动,使时间继电器 KT 动作。但由于电容器 C 还来不及充电(充电需 15～25s),所以 C 的放电电流很小,不能使中间继电器 KM 动作,KAR 的出口回路不会接通,从而保证了 ARD 只重合一次。

(2) 用控制开关操作断路器分闸时 ARD 不应动作

如图 8-7 所示,通常在分闸操作时,先将选择开关 SA2 扳至分闸(OFF)位置,其 SA2 1-3 断开,使 KAR 退出工作。同时将控制开关 SA1 扳到"预备分闸"及"分闸后"位置时,其触点 SA1 2-4 闭合,使电容器 C 先对 R_6 放电,从而使中间继电器 KM 失去动作电源。因此即使 SA2 没有扳到分闸位置(使 KAR 退出的位置),在采用 SA1 操作分闸时,断路器也不会自行重合闸。

(3) ARD 的防跳措施

当 KAR 出口回路中的中间继电器 KM 的触点被粘住时,应防止断路器多次重合于发生永久性短路故障的一次电路上。

图 8-7 所示 ARD 电路中,采用了两项防跳措施:①在 KAR 的中间继电器 KM 的电流线圈回路(即其自保持回路)中,串联了它自身的两对常开触点 KM3-4 和 KM5-6。这样,即使其中一对常开触点被粘住,另一对常开触点仍能正常工作,不致发生断路器"跳动"(即反复跳闸、合闸)现象。②为了防止 KM 的两对触点 KM3-4 和 KM5-6 同时被粘住时断路器仍可能"跳动",故在断路器的跳闸线圈 YR 回路中,又串联了防跳继电器 KM1 的电流线圈。在断路器分闸时,KM₁ 的电流线圈同时通电,使 KM1 动作。当 KM3-4 和 KM5-6 同时被粘住时,KM1 的电压线圈经它自身的常开触点 KM1 1-2、XB、KS 线圈、KM 电流线圈及其两对触点 KM3-4、KM5-6 而带电自保持,使 KM1 在合闸接触器 KO 回路中的常闭触点 KM1 3-4 也同时保持断开,使合闸接触器 KO 不致接通,从而达到"防跳"的目的。因此这种防跳继电器 KM1 实际是一种分闸保持继电器。

采用了防跳继电器 KM1 以后,即使用控制开关 SA1 操作断路器合闸,只要一次电路存在故障,继电保护使断路器跳闸后,断路器也不会再次合闸。当 SA1 的手柄扳到"合闸"位置时,其触点 SA1 5-8 闭合,合闸接触器 KO 通电,使断路器合闸。如果一次电路存在故障,继电保护将使断路器自动跳闸。在跳闸回路接通时,防跳继电器 KM1 启动。这时即使 SA1 手柄在"合闸"位置,但由于 KO 回路中 KM1 的常闭触点 KM1 3-4 断开,SA1 的触点 SA1 5-8 闭合,也不会再次接通 KO,而是接通 KM1 的电压线圈使 KM1 自保持,从而避免断路器再次合闸,达到"防跳"的要求。当 SA1 回到"合闸后"位置时,其触点 SA1 5-8 断开,使 KM1 的自保持随之解除。

8.4.2 备用电源自动投入装置(APD)

在企业供电系统中,为了保证不间断供电,对于具有一级负荷、二级负荷的变电站或重要用电设备、主要线路等，常采用备用电源自动投入装置，以保证工作电源因故障电压消失时，备用电源自动投入，继续恢复供电。备用电源自动投入装置应用场所较多，如备用变压器、备用线路、备用母线及备用机组等。

1. 备用电源自动投入装置（APD）的基本原理

图 8-8(a)所示为有一条工作线路和一条备用线路的明备用情况。APD 装设在备用进线断路器 QF2 上。正常运行时，备用电源断开，当工作电源 A 一旦失去电压后，便被 APD 切除，随即备用电源 B 自动投入使用。

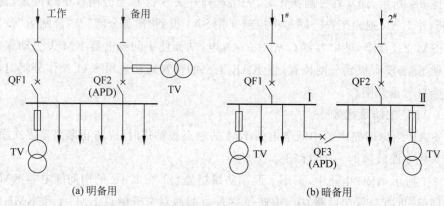

图 8-8　备用电源自动投入装置主电路图

图 8-8(b)所示为两条独立的工作线路分别供电的暗备用情况，APD 装设在母线分段断路器 QF3 上。正常运行时，分段断路器 QF3 断开，当其中一条线路失去电压后，APD 能自动将失去电压的线路断路器断开，随即分段断路器自动投入，让非故障线路供应全部负荷。

2. 备用电源自动投入装置（APD）的基本要求

备用电源自动投入装置应满足以下基本要求。

(1) 工作电压不论因何种原因消失时，备用电源自动投入装置均应立刻启动，但应防止熔断器熔断时造成误动作。

(2) 备用电源应在工作电源断开后才投入使用。工作电源若是变压器，则其高、低压侧断路器均应断开。

(3) 备用电源只能自投一次。

(4) 当备用电源自投于故障母线上时，应使其保护装置加速动作，以防止事故扩大。

(5) 备用电源侧有电压时才能自投。

(6) 可兼做几段母线的备用电源，当已代替一个工作电源时，必要时仍能做其他母线的备用电源。

(7) 备用电源自动投入装置的时限整定应尽可能短，才可保证负载中电动机自启动的时间要求，通常为 1～1.5s。

3. 高压备用线路的备用电源自动投入装置(APD)应用示例

图 8-9 所示为高压双电源互为备用的 APD 电路,采用的控制开关 SA1、SA2 均为 LW₂ 型万能转换开关,其触点 5-8 只在合闸时接通,触点 6-7 只在分闸时接通。断路器 QF1 和 QF2 均采用交流操作的 CT7 型弹簧操作机构。

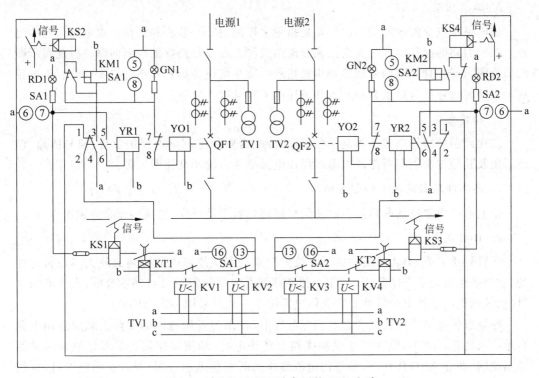

图 8-9　高压双电源互为备用的 APD 电路
WL1、WL2—电源进线;QF1、QF2—断路器;TV1、TV2—电压互感器(其二次侧相序为 a、b、c)
SA1、SA2—控制开关;KV1~KV4—电压继电器;KT1、KT2—时间继电器;
KM1、KM2—中间继电器;KS1~KS4—信号继电器;YR1、YR2—跳闸线圈;
YO1、YO2—合闸线圈;RD1、RD2—红色指示灯;GN1、GN2—绿色指示灯

假设电源 WL1 工作,WL2 备用,即断路器 QF1 在合闸位置,QF2 在分闸位置。这时控制开关 SA1 在"合闸后"位置,SA2 在"分闸后"位置,它们的触点 5-8 和 6-7 均断开,而触点 SA1 13-16 接通,触点 SA2 13-16 断开。指示灯 RD1(红灯)亮,GN1(绿灯)灭;RD2(红灯)灭,GN2(绿灯)亮。

当工作电源 WL1 断电时,电压继电器 KV1 和 KV2 动作,它们的触点返回闭合,接通时间继电器 KT1,其延时闭合的常开触点闭合,接通信号继电器 KS1 和跳闸线圈 YR1,使断路器 QF1 跳闸,同时给出跳闸信号,红灯 RD1 因触点 QF1 5-6 断开而熄灭,绿灯 GN1 因触点 QF1 7-8 闭合而点亮。与此同时,断路器 QF2 的合闸线圈 YO2 因触点 QF1 1-2 闭合而通电,使断路器 QF2 合闸,从而使备用电源 WL2 自动投入使用,恢复变配电所的供电,同时红灯 RD2 亮,绿灯 GN2 灭。

反之,如果运行的备用电源 WL2 再次断电,同样地,电压继电器 KV3、KV4 使断路器 QF2 跳闸，QF1 合闸，又自动投入电源 WL1。

本 章 小 结

1. 二次回路

供电系统或变配电所的二次回路是指用来控制、指示、监测和保护一次电路运行的电路。二次回路的操作电源分为直流和交流两大类。高压断路器的控制回路是控制高压断路器分闸、合闸的回路，信号回路是用来指示一次系统设备运行状态的二次回路。供电系统的自动装置包括自动重合闸装置和备用电源自动投入装置。

2. 操作电源

二次回路的操作电源是供高压断路器分闸、合闸回路和继电保护装置、信号回路、监测系统及其他二次回路所需的电源。操作电源分为直流和交流两大类。

3. 高压断路器的控制和信号回路

供电系统中常见的断路器控制和信号回路包括手动操作、电磁操作和弹簧操作等。

4. 自动装置

运行经验表明，电力系统中的不少故障特别是架空线路上的短路故障大多是暂时性的，如果采用自动重合闸装置（ARD），使断路器在自动跳闸后又自动重合闸，大多能恢复供电，从而提高了供电可靠性。企业供电系统中一般只采用一次 ARD。

在要求供电可靠性较高的企业变配电所中，在作为备用电源的线路上装设备用电源自动投入装置（APD），则在工作电源线路突然停电时，利用失压保护装置使该线路的断路器跳闸，并在 APD 作用下，使备用电源线路的断路器迅速合闸，投入备用电源，恢复供电，从而提高供电可靠性。

思考题与习题

8-1 什么是操作电源？操作电源有几种？

8-2 变、配电所信号回路包括哪些？各起什么作用？

8-3 对断路器的控制和信号回路有哪些基本要求？什么是断路器事故跳闸信号回路构成的不对应原理？

8-4 断路器的操作机构有哪几种？各有什么特点？

8-5 什么是自动重合闸（ARD）？有哪些要求？

8-6 备用电源自动投入装置（APD）应用的场所有哪些？对 APD 的要求有哪些？

附　录

附表 1　用电设备组的需要系数、二项式系数及功率因数参考值

用电设备组名称	需要系数 K_d	二次项系数		最大容量设备	$\cos\varphi$	$\tan\varphi$
		b	c			
小批量生产的金属冷加工机床电动机	0.16~0.2	0.14	0.4	5	0.5	1.73
大批量生产的金属冷加工机床电动机	0.18~0.25	0.14	0.5	5	0.5	1.73
小批量生产的金属热加工机床电动机	0.25~0.3	0.24	0.4	5	0.6	1.33
大批量生产的金属热加工机床电动机	0.3~0.35	0.26	0.5	5	0.65	0.17
通风机、水泵、空压机及电动发电机组电动机	0.7~0.8	0.65	0.25	5	0.8	0.75
非连锁的连续运输机械及铸造车间整砂机械	0.5~0.6	0.4	0.4	5	0.75	0.88
连锁的连续运输机械及铸造车间整砂机械	0.65~0.7	0.6	0.2	5	0.75	0.88
锅炉房和机加工、机修、装配等类车间的吊车	0.1~0.15	0.06	0.2	3	0.5	1.73
铸造车间的吊车($\varepsilon=25\%$)	0.15~0.25	0.09	0.3	3	0.5	1.73
自动连续装料的电阻炉设备	0.75~0.8	0.7	0.3	2	0.95	0.33
实验室用的小型电热设备(电阻炉、干燥箱等)	0.7	0.7	0	—	1.0	0
工频感应电炉(未带无功补偿设备)	0.8	—	—	—	0.35	2.68
高频感应电炉(未带无功补偿设备)	0.8	—	—	—	0.6	1.33
电弧熔炉	0.9	—	—	—	0.87	0.57
电焊机、缝纫机	0.35	—	—	—	0.6	1.33
对焊机、铆钉加热机	0.35	—	—	—	0.7	1.02
自动弧焊变压器	0.5	—	—	—	0.4	2.29
单头手动弧焊变压器	0.35	—	—	—	0.35	2.68
多头手动弧焊变压器	0.4	—	—	—	0.35	2.68

用电设备组名称	需要系数 K_d	二次项系数		最大容量设备	$\cos\varphi$	$\tan\varphi$
		b	c			
单头弧焊电动发电机组	0.35	—	—	—	0.6	1.33
多头弧焊电动发电机组	0.7	—	—	—	0.8	0.88
生产厂房及办公室、阅览室、实验室照明	0.8~1	—	—	—	1.0	0
变配电所、仓库照明	0.5~0.7	—	—	—	1.0	0
宿舍(生活区)照明	0.6~0.8	—	—	—	1.0	0
室外照明、应急照明	1	—	—	—	1.0	0

附表 2　部分工厂的需要系数、功率因数及年最大有功负荷利用小时参数值

工厂类别	需要系数 K_d	功率因数 $\cos\psi$	年最大有功负荷利用小时 T_{max}
汽轮机制造厂	0.38	0.88	5000
锅炉制造厂	0.27	0.73	4500
柴油机制造厂	0.32	0.74	4500
重型机械制造厂	0.35	0.79	3700
重型机床制造厂	0.32	0.71	3700
机床制造厂	0.2	0.65	3200
石油机械制造厂	0.45	0.78	3500
量具刃具制造厂	0.26	0.60	3800
工具制造厂	0.34	0.65	3800
电机制造厂	0.33	0.65	3000
电器开关制造厂	0.35	0.75	3400
电线电缆制造厂	0.35	0.73	3500
仪器仪表制造厂	0.37	0.81	3500
滚珠轴承制造厂	0.28	0.70	3800

附表 3　并联电容器的无功补偿率

补偿前的功率因数	补偿后的功率因数				补偿前的功率因数	补偿后的功率因数			
	0.85	0.90	0.95	1.00		0.85	0.90	0.95	1.00
0.60	0.713	0.849	1.004	1.322	0.76	0.235	0.371	0.526	0.85
0.62	0.646	0.782	0.937	1.266	0.78	0.182	0.318	0.473	0.80
0.64	0.581	0.717	0.872	1.206	0.80	0.130	0.266	0.421	0.75
0.66	0.518	0.654	0.809	1.138	0.82	0.078	0.214	0.369	0.69
0.68	0.458	0.594	0.749	1.078	0.84	0.026	0.162	0.317	0.64
0.70	0.400	0.536	0.691	1.020	0.86	—	0.109	0.264	0.59
0.72	0.344	0.480	0.635	0.964	0.88	—	0.056	0.211	0.54
0.74	0.289	0.425	0.580	0.909	0.90	—	0.000	0.155	0.48

附表 4　BW 型并联电容器的技术数据

型　号	额定容量 /kvar	额定电容 /μF	型　号	额定容量 /kvar	额定电容 /μF
BW0.4-12-1	12	240	BWF6.3-30-1W	30	2.4
BW0.4-12-3	12	240	BWF6.3-40-1W	40	3.2
BW0.4-13-1	13	259	BWF6.3-50-1W	50	4.0
BW0.4-13-3	13	259	BWF6.3-100-1W	100	8.0
BW0.4-14-1	14	280	BWF6.3-120-1W	120	9.63
BW0.4-14-3	14	280	BWF10.5-22-1W	22	0.64
BW6.3-12-1TH	12	0.96	BWF10.5-25-1W	25	0.72
BW6.3-12-1W	12	0.96	BWF10.5-30-1W	30	0.87
BW6.3-16-1W	16	1.28	BWF10.5-40-1W	40	1.15
BW10.5-12-1W	12	0.35	BWF10.5-50-1W	50	1.44
BW10.5-16-1W	16	0.46	BWF10.5-100-1W	100	2.89
BW6.2-22-1W	22	1.76	BWF10.5-120-1W	120	3.47
BW6.3-25-1W	25	2.0			

注：

1. 额定频率均为 50Hz。

2. 并联电容器型号表示和含义：

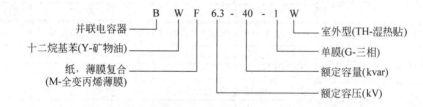

附表 5　三相线路导线和电缆单位长度每相阻抗值

类　别		导线（线芯）截面积/mm²													
		2.5	4	6	10	16	25	35	50	70	95	120	150	185	240
导线 类型	导线 温度/℃	每相电阻/(Ω·km⁻¹)													
LJ	50	—	—	—	—	2.07	1.33	0.96	0.66	0.48	0.36	0.28	0.23	0.18	0.14
LGJ	50	—	—	—	—	—	—	0.89	0.68	0.48	0.35	0.29	0.24	0.18	0.15
绝缘导线 铜芯	50	8.40	5.20	3.48	2.05	1.26	0.81	0.58	0.40	0.29	0.22	0.17	0.14	0.11	0.09
	60	8.70	5.38	3.61	2.12	1.30	0.84	0.60	0.41	0.30	0.23	0.18	0.14	0.11	0.09
	65	8.72	5.43	3.62	2.19	1.37	0.88	0.63	0.44	0.32	0.24	0.19	0.15	0.13	0.10
铝芯	50	13.3	8.25	5.53	3.33	2.08	1.31	0.94	0.65	0.47	0.35	0.28	0.22	0.18	0.14
	60	13.8	8.55	3.73	3.45	2.16	1.36	0.97	0.67	0.49	0.36	0.29	0.23	0.19	0.14
	65	14.6	9.15	6.10	3.66	2.29	1.48	1.06	0.75	0.53	0.39	0.31	0.25	0.20	0.15

续表

类　　别		导线(线芯)截面积/mm²													
		2.5	4	6	10	16	25	35	50	70	95	120	150	185	240
导线类型	导线温度/℃	每相电阻/(Ω·km⁻¹)													
电力电缆（铜芯）	55	—	—	—	—	1.31	0.84	0.60	0.42	0.30	0.22	0.17	0.14	0.12	0.09
	60	8.54	5.34	3.56	2.13	1.33	0.85	0.61	0.43	0.31	0.23	0.18	0.14	0.12	0.09
	75	8.98	5.61	3.75	3.25	1.40	0.90	0.64	0.45	0.32	0.24	0.19	0.15	0.12	0.10
	80	—	—	—	—	1.43	0.91	0.65	0.46	0.33	0.24	0.19	0.15	0.13	0.10
电力电缆（铝芯）	55	—	—	—	—	2.21	1.41	1.01	0.71	0.51	0.37	0.29	0.24	0.20	0.15
	60	14.38	8.99	6.00	3.60	2.25	1.44	1.03	0.72	0.51	0.38	0.30	0.24	0.20	0.16
	75	15.14	9.45	6.31	3.78	2.36	1.51	1.08	0.76	0.54	0.40	0.31	0.25	0.21	0.16
	80	—	—	—	—	2.40	1.54	1.10	0.77	0.56	0.41	0.32	0.26	0.21	0.17

附表 6　电流互感器一次线圈阻抗值　　　　　　　　　　单位：mΩ

型号	变流比	5/5	7.5/5	10/5	15/5	20/5	30/5	40/5	50/5	75/5
LQG-0.5	电阻	600	266	150	66.7	37.5	16.6	9.4	6	2.66
	电抗	4300	2130	1200	532	300	133	75	48	21.3
LQC-1	电阻	—	300	170	75	42	20	11	7	3
	电抗	—	480	270	120	67	30	17	11	4.8
LQC-3	电阻	—	130	75	33	19	8.2	4.8	3	1.3
	电抗	—	120	70	30	17	8	4.2	2.8	1.2

型号	变流比	100/5	150/5	200/5	300/5	400/5	500/5	600/5	750/5
LQG-0.5	电阻	1.5	0.667	0.575	0.166	0.125	—	0.04	0.04
	电抗	12	5.32	3	1.33	1.03	—	0.3	0.3
LQC-1	电阻	1.7	0.75	0.42	0.2	0.11	0.05	—	—
	电抗	2.7	1.2	0.67	0.3	0.17	0.07	—	—
LQC-3	电阻	0.75	0.33	0.19	0.08	0.05	0.02	—	—
	电抗	0.7	0.3	0.17	0.08	0.04	0.02	—	—

附表 7　低压断路器过电流脱口线圈阻抗值　　　　　　单位：mΩ

线圈额定电流/A	50	70	100	140	200	400	600
电阻(65℃)	5.5	2.35	1.30	0.74	0.36	0.15	0.12
电抗	2.7	1.30	0.86	0.55	0.28	0.10	0.094

附表 8　低压开关触头接触电阻近似值　　　　　　　　单位：mΩ

额定电流/A	50	70	100	140	200	400	600	1000	2000	3000
低压断路器	1.3	1.0	0.75	0.65	0.6	0.4	0.25	—	—	—
刀开关	—	—	0.5	—	0.4	0.2	0.15	0.08	—	—
隔离开关	—	—	—	—	—	0.2	0.15	0.08	0.03	0.02

附表 9　10kV 级 S9 系列电力变压器的主要技术数据

型　号	额定容量 /kV·A	额定电压/kV		联结组 标号	损耗/W		空载电流 /%	阻抗电压 /%
		一次	二次		空载	负载		
S9-30/10(6)	30	11,10.5,10,6.3,6	0.4	Yyn0	130	600	2.1	4
S9-50/10(6)	50	11,10.5,10,6.3,6	0.4	Yyn0	170	870	2.0	4
				Dyn11	175	870	4.5	4
S9-63/10(6)	63	11,10.5,10,6.3,6	0.4	Yyn0	200	1040	1.9	4
				Dyn11	210	1030	4.5	4
S9-80/10(6)	80	11,10.5,10,6.3,6	0.4	Yyn0	240	1250	1.8	4
				Dyn11	250	1240	4.5	4
S9-100/10(6)	100	11,10.5,10,6.3,6	0.4	Yyn0	290	1500	1.6	4
				Dyn11	300	1470	4.0	4
S9-125/10(6)	125	11,10.5,10,6.3,6	0.4	Yyn0	340	1800	1.5	4
				Dyn11	360	1720	4.0	4
S9-160/10(6)	160	11,10.5,10,6.3,6	0.4	Yyn0	400	2200	1.4	4
				Dyn11	430	2100	3.5	4
S9-200/10(6)	200	11,10.5,10,6.3,6	0.4	Yyn0	480	2600	1.3	4
				Dyn11	500	2500	3.5	4
S9-250/10(6)	250	11,10.5,10,6.3,6	0.4	Yyn0	560	3050	1.2	4
				Dyn11	600	2900	3.0	4
S9-315/10(6)	315	11,10.5,10,6.3,6	0.4	Yyn0	670	3650	1.1	4
				Dyn11	720	3450	3.0	4
S9-400/10(6)	400	11,10.5,10,6.3,6	0.4	Yyn0	800	4300	1.0	4
				Dyn11	870	4200	3.0	4
S9-500/10(6)	500	11,10.5,10,6.3,6	0.4	Yyn0	9600	5100	1.0	4
				Dyn11	1030	4950	3.0	4
		11,10.5,10	6.3	Yd11	1030	4950	1.5	4.5
S9-630/10(6)	630	11,10.5,10,6.3,6	0.4	Yyn0	1200	6200	0.9	4.5
				Dyn11	1300	5800	3.0	5
		11,10.5,10	6.3	Yd11	1200	6200	1.5	4.5
S9-800/10(6)	800	11,10.5,10,6.3,6	0.4	Yyn0	1400	7500	0.8	4.5
				Dyn11	1400	7500	2.5	5
		11,10.5,10	6.3	Yd11	1400	7500	1.4	5.5
S9-1000/10(6)	1000	11,10.5,10,6.3,6	0.4	Yyn0	1700	10300	0.7	4.5
				Dyn11	1700	9200	1.7	5
		11,10.5,10	6.3	Yd11	1700	9200	1.4	5.5
S9-1250/10(6)	1250	11,10.5,10,6.3,6	0.4	Yyn0	1950	12000	0.6	4.5
				Dyn11	2000	11000	2.5	5
		11,10.5,10	6.3	Yd11	1950	12000	1.3	5.5

型　号	额定容量 /kV·A	额定电压/kV		联结组 标号	损耗/W		空载电流 /%	阻抗电压 /%
		一次	二次		空载	负载		
S9-1600/10(6)	1600	11,10.5,10,6.3,6	0.4	Yyn0	2400	14500	0.6	4.5
				Dyn11	2400	14000	2.5	6
		11,10.5,10	6.3	Yd11	2400	14500	1.3	5.5
S9-2000/10(6)	2000	11,10.5,10,6.3,6	0.4	Yyn0	3000	18000	0.8	6
				Dyn11	3000	18000	0.8	6
		11,10.5,10	6.3	Yd11	3000	18000	1.2	6
S9-2500/10(6)	2500	11,10.5,10,6.3,6	0.4	Yyn0	1950	12000	0.8	6
				Dyn11	2000	11000	0.8	6
		11,10.5,10	6.3	Yd11	1950	12000	1.2	5.5

附表 10　10KV 级 SC9 系列树脂浇注干式铜线电力变压器的主要技术数据

型　号	额定容量 /kV·A	额定电压/kV		联结组 标号	损耗/W		空载电流 /%	阻抗电压 /%
		一次	二次		空载	负载		
S9-200/10	200				480	2670	1.2	4
S9-250/10	250				550	2910	1.2	4
S9-315/10	315				650	3200	1.2	4
S9-400/10	400				750	3690	1.0	4
S9-50/10	500				900	4500	1.0	4
S9-630/10	630				1100	5420	0.9	4
S9-630/10	630	10	0.4	Yyn0 Dyn11	1050	5500	0.9	6
S9-800/10	800				1200	6430	0.9	6
S9-1000/10	1000				1400	7510	0.8	6
S9-1250/10	1250				1650	8960	0.8	6
S9-1600/10	1600				1980	10850	0.7	6
S9-2000/10	2000				2380	13360	0.6	6
S9-2500/10	2500				2850	15880	0.6	6

附表 11　部分并联电容器的主要技术数据

型　号	额定容量/kvar	额定电容/μF	型　号	额定容量/kvar	额定电容/μF
BCMJ0.4-4-3	4	80	BGMJ0.4-3.3-3	3.3	66
BCMJ0.4-5-3	5	100	BGMJ0.4-5-3	5	99
BCMJ0.4-8-3	8	160	BGMJ0.4-10-3	10	198
BCMJ0.4-10-3	10	200	BGMJ0.4-12-3	12	230
BCMJ0.4-15-3	15	300	BGMJ0.4-15-3	15	298
BCMJ0.4-20-3	20	400	BGMJ0.4-20-3	20	398
BCMJ0.4-25-3	25	500	BGMJ0.4-25-3	25	498
BCMJ0.4-30-3	30	600	BGMJ0.4-30-3	30	598

型　　号	额定容量/kvar	额定电容/μF	型　　号	额定容量/kvar	额定电容/μF
BCMJ0.4-30-3	40	800	BWF0.4-14-1/3	14	279
BCMJ0.4-50-3	50	1000	BWF0.4-16-1/3	16	318
BKMJ0.4-6-1/3	6	120	BWF0.4-20-1/3	20	398
BKMJ0.4-7.5-1/3	7.5	150	BWF0.4-25-1/3	25	498
BKMJ0.4-9-1/3	9	180	BWF0.4-75-1/3	75	1500
BKMJ0.4-12-1/3	12	240	BWF10.5-16-1	16	0.462
BKMJ0.4-15-1/3	15	300	BWF10.5-25-1	25	0.722
BKMJ0.4-20-1/3	20	400	BWF10.5-30-1	30	0.866
BKMJ0.4-25-1/3	25	500	BWF10.5-40-1	40	1.155
BKMJ0.4-30-1/3	30	600	BWF10.5-50-1	50	1.44
BKMJ0.4-40-1/3	40	800	BWF10.5-100-1	100	2.89
BGMJ0.4-2.5-3	2.5	55			

注：
（1）额定频率为 50Hz。
（2）型号末"1/3"表示有单相和三相两种。

附表 12　导体在正常和短路时的最高允许温度及热稳定系数

导体总类及材料			最高允许温度/℃		热稳定系数 C
			正常 θ_L	正常 θ_K	/(A·$\sqrt{S}$·mm^{-2})
母线		铜	70	300	171
		铜（接触面有锡层时）	85	200	164
		铝	70	200	87
油浸纸绝缘电缆	铜芯	1～3kV	80	250	148
		6kV	65	220	145
		10kV	60	220	148
	铝芯	1～3kV	80	200	84
		6kV	65	200	90
		10kV	60	200	92
橡皮绝缘导线和电缆		铜芯	65	150	112
		铝芯	65	150	74
聚氯乙烯绝缘导线和电缆		铜芯	65	130	100
		铝芯	65	130	65
交联聚乙烯绝缘电缆		铜芯	80	250	140
		铝芯	80	250	84
有中间接头的电缆（不包含聚氯乙烯绝缘电缆）		铜芯	—	150	—
		铝芯	—	150	—

附表 13　常用高压断路器参数

类别	型号	额定电压/kV	额定电流/A	开断电流/A	断流容量/(MV·A)	动稳定电流峰值/kV	热稳定电流/kA	固有分闸时间/s≤	合闸时间/s≤	配用操动机构型号
少油户外	SW2-35/1000	35 (40.5)	1000	16.5	1000	45	16.5(4s)	0.06	0.4	CT2-XG
	SW2-35/1500		1500	24.8	1500	63.4	24.8(4s)			
少油户内	SN10-35 Ⅰ	35 (40.5)	1000	16	1000	45	16(4s)	0.06	0.2	CT10 CT10Ⅳ
	SN10-35 Ⅱ		1250	20	1250	50	20(4s)		0.25	
	SN10-10 Ⅰ	10 (12)	630	16	300	40	16(4s)	0.06	0.15	CT7、8CD10Ⅰ
			1000	16	300	40	16(4s)		0.2	
	SN10-10 Ⅱ		1000	31.5	500	80	31.5(4s)	0.06	0.2	CD10Ⅰ、Ⅱ
			1250	40	750	125	40(2s)			
	SN10-10 Ⅲ		2000	40	750	125	40(4s)	0.07	0.2	CD10Ⅲ
			3000	40	750	125	40(4s)			
真空户外	ZN12-35	35 (40.5)	1250 1600 2000	31.5		63	31.5(4s)	0.06	0.075	CT12
	ZN12-40.5		1250 1600	25		63	25(4s)			
			1600 2000	31.5		80	31.5(4s)			
	ZN3-10 Ⅰ	10 (12)	630	8		20	8(4s)	0.07	0.15	CD10 等
	ZN3-10 Ⅱ		1000	20		50	20(2s)	0.05	0.1	
	ZN4-10/1000		1000	17.3		44	17.3(4s)	0.05	0.2	CD10 等
	ZN4-10/1250		1250	20		50	20(4s)			
	ZN5-10/630		630	20		50	20(2s)	0.05	0.1	专用 CD 型
	ZN5-10/1000		1000	20		50	20(2s)			
	ZN12-12/1250		1250	25		63	25(4s)			
	ZN12-12/1250、2000		1250 2000	25		63	25(4s)			CT8 等
	ZN12-12/1250~3150		1250 2000	31.5		80	31.5(4s)	0.06	0.1	
			2500 3150	40		100	40(4s)			
	ZN24-12/1250		1250	20		50	20(4s)			
	ZN24-12/1250、2000		1250 2000	31.5		80	31.5(4s)			
	ZN28-12/630~1600		630 1000 1250 1600	20		50	20(4s)	0.06	0.1	CT8 等

附表 14 部分万能式低压断路器的主要技术数据

型 号	脱扣器额定电流/A	长延时动作整定电流/A	短延时动作整定电流/A	瞬时动作额定电流/A	单相接地短路动作电流/A	分析能力 电流/kA	分析能力 cosφ
DW15-200	100	64～100	300～1000	300～1000 800～2000	—	20	0.35
	150	98～150	—	—			
	200	128～200	600～2000	600～2000 1600～4000			
DW15-400	200	128～200	600～2000	600～2000 1600～4000	—	25	0.35
	300	192～300	—	—			
	400	256～400	1200～4000	3200～8000			
DW15-600 (630)	300	192～300	900～3000	900～3000 1400～6000	—	30	0.35
	400	256～400	1200～4000	1200～4000 3200～8000			
	600	385～600	1800～6000				
DW15-1000	600	420～600	1800～6000	6000～12000	—	40 (短延时 30)	0.35
	800	560～800	2400～8000	8000～16000			
	1000	700～1000	3000～10000	10000～20000			
DW15-1500	1500	1050～1500	4500～15000	15000～30000	—		
DW15-2500	1500	1050～1500	4500～9000	10500～21000	—	60 (短延时 40)	0.2 (短延时 0.25)
	2000	1400～2000	6000～12000	14000～28000			
	2500	1750～2500	7500～15000	17500～35000			
DW15-4000	2500	1750～2500	7500～15000	17500～35000	—	80 (短延时 60)	0.2
	3000	2100～3000	9000～18000	21000～42000			
	4000	2800～4000	12000～24000	28000～56000			
DW16-630	100	64～100		300～600	50	30 (380V)	0.25 (380V)
	160	102～160		480～960	80		
	200	128～200		600～1200	100		
	250	160～250		750～1500	125		
	315	202～315		945～1890	158	20 (660V)	0.3 (660V)
	400	246～400		1200～2400	200		
	630	403～630		1890～3780	315		
DW16-2000	800	512～800		2400～4800	400	50	—
	1000	640～1000	—	3000～6000	500		
	1600	1024～1600		4800～9600	800		
	2000	1280～2000		6000～12000	1000		

附表 15　RM10 型低压熔断器的主要技术数据

型　　号	熔管额定电压/V	额定电流/A		最大分断能力	
		熔管	熔　体	电流/kA	cosφ
RM10-15	交流 220,380,500 直流 220,440	15	6,10,15	1.2	0.8
RM10-60		60	15,20,25,35,45,60	3.5	0.7
RM10-100		100	60,80,100	10	0.35
RM10-200		200	100,125,160,200	10	0.35
RM10-350		350	200,225,260,300,350	10	0.35
RM10-600		600	350,430,500,600	10	0.35

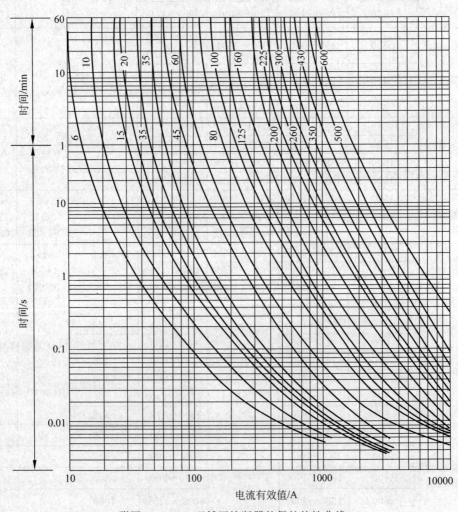

附图 1　RM10 型低压熔断器的保护特性曲线

附表 16　RT0 型低压熔断器的主要技术数据

型　号	熔管额定电压/V	额定电流/A		最大分断电流/kA
		熔管	熔　体	
RT0-100	交流 380 直流 440	100	30,40,50,60,80,100	50 (cosφ=0.1~0.2)
RT0-200		200	(80,100),120,150,200	
RT0-400		400	(150,200),250,300,350,400	
RT0-600		600	(350,400),450,500,550,600	
RT0-1000		1000	700,800,900,1000	

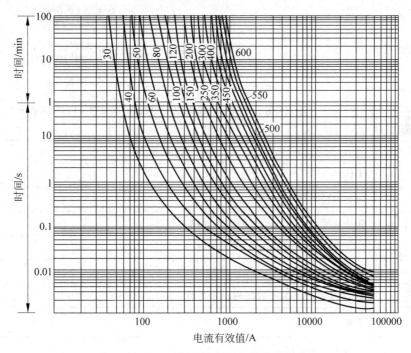

附图 2　RT0 型低压熔断器的保护特性曲线

附表 17　LQJ-10 型电流互感器的主要技术数据(额定二次负荷)

铁心代号	额定二次负荷					
	0.5 级		1 级		3 级	
	电阻/Ω	容量/V・A	电阻/Ω	容量/V・A	电阻/Ω	容量/V・A
0.5	0.4	10	0.6	15	—	—
3	—	—	—	—	1.2	30

附表 18　LQJ-10 型电流互感器的主要技术数据（热稳定度和动稳定度）

额定一次电流/A	1s 热稳定倍数	动稳定倍数
5,10,15,20,30,40,50,60,75,100	90	225
160(150),200,315(300),400	75	160

注：括号内数据仅限老产品。

附表 19　外壳防护等级的分类代号

项　目	代号组成格式
代号含义说明	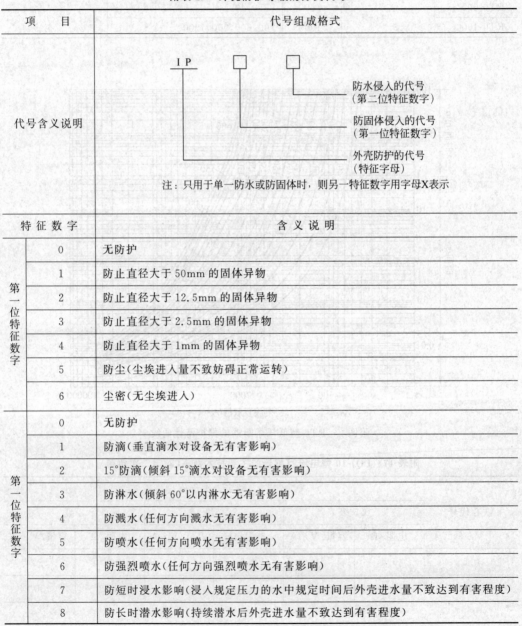

特征数字		含义说明
第一位特征数字	0	无防护
	1	防止直径大于 50mm 的固体异物
	2	防止直径大于 12.5mm 的固体异物
	3	防止直径大于 2.5mm 的固体异物
	4	防止直径大于 1mm 的固体异物
	5	防尘（尘埃进入量不致妨碍正常运转）
	6	尘密（无尘埃进入）
第一位特征数字	0	无防护
	1	防滴（垂直滴水对设备无有害影响）
	2	15°防滴（倾斜 15°滴水对设备无有害影响）
	3	防淋水（倾斜 60°以内淋水无有害影响）
	4	防溅水（任何方向溅水无有害影响）
	5	防喷水（任何方向喷水无有害影响）
	6	防强烈喷水（任何方向强烈喷水无有害影响）
	7	防短时浸水影响（浸入规定压力的水中规定时间后外壳进水量不致达到有害程度）
	8	防长时潜水影响（持续潜水后外壳进水量不致达到有害程度）

附表 20　架空裸导线的最小截面

线 路 类 别		导线最小截面/mm²		
		铝及铝合金线	钢芯铝线	铜绞线
35kV 以上线路		35	35	35
3～10kV 线路	居民区	35①	25	25
	非居民区	25	16	16
低压线路	一般	16②	16	16
	与铁路交叉跨越档	35	16	16

注：

① DL/T 599—1996《城市中低压配电网改造技术导则》规定：中压架空线路宜采用铝绞线,主干线截面应为150～240mm²,分支线截面不宜小于70mm²。但此规定不是从满足机械强度要求考虑的,而是考虑到城市电网发展的需要。

② 低压架空铝绞线原规定最小截面为16mm²。而 DL/T 599—1996 规定：低压架空线宜采用铝芯绝缘线,主干线截面宜采用150mm²,次干线截面宜采用120mm²,分支线截面宜采用50mm²。这些规定是从安全运行和电网发展需要考虑的。

附表 21　绝缘导线芯线的最小截面

线 路 类 别			芯线最小截面/mm²		
			铜芯软线	铜芯线	铝芯线
照明用灯头引下线	室内		0.5	1.0	2.5
	室外		1.0	1.0	2.5
移动式设备线路	生活用		0.75	—	—
	生产用		1.0	—	—
敷设在绝缘支持件上的绝缘导线(L 为支持点间距)	室内	L≤2m	—	1.0	2.5
	室外	L≤2m	—	1.5	2.5
		2m<L≤6m	—	2.5	4
		6m<L≤15m	—	4	6
		15m<L≤25m	—	6	10
穿管敷设的绝缘导线			1.0	1.0	2.5
沿墙敷设的塑料护套线			—	1.0	2.5
板孔穿线敷设的绝缘导线			—	1.0	2.5
PE 线和 PEN 线	有机械保护时		—	1.5	2.5
	无机械保护时	多芯线	—	2.5	4
		单芯干线	—	10	6

注：GB 50096—1999《住宅设计规范》规定：住宅导线应采用铜芯绝缘线,住宅分支回路导线截面不应小于 2.5mm²。

附表 22　GL-11、GL-15、GL-21、GL-25 型电流继电器的主要技术数据

型　号	额定电流/A	额 定 值		速断电流倍数	返回系数
		动作电流/A	10 倍动作电流的动作时间/s		
GL-11/10,GL-21/10	10	4,5,6,7,8,9,10	0.5,1,2,3,4	2～8	0.85
GL-11/5,GL-21/5	5	2,2.5,3,3.5,4,4.5,5			
GL-15/10,GL-25/10	10	4,5,6,7,8,9,10	0.5,1,2,3,4		0.8
GL-25/5,GL-25/5	5	2,2.5,3,3.5,4,4.5,5			

附表 23　10kV 常用三芯电缆的允许载流量

项　　目	电缆允许载流量/A							
绝缘类型	黏性油浸纸		不滴流绝缘纸		交联聚乙烯			
钢铠护套					无		有	
缆芯最高工作温度	60℃		65℃		90℃			
敷设方式	空气中	直埋	空气中	直埋	空气中	直埋	空气中	直埋
16	42	55	47	59	—	—	—	—
25	56	75	63	79	100	90	100	90
35	68	90	77	95	123	110	123	105
50	81	107	92	111	146	125	141	120
70	106	133	118	138	178	152	173	152
95	126	160	143	169	219	182	214	182
缆芯截面 /mm² 120	146	182	168	196	251	205	246	205
150	171	206	189	220	283	223	278	219
185	195	233	218	246	324	252	320	247
240	232	272	261	290	378	292	373	292
300	260	308	295	325	433	332	428	328
400	—	—	—	—	506	378	501	374
500	—	—	—	—	579	428	574	424
环境温度	40℃	25℃	40℃	25℃	40℃	25℃	40℃	25℃
土壤热阻系数/(℃·m·W⁻¹)	—	1.2	—	1.2	—	2.0	—	2.0

附表 24　裸铜、铝及钢芯铝线的载流量（环境温度＋25℃，最高允许温度＋70℃）

铜 绞 线			铝 绞 线			钢芯铝绞线	
导线牌号 /mm²	载流量/A		导线牌号 /mm²	载流量/A		导线牌号 /mm²	屋外载流量 /A
	屋外	屋内		屋外	屋内		
TJ-4	50	25	LJ-10	75	55	LGJ-35	170
TJ-6	70	35	LJ-16	105	80	LGJ-50	220
TJ-10	95	60	LJ-25	135	110	LGJ-70	275
TJ-16	130	100	LJ-35	170	135	LGJ-95	335
TJ-25	180	140	LJ-50	215	170	LGJ-120	380
TJ-35	220	175	LJ-70	265	215	LGJ-150	445
TJ-50	270	220	LJ-95	325	260	LGJ-185	515
TJ-60	315	250	LJ-120	375	310	LGJ-240	610
TJ-70	340	280	LJ-150	440	370	LGJ-300	700
TJ-95	415	340	LJ-185	500	425	LGJ-400	800
TJ-120	485	405	LJ-240	610		LGJQ-300	690
TJ-150	570	480	LJ-300	680		LGJQ-400	825
TJ-185	645	550	LJ-400	830		LGJQ-500	945
TJ-240	770	650	LJ-500	980		LGJQ-600	1050
TJ-300	890	—	LJ-625	1140		LGJJ-300	705
TJ-400	1085					LGJJ-400	850

附表 25　BLX 和 BLV 型铝芯绝缘线明敷时的允许载流量（导线正常最高允许温度为 65℃）

芯线截面/mm²	BLX 型铝芯橡皮线/A				BLV 型铝芯塑料线/A			
	环境温度							
	25℃	30℃	35℃	40℃	25℃	30℃	35℃	40℃
2.5	27	25	23	21	25	23	21	19
4	35	32	30	27	32	29	27	25
6	45	42	38	35	42	39	36	33
10	65	60	56	51	59	55	51	46
16	85	79	73	67	80	74	69	63
25	110	102	95	87	105	98	90	83
35	138	129	119	109	130	121	112	102
50	175	163	151	138	165	154	142	130
70	220	206	190	174	205	191	177	162
95	265	247	229	209	250	233	216	197
120	310	280	268	245	283	266	246	225
150	360	336	311	284	325	303	281	257
185	420	392	363	332	380	355	328	300
240	510	476	441	403	—	—	—	—

附表 26　BLX 和 BLV 型铝芯绝缘线穿钢管时的允许载流量（导线正常最高允许温度为 65℃）

导线型号	芯线截面/mm²	2 根单芯线/A				2 根穿管管径/mm		3 根单芯线/A				3 根穿管管径/mm		4～5 根单芯线/A				4 根穿管管径/mm		5 根穿管管径/mm	
		环境温度						环境温度						环境温度							
		25℃	30℃	35℃	40℃	G	DG	25℃	30℃	35℃	40℃	G	DG	25℃	30℃	35℃	40℃	G	DG	G	DG
BLX	2.5	21	19	18	16	15	20	19	17	16	15	15	20	16	14	13	12	20	25	20	25
	4	28	26	24	22	20	25	25	23	21	19	20	25	23	21	19	18	20	25	20	25
	6	37	34	32	29	20	25	34	31	29	26	20	25	30	28	25	23	20	25	25	32
	10	52	48	44	41	25	32	46	43	39	36	25	32	40	37	34	31	25	32	32	40
	16	66	61	57	52	25	32	59	55	51	46	32	32	52	48	44	41	32	40	40	(50)
	25	86	80	74	68	32	40	76	71	65	60	32	40	68	63	58	53	40	(50)	40	—
	35	106	99	91	83	32	40	94	87	81	74	32	(50)	83	77	71	65	40	(50)	50	—
	50	133	124	115	105	40	(50)	118	110	102	93	50	(50)	105	98	90	83	50	—	70	—
	70	164	154	142	130	50	(50)	150	140	129	118	50	(50)	133	124	115	105	70	—	70	—
	95	200	187	173	158	70	—	180	168	155	142	70		160	149	138	126	70	—	80	—
	120	230	215	198	181	70	—	210	196	181	166	70	—	190	177	164	150	70	—	80	—
	150	260	243	224	205	70	—	240	224	207	189	70	—	220	205	190	174	80	—	100	—
	185	295	275	255	233	80	—	270	252	233	213	80	—	250	233	216	197	80	—	100	—

续表

导线型号	芯线截面/mm²	2根单芯线/A 环境温度				2根穿管管径/mm		3根单芯线/A 环境温度				3根穿管管径/mm		4~5根单芯线/A 环境温度				4根穿管管径/mm		5根穿管管径/mm	
		25℃	30℃	35℃	40℃	G	DG	25℃	30℃	35℃	40℃	G	DG	25℃	30℃	35℃	40℃	G	DG	G	DG
BLV	2.5	20	18	17	15	15	15	18	16	15	14	15	15	15	14	12	11	15	15	15	20
	4	27	25	23	21	15	15	24	22	20	18	15	15	22	20	19	17	15	20	20	20
	6	35	32	30	27	15	20	32	29	27	25	15	20	28	26	24	22	20	25	25	25
	10	49	45	42	38	20	25	44	41	38	34	20	25	38	35	32	30	25	25	25	32
	16	63	58	54	49	25	25	56	52	48	44	25	32	50	46	43	39	25	32	32	40
	25	80	74	69	63	25	32	70	65	60	55	32	32	65	60	56	51	32	40	32	(50)
	35	100	93	86	79	32	40	90	84	77	71	32	40	80	74	69	63	40	(50)	40	—
	50	125	116	108	98	40	50	110	102	95	87	40	(50)	100	93	86	79	50	(50)	50	—
	70	155	144	134	122	50	50	143	133	123	113	40	(50)	127	118	109	100	50	—	70	—
	95	190	177	164	150	50	(50)	170	158	147	134	50	—	152	142	131	120	70	—	70	—
	120	220	205	190	174	50	(50)	195	182	168	154	50	—	172	160	148	136	70	—	80	—
	150	250	233	216	197	70	(50)	225	210	194	177	70	—	200	187	173	158	70	—	80	—
	185	285	266	246	225	70	—	255	238	220	201	70	—	230	215	198	181	80	—	100	—

附表 27　BLX 和 BLV 型铝芯绝缘线穿硬塑料管时的允许载流量（导线正常最高允许温度为 65℃）

导线型号	芯线截面/mm²	2根单芯线/A 环境温度				2根穿管管径/mm	3根单芯线/A 环境温度				3根穿管管径/mm	4~5根单芯线/A 环境温度				4根穿管管径/mm	5根穿管管径/mm
		25℃	30℃	35℃	40℃		25℃	30℃	35℃	40℃		25℃	30℃	35℃	40℃		
BLX	2.5	19	17	16	15	15	17	15	14	13	15	15	14	12	11	20	25
	4	25	23	21	19	20	23	21	19	18	20	20	18	17	15	20	25
	6	33	30	28	26	20	29	27	25	22	20	26	24	22	20	25	32
	10	44	41	38	34	25	40	37	34	31	25	35	32	30	27	32	32
	16	58	54	50	45	32	52	48	44	41	32	46	43	39	36	32	40
	25	77	71	66	60	32	68	63	58	53	32	60	56	51	47	40	40
	35	95	89	82	75	40	84	78	72	66	40	74	69	64	58	40	50
	50	120	112	103	94	40	108	100	93	86	50	95	88	82	75	50	50
	70	153	143	132	121	50	135	126	116	106	50	120	112	103	94	50	65
	95	184	172	159	145	50	165	154	142	130	65	150	140	129	118	65	80
	120	210	196	181	166	65	190	177	164	150	65	170	158	147	134	80	80
	150	250	233	215	197	65	227	212	196	179	75	205	191	177	162	80	90
	185	282	263	243	223	80	255	238	220	201	80	232	216	200	183	100	100

续表

导线型号	芯线截面/mm²	2根单芯线/A 环境温度				2根穿管管径/mm	3根单芯线/A 环境温度				3根穿管管径/mm	4~5根单芯线/A 环境温度				4根穿管管径/mm	5根穿管管径/mm
		25℃	30℃	35℃	40℃		25℃	30℃	35℃	40℃		25℃	30℃	35℃	40℃		
BLV	2.5	18	16	15	14	15	16	14	13	12	15	14	13	12	11	20	25
	4	24	22	20	18	20	22	20	19	17	20	19	17	16	15	20	25
	6	31	28	26	24	20	27	25	23	21	20	25	23	21	19	25	32
	10	42	39	36	33	25	38	35	32	30	25	33	30	28	26	32	32
	16	55	51	47	43	32	49	45	42	38	32	44	41	38	34	32	40
	25	73	68	63	57	32	65	60	56	51	40	57	53	49	45	40	50
	35	90	84	77	71	40	80	74	69	63	40	70	65	60	55	50	65
	50	114	106	98	90	50	102	95	88	80	50	90	84	77	71	65	65
	70	145	135	125	114	50	130	121	112	102	50	115	107	99	90	65	75
	95	175	163	151	138	65	158	147	136	124	65	140	130	121	110	75	75
	120	206	187	173	158	65	180	168	155	142	65	160	147	138	126	75	80
	150	230	215	198	181	75	207	193	179	163	75	185	172	160	146	80	90
	185	265	247	229	209	75	235	219	203	185	75	212	198	183	167	90	100

参考文献

[1] 张祥军.企业供电系统及运行[M].北京：中国劳动社会保障出版社,2007.

[2] 关大陆.工厂供电[M].北京：清华大学出版社,2006.

[3] 刘介才.工厂供电[M].北京：机械工业出版社,2015.

[4] 江文,许慧中.供配电技术[M].北京：机械工业出版社,2009.

[5] 陈小荣,叶海蓉.供配电系统运行管理与维护[M].北京：人民邮电出版社,2004.

[6] 周瀛,李鸿儒.工业企业供电[M].2版.北京：冶金工业出版社,2002.

[7] 刘介才.工厂供用电实用手册[M].北京：中国电力出版社,2000.

[8] 姚锡禄.工厂供电[M].北京：电子工业出版社,2003.

[9] 梅俊涛.企业供电系统及运行[M].3版.北京：中国劳动社会保障出版社,2001.

[10] 徐滤非.供配电系统[M].北京：机械工业出版社,2007.

[11] 李友文.工厂供电[M].北京：化学工业出版社,2001.

[12] 何首贤,葛廷友,姜秀玲.供配电技术[M].北京：中国水利水电出版社,2005.

[13] 黄纯华,葛少云.工厂供电[M].2版.天津：天津大学出版社,2018.

[14] 金亚玲,周璐.工厂供电[M].北京：北京理工大学出版社,2018.

[15] 孟昭军,关大陆.工厂供电学习指导[M].北京：清华大学出版社,2014.

[16] 张祥军,关大陆.供配电应用技术[M].北京：科学出版社,2011.